卓越系列·21 世纪高职高专精品规划教材

液压与气动系统
安装与调试

主　编　王秋敏　赵秀华

副主编　徐晓丹　张　娜

　　　　邵东波　马汝彩

主　审　刘延俊

天津大学出版社

TIANJIN UNIVERSITY PRESS

内 容 摘 要

本书是高等职业院校机电类专业基础课教材。本教材突出现场实用性，引入现代企业实用技术。内容包括9个学习项目，分别为液压与气动技术基础，工作介质——液压油，液压泵站，液压缸和液压马达的拆装与选用，液压阀组的拆装与元件选用，液压基本回路的安装与调试，液压系统的安装调试与故障分析，气动回路的设计、安装与调试、自动化生产线气动系统的安装调试与故障分析。教材的每个项目均包括做中学和理论知识两部分，将理论讲授和实践训练等教学环节有机结合，实现"做中学、做中教、教学做一体"，真正体现高职教育的特色。

本书可作为高职高专院校机电类专业的通用教材，也可作为液压与气动技术相关培训的培训教材及有关工程技术人员工作的参考书。

图书在版编目(CIP)数据

液压与气动系统安装与调试/王秋敏,赵秀华主编.—天津:天津大学出版社,2013.8(2016年9月重印)

(卓越系列)

21世纪高职高专精品规划教材

ISBN 978-7-5618-4773-2

Ⅰ.①液… Ⅱ.①王… ②赵… Ⅲ.①液压系统－设备安装－高等职业教育－教材 ②气动设备－设备安装－高等职业教育－教材 ③液压系统－调试方法－高等职业教育－教材 ④气动设备－调试方法－高等职业教育－教材 Ⅳ.①TH137 ②TH138

中国版本图书馆CIP数据核字(2013)第201146号

出版发行	天津大学出版社
地　　址	天津市卫津路92号天津大学内(邮编:300072)
电　　话	发行部:022-27403647
网　　址	publish.tju.edu.cn
印　　刷	廊坊市海涛印刷有限公司
经　　销	全国各地新华书店
开　　本	185mm×260mm
印　　张	15.75
字　　数	393千
版　　次	2013年9月第1版
印　　次	2016年9月第2次
定　　价	30.00元

凡购本书,如有缺页、倒页、脱页等质量问题,烦请向我社发行部门联系调换

版权所有　　侵权必究

前　言

　　随着工业经济的发展和科学技术的进步,生产领域的自动化技术在不断提高,液压与气压传动技术得到越来越广泛的应用。为了满足新时期相关液压气动工作岗位对技术应用型人才的需要,我们根据国家教育部高职高专"液压与气动系统安装与调试"教学大纲的要求,结合高等职业教育的特点及机电类专业的人才培养目标和职业教育教学改革实践经验,本着"理论知识必需够用为度、培养实践技能、重在技术应用"的原则,编写了本书。本书的编写是以切实培养和提高高等职业院校机电类专业学生的职业技能为目的,突出实用性和针对性,不拘泥于理论研究,注重理论与实际应用相结合,强调应用能力的培养。本书可作为高职高专院校机电类专业的通用教材,也可作为液压与气动技术相关培训的培训教材及有关工程技术人员工作的参考书。

　　本书共分为9个学习项目,分别为液压与气动技术基础,工作介质——液压油,液压泵站,液压缸和液压马达的拆装与选用,液压阀组的拆装与元件选用,液压基本回路的安装与调试,液压系统的安装调试与故障分析,气动回路的设计、安装与调试,自动化生产线气动系统的安装调试与故障分析。教材的每个项目均包括做中学和理论知识两部分,做中学部分下分若干个任务,理论知识部分下分若干个知识点。每个项目下都有思考和练习及相关专业英语词汇。

　　本书是在前期通过对液压与气动企业深入调研,与山东拓普液压气动有限公司合作,与山东大学教授、企业高工共同确定"液压与气动系统安装与调试"课程对应的主要岗位,针对现场实际应用,由简到繁、由部件到系统进行教学项目的设计,突出了项目的可操作性,加强了学做一体的教学效果。本书突出现场实用性,引入现代企业实用技术,从工业案例入手,用真实的元部件作为教学载体,并采用企业真实的连接方式进行安装,注重培养学生的安装与调试能力。

　　本书在总体框架上体现实用性、趣味性、引导性的特点,遵循高职高专教育教学规律,内容深入浅出,通俗易懂;在实用技术方面,增加了工作现场中较多用到的新型液压元件、现代液压技术、液压气动系统安装调试及故障分析与排除方法等内容,拓展了实际液压气动设备安装调试与维护等现场实用知识,使理论知识与工作实际密切结合。

　　本书由刘延俊担任主审,王秋敏、赵秀华担任主编,徐晓丹、张娜、邵东波、马汝彩担任副主编。其中王秋敏编写项目7,赵秀华编写项目4、项目5,徐晓丹编写项目2、项目3,张娜编写项目8、项目9,邵东波编写项目6,马汝彩编写项目1。全书由刘延俊、王秋敏负责统稿。在本书编写过程中臧贻娟、张莹莹、谢玉东等提出了宝贵意见和建议,在此表示衷心的感谢。

　　由于编者水平有限,本书难免存在错误和不足之处,在此恳请广大读者批评指正。

编者

2013 年 5 月

目　　录

项目1　液压与气动技术基础

【教学要求】

(1)了解液压与气动(气压传动)的优缺点及应用。

(2)掌握液压与气动的工作原理,建立压力的形成和流量的概念,掌握压力的表示方法。

(3)通过观摩液压平面磨床和气动剪切机的工作过程,能够叙述液压气动系统的基本组成及各部分的作用。

(4)了解液体静压力的性质及静力学方程。

(5)掌握液体的动力学方程及其应用。

(6)了解液压传动系统运行中的常见问题及解决方法。

【重点与难点】

(1)液压与气动的工作原理、系统组成,压力的形成及表示方法,流量的概念,液体动力学方程的应用。

(2)液体压力的形成和动力学方程的应用。

【问题引领】

在现代化生产和生活中,人们广泛地应用着各种各样的机器设备,如汽车、飞机、金属切削机床等。尽管种类繁多,结构、性能和功用也各不相同,但从功能来看,一部完整的机器通常都是由原动机、传动机构和工作机三部分组成。而传动的方式多种多样,有机械传动、电气传动、流体传动,如图1-1所示。本项目要学习的是流体传动——液压与气动技术的基础

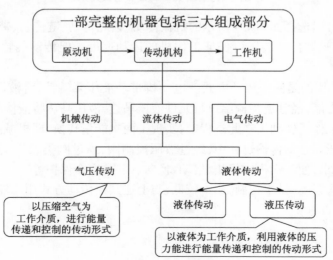

图1-1　传动的形式

知识。

下面举例说明几种传动方式的应用。

一娱乐设施如图 1-2 所示,它由电动机(原动机)、传动装置及工作机三部分组成。其中电动机是机器的动力源,将电能转换为机械能;工作机利用机械能做功,实现旋转运动;传动装置将电动机输出的机械能传输给工作机,起控制和传递动力的作用。

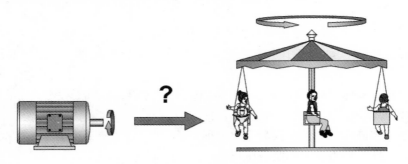

图 1-2　娱乐设施

传动装置可以选用电动机－联轴器直接传动,如图 1-3 所示,由于直接驱动,电动机转速高且不可调节,这种传动方式很危险,是不可取的。

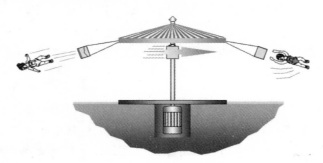

图 1-3　电动机－联轴器直接传动

传动装置也可以选择如图 1-4 所示的机械传动(齿轮传动、链传动、带传动、偏心机构传动)、液力传动等,这些传动装置可保证工作机的运动速度。但传动装置种类多、占用空间大,也不可取。

图 1-5 所示采用的是液压传动方式。电动机带动液压泵转动,将液压泵旋转的机械能转化为液体的压力能,经管道传输给执行元件液压马达,液压马达将液体的压力能转换为旋转的机械能带动工作机转动。在此过程中,实现了两次能量转换,即机械能→液压能→机械能。液压泵到液压马达的传输过程中,经过液压控制阀,通过阀类元件实现对系统压力、流量、方向的控制要求,使工作机构停止、启动、换向、调速、安全保护等。

液压传动结构紧凑、易于控制、成本较低,与上述其他传动方式相比较是最优的。

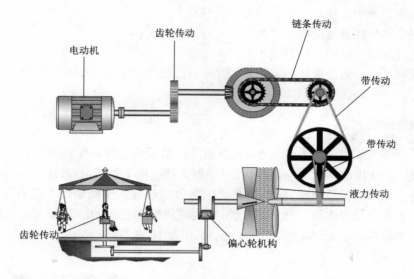

图1-4 机械-液力传动装置

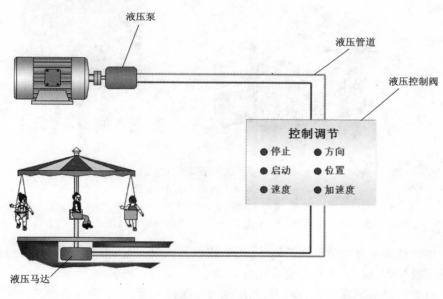

图1-5 液压传动

1.1 做中学

任务1 观察液压平面磨床的工作过程

任务导入

◇图1-6中哪个元件直接带动工作台运动？能量如何转换？

◇提供压力油的元件是哪个？能量如何转换？

◇控制工作台往复运动的元件是哪个？

◇控制其运动速度的元件是哪个？

◇系统须具备一定的液压力,才能克服外负载使工作台运动,那靠哪个元件来调定压力呢？

观摩分析

液压平面磨床实物如图1-6(a)所示,其液压传动系统结构原理如图1-6(b)所示。其工作原理是液压泵3由电动机驱动旋转,经过滤器2从油箱1吸油,在液压泵出口向系统提供具有一定流量和压力的液压油,液压油经液压泵出口通过二位换向阀5的右位、节流阀7、三位换向阀8的右位进入液压缸9的左腔,此时液压缸9右腔的油液经三位换向阀8的右位和回油管排回油箱1,液压缸9的活塞推动工作台10向右移动。

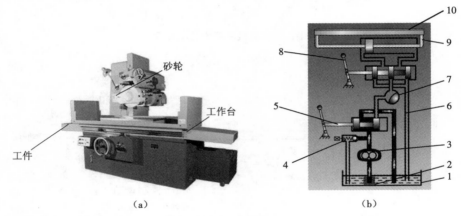

图1-6　液压平面磨床

(a)实物图　(b)液压传动系统结构原理图

1—油箱　2—过滤器　3—液压泵　4—溢流阀

5—二位换向阀　6—油管　7—节流阀　8—三位换向阀　9—液压缸　10—工作台

工作台的移动速度由节流阀7调节,当节流口开大时,进入液压缸的油液流量增大,工作台移动速度增大;反之,工作台移动速度就减小。

工作台运动时必须克服各种阻力,如切削力和摩擦力等,要求液压缸必须产生足够大的推力,而推力的大小由液压缸内油液压力保证,因此液压油的压力应根据克服负载的大小进行调节,这主要由溢流阀4调定。同时,当节流阀7阀口一定时,多余的油液需经溢流阀4流回油箱。此时溢流阀起溢流稳压作用。

综上所述,系统中换向阀、节流阀、溢流阀分别满足了工作台对方向、速度和动力的要求。

思考一下　二位换向阀5和三位换向阀8在图1-6所示位置,工作台能运动吗？油液路线如何走向？如果液压缸9要向左运动,该如何实现？三位换向阀8应该工作在哪个位置？二位换向阀5为何又称为开停阀？

4

任务2 观察气动剪切机的工作过程

📖 任务导入

◇提供压缩空气的元件是哪个？相当于液压系统中的哪个元件？能量如何转换？

◇控制剪刀往复运动的元件是哪个？

◇气动三联件是指哪三个元件？有何作用？

◇机动换向阀的动作靠什么来实现？

📖 观摩分析

气动剪板机的结构原理和图形符号如图1-7所示。电动机驱动空压机1,空压机1将电动机的机械能转化为气体的压力能,输出的压缩空气经由后冷却器2冷却,再由油水分离器3进行净化后由储气罐4储存。分水滤气器5、减压阀6、油雾器7为气动三联件,分水滤气器5将气体进行过滤净化,由减压阀6将气体压力调节至系统所需压力,并保持稳定,油雾器7将润滑油喷成雾状,悬浮于压缩空气内,使后续控制阀和气缸得到润滑。由图中可以看出,当工件11运行至使机动换向阀8动作位置时,气控换向阀9的阀芯处于下位,此时压缩空气经气控换向阀9进入气缸10的下腔,气缸上腔排气,活塞带动剪刀上行,完成工件的剪切。

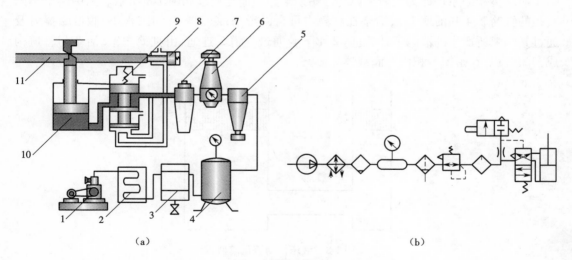

图1-7 气动剪板机

（a）结构原理图 （b）图形符号图

1—空压机 2—后冷却器 3—油水分离器 4—储气罐 5—分水滤气器
6—减压阀 7—油雾器 8—机动换向阀 9—气控换向阀 10—气缸 11—工件

📖 小结

通过观摩液压平面磨床和气动剪切机的工作过程,总结液压与气动系统的组成及作用,如表1-1所示。

表 1-1　液压与气动系统的组成及作用

系统组成	举例	作用	比喻
动力装置	液压泵、空压机	将机械能转换为压力能	心脏
执行装置	液压/气缸、液压/气马达	将压力能转换为机械能	四肢、五官
控制调节装置	液压/气动控制阀(方向阀、压力阀、流量阀)	控制流体(液体、气体)的压力、方向、流量	大脑、神经
辅助装置	管道、管接头、油箱、过滤器、压力表、蓄能器、冷却器、净化装置等	储存、输送、净化介质及监控系统等是保证液压/气动系统正常工作必不可少的部分	骨骼、皮肤、肌肉等
工作介质	液压油、压缩空气	传递能量的载体	血液

1.2　理论知识

知识点 1　液压与气动系统的工作原理

在密闭容积内,施加在静止液体边界上的压力,在液体内可以向所有方向等值地传递到液体各点,这就是帕斯卡原理。

1. 简化模型

液压传动的原理即为帕斯卡原理。帕斯卡原理简化模型如图 1-8 所示。图中两个不同直径的缸筒 2、4 和活塞 1、5,活塞在缸筒内可自由滑动,两者配合间隙很小,假设摩擦力及通过其间隙所产生的泄漏不计,缸筒 2、4 下腔通过管道 3 连通,由缸筒内壁、活塞与管道构成密闭容积,在密闭容积内充满液体。

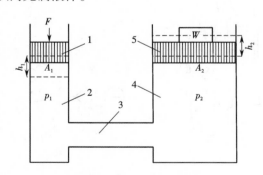

图 1-8　液压传动简化模型

1,5—活塞　2,4—缸筒　3—管道

2. 液压传动能量的转换及传递

1)液压传动传递力

将重量为 W 的重物放在活塞 5 上,为了提升重物,必须在活塞 1 上施加力 F,此时 W 是工作负载,F 是主动力。不计活塞重力,可得活塞 5 下腔的压力 $p_2 = W/A_2$(A_2 为活塞 5 的面积)。根据帕斯卡原理,该压力等值地传递并作用到活塞 1 上,即 p_1(活塞 1 下腔的压力,且 $p_1 = F/A_1$,A_1 为活塞 1 的面积) $= p_2 = p$,则作用在活塞 1 上的主动力

$$F = pA_1 = WA_1/A_2 \tag{1-1}$$

由式(1-1)可以看出以下几点。

(1)当给活塞1上施加的力 $F = WA_1/A_2$ 时,就能阻止活塞5上的重物下降,力是通过密闭容积中的液体传递的。

(2)当 $A_2 > A_1$ 时,则 $F < W$,即用一个小的力就可以驱动一个大的负载,力得到了放大。

(3)当 $W = 0$ 时,$p = 0$,$F = 0$,即当外负载为零时,不可能在密闭容积内形成压力;只有当 $W \neq 0$ 时,才可能施加力 F,并在密闭容积内形成压力 p。在不考虑泄漏的条件下,液压传动中的工作压力取决于外负载。

2)液压传动传递运动

当在活塞1上施加一定的力使其下移 h_1 时,活塞5将克服外负载并上升 h_2,由于不存在泄漏及忽略液体的可压缩性,在 Δt 时间内从缸筒2中排出的液体体积 V_1 与通过管道3排入缸筒4内的液体体积 V_2 相等,即

$$V_1 = V_2$$

或

$$A_1 h_1 = A_2 h_2 \tag{1-2}$$

式(1-2)表明两活塞的位移与其面积成反比。将式(1-2)两边同时除以 Δt,得

$$A_1 h_1/\Delta t = A_2 h_2/\Delta t$$

即

$$v_1 A_1 = v_2 A_2 \tag{1-3}$$

式中:v_1、v_2——活塞1、5运动的平均速度。

下面介绍一个十分重要的概念——流量。流量即单位时间内流过某一过流截面的液体体积,记作 q,则 $q = V/t$,即 $q = vA$,单位为 m^3/s。

由 $q_1 = v_1 A_1$,$q_2 = v_2 A_2$,式(1-3)可写作 $q_1 = q_2 = q$,即

$$v_2 = q/A_2 \tag{1-4}$$

由式(1-4)可见,液压传动可以传递运动。在液压传动中,液压执行机构的运动速度取决于输入流量的大小,而与外负载无关(在忽略泄漏、液体的压缩性及容器和管路变形的条件下)。

 思考一下 水流量不变,如果用一细管从大的水箱中抽吸水,当水从水箱液面到细管中时,水流速会发生怎样的变化? 这说明流量不变时,流速与什么因素有关?

3)液压传动传递动力

在上述简化模型中,输入的机械功率 $P_i = Fv_1$,输出的机械功率 $P_o = Wv_2$。在不计任意损失时,$P_i = P_o$,即

$$P_i = Fv_1 = pq = Wv_2 = P_o \tag{1-5}$$

 小结

(1)在液压传动中,工作压力 p 取决于负载 W,而与流入或排出一侧缸筒的液体体积 V 的多少无关。

(2)活塞移动速度 v 正比于流入液压缸中油液的流量 q,与负载 W 无关,液压传动可以实现无级调速。

（3）能量发生两次转换传递：机械能转化为压力能，再转化为机械能。

知识点 2　液压与气动系统的特点及应用发展

1. 液压传动的特点

1）液压传动的优点

（1）液压传动装置重量轻、结构紧凑、惯性小。例如，相同功率液压马达的体积为电动机的 12% ~ 13%，如图 1-9 所示。

内燃机　　电动机　　液压马达

• 300 kW 内燃机的重量约为15 000 kN
• 300 kW 电动机的重量约为16 000 kN
• 300 kW 液压马达的重量约为2 100 kN

图 1-9　同功率时内燃机、电动机、液压马达的重量

（2）液压传动是油管连接，可以方便灵活地布置传动机构，这是比机械传动优越的地方。例如，因液压缸的推力很大，且容易布置，在挖掘机等重型工程机械上，已基本取代了老式的机械传动，不仅操作方便且外形美观大方。

（3）可在大范围内实现无级调速。借助阀或变量泵、变量马达，可以实现无级调速，调速范围可达 100∶1 ~ 2 000∶1，并可在液压装置运行过程中实现调速。

（4）传动均匀平稳，负载变化时速度较稳定。为此，金属切削机床中的磨床传动现在几乎都采用液压传动。

（5）易于实现过载保护。系统设置安全阀——溢流阀，可实现过载保护。

（6）易于实现自动化。借助于各种控制阀，采用液压控制和电气控制相结合，易实现复杂的自动工作循环，且可远程控制。

（7）液压元件实现标准化、系列化和通用化，便于设计、制造和推广使用。

2）液压传动的缺点

（1）液压系统中漏油以及液压油本身的可压缩性等因素，影响运动的平稳性，使液压传动不能保证严格的传动比。

（2）液压传动对油温的变化比较敏感，不宜在温度变化很大的环境条件下使用。

（3）为了减少泄漏以及满足某些性能上的要求，液压元件的配合件制造精度要求较高，加工工艺较复杂。

（4）液压传动要求有单独的能源，不像电源那样使用方便。

（5）液压系统发生故障不易检查和排除。

2. 液压传动的应用

下面介绍的液压传动方式具有许多突出的优点，在国民经济中得到了广泛的应用，如图 1-10 所示。其应用领域详见表 1-2。

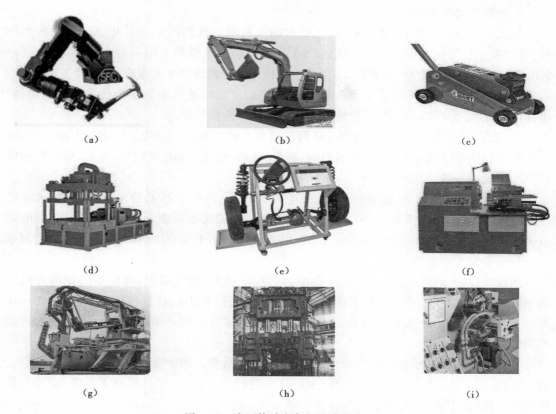

图 1-10　液压传动在各行业中的应用

(a)液压机械手　(b)液压挖掘机　(c)液压千斤顶　(d)液压注塑机　(e)汽车液压刹车系统
(f)液压卡盘多刀车床　(g)在港口机械中的应用　(h)在锻压机械中的应用　(i)在精密机床中的应用

表 1-2　液压传动的应用领域

行业名称	应用领域
工程机械	液压挖掘机、液压装载机、推土机、全液压振动压路机、液压铲运机等
起重运输机械	轮胎吊、岸边(或堆场)集装箱起重机、叉车(或集装箱叉车)、集装箱正面吊运机、带运输机等
矿山机械	凿岩机、全断面液压掘进机、开采机、破碎机、提升机、液压支架等
建筑机械	打桩机、液压千斤顶、平地机、混凝土泵车、回转窑液压系统等
农业机械	联合收割机、拖拉机、农机悬挂系统等
冶金机械	电炉炉顶及电极升降机、轧钢机、压力机等
轻工机械	打包机、注塑机、校直机、橡胶硫化机、造纸机、浆纱机液压系统等
汽车机械	自卸式汽车、平板车、高空作业车、汽车中的转向器和减振器等
智能机械	折臂式小汽车装卸器、数字式体育锻炼机、模拟驾驶舱、机器人(机械手)等
机床工业	磨床、车床、龙门刨床及铣床等
军事工业	火炮瞄准系统、坦克火炮控制系统、战略飞行器液压系统等
船舶及海洋工程	舰船舵机液压系统、工程船舶(如挖泥船、打桩船)、舱盖启闭液压系统、海洋石油钻探平台等

3. 液压传动技术的发展

从公元前 200 多年到 17 世纪初,包括希腊人发明的螺旋提水工具和中国出现的水枪等,可以说是液压技术最古老的应用。1795 年英国制造了世界上第一台水压机,距今已有 200 多年的历史。但直到 20 世纪 30 年代水压机才较普遍地用于起重机、机床及工程机械。

第二次世界大战期间,由于军事上的需要,出现了以电液伺服系统为代表的响应快、精度高的液压元件和控制系统,从而使液压技术得到了迅猛发展。

20 世纪 50 年代,随着世界各国经济的恢复和发展以及生产过程自动化的不断增长,使液压技术很快转入民用工业,在机械制造、起重运输机械及各类施工机械、船舶、航空等领域得到了广泛的发展和应用。

20 世纪 60 年代以来,随着原子能、航空航天技术、微电子技术的发展,液压技术在更深、更广阔的领域得到了发展,60 年代出现了板式、叠加式液压阀系列,发明了以比例电磁铁为电气 – 机械转换器的电液比例控制阀,并将其广泛用于工业控制中,提高了电液控制系统的抗污染能力和性价比。

当前液压技术正向迅速、高压、大功率、高效、低噪声、经久耐用、高度集成化的方向发展。同时,新型液压元件和液压系统的计算机辅助设计(CAD)、计算机辅助测试(CAT)、计算机直接控制(CDC)、机电一体化技术、可靠性技术等方面也是液压传动及控制技术发展和研究的方向。

我国的液压技术最初应用在机床和锻压设备上,后来又用于拖拉机和工程机械。现在,我国已经从国外引进了一些液压元件、生产技术进行自行设计,并且形成了系列,在各种机械设备上得到了广泛的应用。

知识点3　流体力学基础知识

1. 液体静力学

液体静力学主要是研究液体静止时的平衡规律以及这些规律的应用。液体静止指的是液体内部质点间没有相对运动,如盛装液体的容器整体做匀速运动或匀加速运动时,容器的液体是静止的液体。

1)阿基米德定律

浸在液体中的物体受到向上的浮力,浮力的大小等于它排开的液体受到的重力。浮力

$$F = \rho g V \tag{1-6}$$

式中:ρ——液体的密度;

　　　g——重力加速度;

　　　V——被排开的液体的体积。

2)液体压力

Ⅰ. 液体静压力及其特性

作用在液体上的力有质量力和表面力。质量力有重力和惯性力。表面力作用在液体表面上,是外力。单位面积上作用的表面力称为应力,可分为法向应力和切向应力。当液体静止时,液体质点间没相对运动,不存在摩擦力,所以静止液体的表面力只有法向力。

液体内某点单位面积上所受到的法向力,称为静压力,用 p 表示,即

$$p = \lim_{\Delta A \to 0} \frac{\Delta F}{\Delta A}$$

或

$$p = \frac{F}{A} \tag{1-7}$$

式中: F——法向力;

　　A——作用面积。

液体质点间的内聚力很小,不能受拉,只能受压,所以液体静压力具有以下两个重要特性:

(1)液体静压力的方向总是作用在内法线方向上;

(2)静止液体内任一点的压力在各个方向上都相等。

Ⅱ. 压力的表示方法及单位

压力有绝对压力和相对压力。绝对压力是以绝对真空作为基准所表示的压力。相对压力是以大气压力作为基准所表示的压力。

由于大多数测压仪表所测得的压力都是相对压力,故相对压力也称表压力。

如果液体中某点处的绝对压力小于大气压,则这个点的绝对压力比大气压小的那部分数值称为真空度。

绝对压力、相对压力和真空度的关系如下:

　　　绝对压力 = 相对压力 + 大气压力

　　　真空度 = 大气压力 - 绝对压力

三者关系如图 1-11 所示。

我国法定压力单位为 Pa,$1\ \text{Pa} = 1\ \text{N/m}^2$。由于 Pa 太小,工程上常用 MPa 来表示,也可用 bar 和 kgf/cm^2 表示。换算关系如下:

　　　$1\ \text{MPa} = 10^6\ \text{Pa}$

　　　$1\ \text{bar} = 1.02\ \text{kgf/cm}^2 = 0.1\ \text{MPa}$

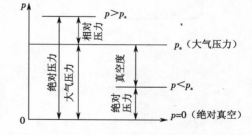

图 1-11　绝对压力、相对压力和真空度的关系

例 1-1　在液体中某处的表压力为 21 MPa,其绝对压力为多少? 某处绝对压力为 0.03 MPa,其真空度为多少(大气压取 1×10^5 Pa)?

解　(1)表压力即为相对压力,因为绝对压力 p = 相对压力 p_r + 大气压力 p_a,所以

　　$p = 21 \times 10^6 + 1 \times 10^5 = 21.1\ \text{MPa}$

(2)因为真空度 p_v = 大气压力 p_a - 绝对压力 p,所以

　　$p_v = 1 \times 10^5 - 0.03 \times 10^6 = 0.07\ \text{MPa}$

3)液体静力学基本方程

在重力 g 作用下,密度为 ρ 的静止液体受表面压力 p_0 的作用,液体内深度为 h 处的压力是多少呢?

取一高度为 h、底面积为 ΔA 的垂直小液柱,如图 1-12 所示。其重力为 G($G = mg = \rho V g = \rho g h \Delta A$),在平衡状态下,小液柱受力平衡方程为

　　$p\Delta A = p_0 \Delta A + \rho g h \Delta A$

即

$$p = p_0 + \rho g h \tag{1-8}$$

式(1-8)为液体静力学的基本方程。由它可知如下几点。

（1）在重力作用下静止液体内任意点上的压力由两部分组成，p_0 为表面力引起的压力，$\rho g h$ 为质量力产生的压力（该处质量力为重力）。

（2）在同一深度下各点压力相等。压力相等的面叫作等压面，重力作用下静止液体的等压面为水平面。

（3）在液压传动中，由于 $\rho g h < p_0$（p_0 是液压系统的工作压力），所以在一般情况下不考虑位置对静压力引起的影响。例如，当 $h = 10$ m，$g = 9.8$ m/s^2，$\rho = 900$ kg/m^3 时，$p = 0.088$ MPa，因而重力压力（质量力）与液压系统工作压力相比可忽略不计。

例 1-2 容器内盛有油液，如图 1-13 所示。已知油的密度 $\rho = 900$ kg/m^3，活塞上的作用力 $F = 1\,000$ N，活塞的面积 $A = 1 \times 10^{-3}$ m^2，假设活塞的重量忽略不计。问活塞下方深度为 $h = 0.5$ m 处的压力为多少？

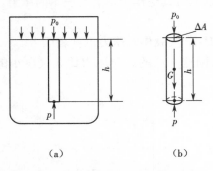

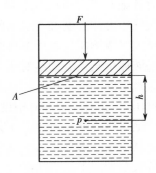

图 1-12　静止液体内压力分布规律　　　　图 1-13　静止液体内的压力

（a）静止液体　（b）小液柱

解　活塞与液体接触面上的压力

$$p_0 = F/A = 1\,000/(1 \times 10^{-3}) = 10^6 \text{ N/m}^2$$

根据式(1-8)，深度为 h 处的液体压力

$$p = p_0 + \rho g h = (10^6 + 900 \times 9.8 \times 0.5) \text{N/m}^2 = 1.004\,4 \times 10^6 \text{ N/m}^2 \approx 10^6 \text{ Pa}$$

由本例可以看出，液体在受外界压力作用的情况下，由液体自重所形成的那部分压力 $\rho g h$ 相对很小，在液压系统中可以忽略不计，因而可近似认为液体内部各点压力相等。以后在分析液压传动系统的压力时，一般都采用此结论。

2. 液体动力学

液体动力学研究流动液体的运动规律、能量转化和作用力，本节主要介绍几个重要的基本概念和动力学方程。

1）基本概念

Ⅰ. 理想液体和恒定流动

由于实际液体具有黏性和可压缩性，液体在外力作用下流动时有内摩擦力，压力变化又会使液体体积发生变化，这样就增加了分析和计算的难度。为了便于分析问题，推导基本方程时先假设液体没有黏性且不可压缩。这种既无黏性又不可压缩的假想液体称为理想液体，事实上的既有黏性又可压缩的液体称为实际液体。

液体流动时,如果液体中任一点处的压力、速度和密度都不随时间而变化,则称为稳定流动;反之,若液体中任一点处的压力、速度和密度中只要有一项随时间而变化,就称为非稳定流动。稳定流动与时间无关,研究比较方便。

Ⅱ.过流断面、流量和平均流速

(1)过流断面:液体在管道流动时,垂直于流动方向的截面称为过流断面,也称通流截面。截面上每点处的流动速度都垂直于这个面。

(2)流量:单位时间内通过某通流截面的液体体积称为体积流量或流量,单位为 m^3/s 或 L/min,即

$$q = V/t$$

实际液体在流动时,由于黏性力的作用,整个过流断面上各点的速度 u 一般是不等的,其关系为

$$q = \int u\mathrm{d}A \tag{1-9}$$

(3)平均流速:单位通流截面通过的流量。

设管道液体在时间 t 内流过的距离为 l,过流断面面积为 A,则

$$q = V/t = Al/t = Av\left(\int u\mathrm{d}A\right) \tag{1-10}$$

式中:v——平均流速。

因为式(1-9)计算和使用起来很不方便,因此常假定通流截面上各点的流速均匀分布,从而引入平均流速的概念。

在实际工程中,平均流速才有应用价值。液压缸工作时,液流流速可认为是均匀分布的,即活塞的运动速度与液压缸中液流的平均流速相同,活塞运动速度 v 等于进入液压缸的流量 q 与液压缸有效作用面积 A 的比值。当液压缸的有效面积一定时,活塞运动速度的大小取决于进入液压缸流量的多少。

Ⅲ.层流、紊流和雷诺数

液体流动有层流和紊流两种基本状态。

(1)层流:液体质点互不干扰,液体的流动呈线性或层状的流动状态。

(2)紊流:液体质点的运动杂乱无章,除了平行于管道轴线的运动以外,还存在着剧烈的横向运动。

层流时,液体流速较低;紊流时,液体流速较高。两种流动状态的物理现象可以通过雷诺实验观察出来。

雷诺实验装置如图 1-14(a)所示,水箱 6 由进水管 2 不断供水,并由溢流管 1 保持水箱水面高度恒定;颜色槽 3 内盛有红墨水,将小调节阀 4 打开后,红墨水经导管 5 流入水平玻璃管 7 中。仔细调整大调节阀 8 的开度,使玻璃管 7 中流速较小时,红墨水在玻璃管 7 中呈现一条明显的直线,这条红线和清水不相混杂,如图 1-14(b)所示,这表明管中的水流是层流。当调整大调节阀 8 使玻璃管中的流速逐渐增大到某一值时,可看到红线开始波动呈波纹状,如图 1-14(c)、(d)所示,这表明层流状态受到破坏,液流开始紊乱。若使玻璃管中流速进一步加大,红色水流便和清水完全混合,红线便完全消失,如图 1-14(e)所示,这表明管中液流为紊流。如果将调节阀 8 逐渐关小,就会看到相反的过程。

雷诺实验证明,液体在圆管中的流动状态不仅与液体在管道中的平均流速 v 有关,还与

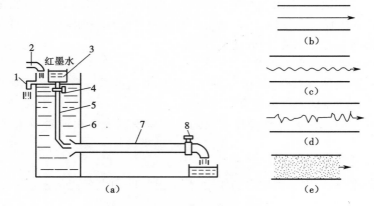

图 1-14　雷诺实验
(a)流态实验仪　(b)层流　(c)层流开始破坏　(d)流动趋于紊流　(e)紊流
1—溢流管　2—进水管　3—颜色槽　4—小调节阀　5—导管
6—水箱　7—玻璃管　8—大调节阀

管径 d 和液体的运动黏度 ν 有关。以上三个参数组成的一个无量纲常数称为雷诺数,用 Re 表示,有

$$Re = \frac{vd}{\nu} \qquad (1\text{-}11)$$

式中:v——液体在管道中的平均流速(m/s);

　　　d——管道的内径(m);

　　　ν——液体的运动黏度(m^2/s)。

管道中液体的流动状态随雷诺数的不同而改变,因而可以用雷诺数作为判别液体在管道中流动状态的依据。液流由层流转变为紊流时的雷诺数和由紊流转变为层流时的雷诺数是不相同的,后者的数值较小。一般把紊流转变为层流时的雷诺数称为临界雷诺数,用 Rec 表示。当 $Re \leqslant Rec$ 时为层流,当 $Re > Rec$ 时为紊流。

各种管道的临界雷诺数可由实验求得。常见管道的临界雷诺数见表 1-3。

表 1-3　常见管道的临界雷诺数

管道形状	临界雷诺数 Rec	管道形状	临界雷诺数 Rec
光滑金属管	2 300	带沉割槽的同心环状缝隙	700
橡胶软管	1 600 ~ 2 000	带沉割槽的偏心环状缝隙	400
光滑同心环状缝隙	1 100	圆柱形滑阀阀口	260
光滑偏心环状缝隙	1 000	锥阀阀口	20 ~ 100

雷诺数是液流的惯性力对黏性力的比值,这是雷诺数的物理意义。当雷诺数较大时,说明惯性力起主导作用,这时液体处于紊流状态;当雷诺数较小时,说明黏性力起主导作用,这时液体处于层流状态。液体在管道中流动时,若为层流,液流各质点运动有规律,则其能量损失较小;若为紊流,液流各质点的运动极其紊乱,则能量损失较大。所以,在液压传动系统

设计时,应考虑尽可能使液流在管道中的流动状态为层流。

2)动力学方程

Ⅰ.连续性方程

连续性方程是质量守恒定律在流动液体中的表现形式。

假设液体在管道内做稳定流动,且不可压缩,如图 1-15 所示。任设两过流断面面积为 A_1 和 A_2,对应的液体平均流速为 v_1 和 v_2,密度为 ρ_1 和 ρ_2,则根据质量守恒定律,时间 t 内流过 A_1 和 A_2 两截面的液体质量相等,即

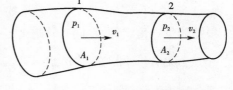

图 1-15　液流的连续性原理

$$tA_1v_1\rho_1 = tA_2v_2\rho_2$$

因为一般情况下液体密度为常数,所以近似认为 $\rho_1 = \rho_2$。因此由上式可得出

$$A_1v_1 = A_2v_2 = q_v = 常数 \tag{1-12}$$

这就是不可压缩液体做稳定流动的连续性方程。它说明以下两点:

(1)通过无分支管道任一过流断面的流量相等;

(2)液体的平均流速与管道过流断面面积成反比。

Ⅱ.伯努利方程

18 世纪中叶,瑞士数学家丹尼尔·伯努利发现伯努利方程。伯努利方程是能量守恒定律在流体力学中的表现形式,分为以下两种情况。

Ⅰ)理想液体的伯努利方程

假定理想液体在如图 1-16 所示的管道中做恒定流动,任取两个截面 1—1、2—2,面积分别为 A_1、A_2。设两截面处的液流的平均流速分别为 v_1、v_2,压力为 p_1、p_2,到基准面 O—O 的中心高度分别为 h_1、h_2。若在很短时间 Δt 内,液体通过两截面的距离为 Δl_1、Δl_2,则液体在两截面处时所具有的能量见表 1-4。

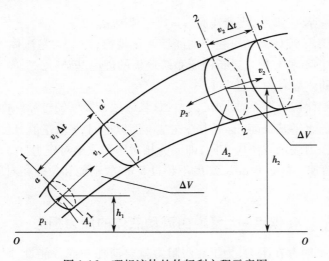

图 1-16　理想液体的伯努利方程示意图

表 1-4　液体在两截面处时所具有的能量

动能	$\frac{1}{2}\rho A_1 v_1 \Delta t v_1^2 = \frac{1}{2}\rho \Delta V v_1^2$	$\frac{1}{2}\rho A_2 v_2 \Delta t v_2^2 = \frac{1}{2}\rho \Delta V v_2^2$
位能	$\rho A_1 v_1 \Delta t g h_1 = \rho \Delta V g h_1$	$\rho A_2 v_2 \Delta t g h_2 = \rho \Delta V g h_2$
压力能	$p_1 A_1 v_1 \Delta t = p_1 \Delta V$	$p_2 A_2 v_2 \Delta t = p_2 \Delta V$

根据能量守恒定律,在同一管道内各个截面处的能量相等,因此可得

$$\frac{1}{2}\rho \Delta V v_1^2 + \rho \Delta V g h_1 + p_1 \Delta V = \frac{1}{2}\rho \Delta V v_2^2 + \rho \Delta V g h_2 + p_2 \Delta V$$

上式简化后得

$$\frac{1}{2}\rho v_1^2 + \rho g h_1 + p_1 = \frac{1}{2}\rho v_2^2 + \rho g h_2 + p_2 \qquad (1\text{-}13)$$

式(1-13)即为理想液体的伯努利方程,也称为理想液体的能量方程,式中各项分别是单位体积液体所具有的动能、位能和压力能。其物理意义是:在密闭管道中做恒定流动的理想液体具有三种形式的能量(动能、位能、压力能),在沿管道流动的过程中,三种能量之间可以互相转化,但是在管道任一截面上三种能量的总和是一个常量。

Ⅱ)实际液体的伯努利方程

由于实际液体存在黏性,在管道内流动时产生内摩擦力,要克服这些摩擦力需消耗能量;同时管路中管道的尺寸和局部形状骤然变化会使液流产生扰动,从而也引起能量消耗。因此实际液体流动时存在能量损失,主要表现为压力损失,用 Δp_w 表示。另外,由于实际液体在管道中流动时,管道通流截面上的流速分布是不均匀的,若用平均流速计算动能,必然会产生误差。为了修正这个误差,需要引入动能修正系数 α。因此,实际液体的伯努利方程为

$$\frac{1}{2}\rho \alpha_1 v_1^2 + \rho g h_1 + p_1 = \frac{1}{2}\rho \alpha_2 v_2^2 + \rho g h_2 + p_2 + \Delta p_w \qquad (1\text{-}14)$$

式中:α_1、α_2——动能修正系数,当紊流时 $\alpha = 1$,层流时 $\alpha = 2$。

伯努利方程揭示了液体流动过程中的能量变化规律,因此它是流体力学中的一个特别重要的基本方程。伯努利方程是进行液压系统分析的理论基础。

Ⅲ)应用伯努利方程时的注意事项

(1)两断面需顺流向选取,否则 Δp_w 为负值,且应选在缓变的过流断面上。

(2)选取适当的水平基准面,断面中心在基准面以上时,h 取正值,反之取负值。

(3)两断面的压力表示方法应相同,即同为相对压力或绝对压力。

液压系统中,流速不超过 6 m/s,高度不超过 5 m,故动能和位能相对压力能来说可以忽略不计。

知识点 4　管道内流动液体的压力损失

实际液体在流动时存在阻力,为了克服阻力就要消耗一部分能量,因此存在能量损失。而能量损失主要表现为压力损失,这就是实际液体伯努利方程中 Δp_w 项的含义。

液压系统中的压力损失分为两类:一类是沿程压力损失;另一类是局部压力损失。

1. 沿程压力损失

液体在等径直管中流动时,由黏性引起的内外摩擦力造成的压力损失,称为沿程压力损失。它主要取决于管路的长度和内径、液流的流速和黏度等。液体的流动状态不同,沿程压力损失也不同。

1) 层流时的沿程压力损失

在液压传动中,液体的流动状态多数为层流,液体在管道中做有规则的流动。经理论推导和实验证明,层流时的沿程压力损失可用下式计算:

$$\Delta p_\lambda = \frac{128\mu l}{\pi d^4} q = \frac{32\mu l}{d^2} v$$

即

$$\Delta p_\lambda = \lambda \frac{l}{d} \frac{\rho v^2}{2} \tag{1-15}$$

式中:λ——沿程阻力系数,对于圆管层流,其理论值 $\lambda = 64/Re$,由于实际液流靠近管壁处的冷却作用,黏度增加,流动阻力增大,因此对金属圆管内层流时常取 $\lambda = 75/Re$,而橡胶管常取 $\lambda = 80/Re$;

l——管道长度(m);

d——管道内径(m);

ρ——液体密度(kg/m³);

v——管道中液流的平均流速(m/s);

μ——动力黏度(Pa·s 或 N·s/m²);

q——流过管道的流量(m³/s 或 L/min)。

2) 紊流时的沿程压力损失

由于紊流很复杂,计算时仍按层流公式,但式中沿程阻力系数 λ 除与 Re 有关外,还与管壁相对表面结构有关。实际计算时,对于光滑管,当 $2\,320 \leq Re < 10^5$ 时,$\lambda = 0.316\,4 Re^{-0.25}$;对于粗糙管,$\lambda$ 的值要根据雷诺数 Re 和管壁相对表面结构 Δ/d 从相关资料的关系曲线查取。

2. 局部压力损失

局部压力损失是液体流经管道弯头、接口、阀口、滤网、截面突变处等局部位置时,产生旋涡,并发生强烈紊动造成的。由于上述流动情况极为复杂,影响因素很多,局部压力损失不易从理论上分析计算,常用如下公式计算:

$$\Delta p_\xi = \xi \frac{\rho v^2}{2} \tag{1-16}$$

式中:ξ——局部压力损失系数(可查阅有关手册)。

3. 总压力损失

管道中总压力损失等于所有直管中沿程压力损失和局部压力损失之和,即

$$\sum \Delta p = \sum \Delta p_\lambda + \sum \Delta p_\xi \tag{1-17}$$

液压系统中,绝大部分压力损失转变为热能,使液压油温度升高,泄漏增大,影响液压系统的工作性能。通过上述分析,减小流速,缩短管长,减小管道截面突变,提高管道内壁加工质量等,都可以减小压力损失,其中以流速的影响最大,所以液体在管道内流速不宜过高。

17

知识点 5 液压传动系统的常见问题

液压系统在运行过程中存在的主要问题有油液泄漏、液压冲击和气穴现象。下面来分析一下这几种常见现象的产生原因、危害及预防措施。

1. 油液泄漏

在液压系统中,由于压力、配合间隙等原因,油液会溢出管道或者液压元件的现象称为泄漏。

油液泄漏产生的危害有:系统压力调不到规定值,执行机构速度不稳定,系统发热消耗能量,液压元件容积效率降低,污染环境等。

油液泄漏的主要发生位置如下。

(1)管接头处。造成管接头处外泄的原因主要是管接头的类型与使用条件不符,接头的加工质量较差,接头密封圈老化或破损以及机械振动、压力脉动等原因引起的接头松动。

(2)承压力负载的固定结合处。造成该处外泄的主要原因是结合面粗糙不平,紧固螺栓(螺帽)拧紧力矩不够,密封圈失效使压缩量不够。

(3)轴向滑动表面密封处。造成该处外泄的主要原因是密封圈的材料或结构类型与使用条件不符,密封圈老化或破损,轴表面粗糙、划伤,密封圈安装不当等。

(4)转轴密封处。造成该处外泄的主要原因是转轴表面粗糙或划伤,油封材料、形式与使用条件不符。

2. 液压冲击

在液压系统中,由于某种原因引起油液的压力在瞬间急剧上升,形成很高的压力峰值,这种现象称为液压冲击。

1)液压冲击产生的原因

液压系统中产生液压冲击的原因很多,如液流速度突变(关闭阀)或突然改变液流方向(换向)、运动部件(液压缸)突然制动等因素都将引起系统中油液压力骤然升高,产生液压冲击。这是由于液流的惯性作用,液体就从受阻端开始,迅速将动能逐层转换为压力能,因而产生了压力冲击波;此后,又从另一端开始,将压力能逐层转换为动能,液体又反向流动;然后,又再次将动能转换为压力能,如此反复地进行能量转换。由于这种压力波的迅速往复传播,便在系统内形成压力振荡。实际上,由于液体受到摩擦力以及液体和管壁的弹性作用,不断消耗能量,才使振荡过程逐渐衰减而趋向稳定。

2)液压冲击产生的危害

系统中出现液压冲击时,液体瞬时压力峰值可以比正常工作压力大好几倍。液压冲击会引起振动和噪声,导致密封装置、管路及液压元件的损失,有时还会使某些元件,如压力继电器、顺序阀产生误动作,影响系统的正常工作。因此,必须采取有效措施来减轻或防止液压冲击。

3)减小液压冲击的措施

避免产生液压冲击的基本措施是尽量避免液流速度发生急剧变化,延缓速度变化的时间,主要措施如下。

(1)延长阀门关闭和运动部件制动换向的时间。实践证明,运动部件制动换向时间若能大于 0.2 s,冲击就大为减轻。如在液压系统中采用换向时间可调的换向阀就可以做到这一点。

（2）限制管道流速及运动部件速度。例如在机床液压系统中，通常将管道流速限制在4.5 m/s 以下，液压缸所驱动的运动部件速度一般不宜超过 10 m/min 等。

（3）适当加大管道直径，尽量缩短管路长度。加大管道直径不仅可以降低流速，而且可以减小压力冲击波速度；缩短管路长度的目的是减小压力冲击波的传播时间。

（4）系统中设置蓄能器和安全阀。

（5）采用橡胶软管，以增加系统弹性。

（6）在液压元件中设置缓冲装置（如节流孔）。

3. 气穴现象

1）空气分离压

空气在液压油中的溶解度与液体的绝对压力成正比。在一定温度下，当液压油压力（绝对压力）低于某一数值时，溶解在油液中的空气会迅速分离出来，产生大量气泡，形成气穴，这个压力称为空气分离压。

2）气穴的产生及危害

当液压油流过过流断面面积收缩较小的阀口时，流速会很高，根据伯努利方程，该处的压力会很低，如果压力低于空气分离压，就会出现气穴现象，如图 1-17 所示。

当液压系统中出现气穴现象时，大量的气泡破坏了液流的连续性，造成流量和压力脉动。当气泡随液流进入高压区时又急剧破灭，引起局部液压冲击，使系统产生强烈的噪声和振动。当附着在金属表面上的气泡破灭时，它所产生的局部高温和高压作用以及油液中逸出的气体的氧化作用，会使金属表面剥蚀或出现海绵状的小洞穴。这种因空穴造成的腐蚀作用称为气蚀，如图 1-18 所示，会导致元件寿命的缩短。

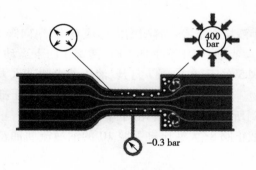

图 1-17 气穴现象

图 1-18 气蚀现象

气穴多发生在阀口和液压泵的进口处，由于阀口的通道狭窄，流速增大，压力大幅度下降，以致产生气穴。当泵的安装高度过大或油面不足，吸油管直径太小，吸油阻力大，滤油器阻塞，造成进口处真空度过大，亦会产生气穴，如图 1-19 所示。

3）减小气穴的措施

要减小气穴现象发生，即避免液压系统中

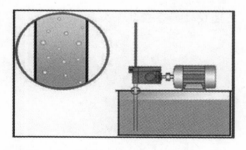

图 1-19 液压泵吸油口处产生的气穴

压力过低,具体措施如下。

(1)减少液流在阀口处的压力降,一般希望阀口前后的压力比 $p_1:p_2<3.5$。

(2)降低泵的吸油高度(一般 $h<0.5$ m),适当加大吸油管内径,限制吸油管的流速(一般 $v<1$ m/s),及时清洗吸油过滤器,对高压泵可采用辅助泵供油。

(3)吸油管路要有良好密封,防止空气进入。

【案例分析 1-1】 液压千斤顶的工作原理图如图 1-20 所示,试分析其工作过程。

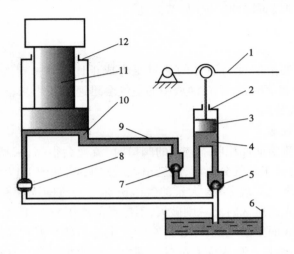

图 1-20 液压千斤顶工作原理图

1—手柄 2,12—液压缸 3,11—活塞 4,10—液压缸下腔

5,7—单向阀 6—油箱 8—截止阀 9—连通管

分析 当提起手柄 1 时,活塞 3 向上运动,小液压缸下腔 4 容积增大形成真空,单向阀 7 关闭,小液压缸 2 通过打开的单向阀 5 从油箱 6 中吸油;当压下手柄 1 时,活塞 3 向下运动,小液压缸下腔 4 容积减小、压力增加,此时单向阀 5 关闭,单向阀 7 打开,液压油由此进入大液压缸下腔 10,推动活塞 11 向上运动,抬起重物。如此往复,油液不断地被吸入小液压缸下腔,并压入大液压缸下腔,就可以把重物抬高到所需要的高度。由于单向阀 7 的作用,重物升高后不会落下来,当需要放下重物时,打开截止阀 8,大液压缸下腔 10 的油液流回油箱 6,重物落下后,关闭截止阀,待下次放油时再打开。

 思考一下 小小的千斤顶为何力大无穷? 手柄施加的力的大小 F 与提起重物的重量 G 之间存在什么关系?

思考与练习

1-1　液压与气压传动系统由哪几部分组成？各部分的作用是什么？

1-2　简述液压传动的特点和应用？列举应用实例。

1-3　液压系统的压力由什么决定？运动速度由什么决定？

1-4　压力的定义是什么？静压力有哪些特性？压力是如何传递的？

1-5　试解释层流与紊流的物理区别。

1-6　不可压缩液体做稳定流动时的连续性方程的本质是什么？其物理意义是什么？

1-7　伯努利方程的物理意义是什么？该方程的理论式与实际式有什么区别？

1-8　管路中的压力损失有哪几种？分别受哪些因素影响？

1-9　什么是液压冲击？液压冲击是如何产生的？如何减小液压冲击的危害？

1-10　什么是气穴现象？气穴现象是如何产生的？如何减小气穴现象的危害？

1-11　如题 1-11 图所示的液压千斤顶，已知活塞 1、2 的直径分别为 $d = 10$ mm、$D = 35$ mm，杠杆比 $AB: AC = 1:5$，作用在活塞 2 上重物的重量 $G = 19.6$ kN，要求重物提升高度 $h = 0.2$ m，活塞 1 的移动速度 $v_1 = 0.5$ m/s。不计管路的压力损失以及活塞与缸体之间的摩擦阻力和泄漏。试求：

（1）在杠杆作用点 C 需施加的力 F；

（2）力 F 需要作用的时间；

（3）活塞 2 输出的功率。

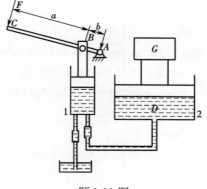

题 1-11 图

1-12　如题 1-12 图所示，一流量计在截面 1—1、2—2 处的过流截面面积分别为 A_1、A_2，测压管读数差为 Δh，求通过管路的流量为多少？

1-13　如题 1-13 图所示，油管水平放置，截面 1—1、2—2 处的直径分别为 d_1、d_2，液体在管路内做连续流动，若不考虑管路内能量损失。

（1）截面 1—1、2—2 处哪一点压力高？为什么？

（2）若管路内油液的流量为 q，试求截面 1—1 和 2—2 两处的压力差 Δp 为多少？

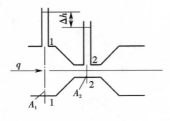

题 1-12 图

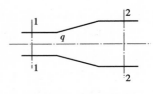

题 1-13 图

相关专业英语词汇

（1）液压传动——hydraulic transmission

（2）液压传动系统的组成——composition of hydraulic transmission system

（3）液压传动的工作原理——operating principles of hydraulic transmission

（4）液压系统——hydraulic system

（5）流体传动——hydraulic power

（6）液力技术——hydrodynamics

（7）气液技术——hydropneumatics

（8）压力——pressure

（9）流量——flow rate

（10）流速——flow speed

（11）层流——laminar flow

（12）紊流——turbulent flow

（13）液压冲击和气穴现象——hydraulic shock and cavitation

（14）液压油的性质——performances of the hydraulic oil

（15）液压流体力学基础——fundamental hydraulic fluid mechanics

（16）液体静力学——hydrostatics

（17）液体动力学——hydrodynamics

（18）管道中液流的特性——characteristics of fluid flow in pipeline

项目2 工作介质——液压油

【教学要求】

（1）了解液压油的物理性质。
（2）了解液压油的类型、特点及应用场合。
（3）掌握液压油的选择原则，能够正确选择液压油的牌号。
（4）能够判断液压油的质量好坏，并更换液压油。
（5）了解液压油的污染原因及控制方法。

【重点与难点】

（1）液压油的类型、特点，液压油的质量判断及污染控制。
（2）如何合理选择液压油。

【问题引领】

液压油作为液压传动的工作介质，对于液压系统，它相当于人体的血液对人体一样重要，是能量传递的载体。正确合理地选择液压油、能够判断液压油的质量好坏并更换液压油是非常重要的。为此，本项目要学习液压油的质量判断和更换方法及液压油的类型、性质和合理选用。

2.1 做中学

任务1 辨识液压油

液压油在液压系统中起着能量传递、润滑、防腐、防锈、冷却等作用。液压传动系统的压力、温度、速度在很大范围内变化，液压油的性能是液压传动系统正常运转和高效率工作的前提，因此液压油的质量优劣直接影响液压系统的工作性能，能够对液压油的质量状况进行判断非常重要。

任务导入

◇判断液压油是否变质有哪些判断项目？
◇判断的方法分别是什么？

任务实施

判断液压油是否变质，并需要更换，比较常用的是经验法，可以通过"看、嗅、摸、摇"等简易方法，按规定当液压油变黑、变脏、变浑浊到某一程度就必须更换新油。以下介绍几种现场鉴定液压油变质的项目，见表2-1。

表 2-1　现场鉴定液压油变质项目

项目	判断方法（现象）	鉴定结论
外观颜色	液压油呈乳白色浑浊状	液压油中进水
	液压油呈黑褐色	液压油高温氧化
气味	刺激性臭味	液压油高温氧化变质
	有柴油或汽油味	液压油中误加入燃油
油中含水分	爆裂试验：把薄金属片加热到 110 ℃，滴一滴液压油，如果油爆裂证明液压油中含有水分，此方法能检验出油中 0.2% 以上的含水量	
	试管声音试验：取 2~3 mL 液压油放置在一干燥试管中，等气泡消失后，对油加热同时倾听试管口端油的小"嘭嘭"声，声音是油中水粒碰撞沸腾时产生水蒸气所致	
	棉球试验：取干净的棉球或绵纸，蘸少许液压油，然后点燃，如果发出"噼啪"炸裂声和闪光现象，证明油中含水	
黏度	手捻法	由于黏度随温度的变化和个人的感觉而不同，往往存在较大人为误差，但这种方法比较同一油品使用前后黏度的变化可行
	玻璃倾斜观测法	将两种不同的液压油各取一滴滴在一块倾斜的干净玻璃上，看哪种流动快，则其黏度较低
油滴斑点	取一滴液压油放在滤纸上，观察斑点变化情况，液压油迅速扩散，中间无沉淀物，表明油品正常；扩散慢，中间出现沉淀物，表明油已变质	

任务 2　液压油的选用

　　液压油的品种繁多，液压系统运行故障中液压油选用不当是一个重要的方面。因此正确合理地选用液压油对提高液压设备运行的可靠性，延长系统和元件的使用寿命，保证设备安全运行等有很大帮助。

　　液压油的品种主要分为石油型、乳化型和合成型，主要品种及特性用途见表 2-2。液压油的制成过程如图 2-1 所示。

表 2-2　液压系统工作介质分类及特性用途（GB 11118.1—2011）

分类	名称	代号	组成和特性	应用
石油型	精制矿物油	L–HH	无抗氧剂	循环润滑油，低压液压系统
	普通液压油	L–HL	HH 油，并改善其防锈和抗氧化性	一般液压系统
	抗磨液压油	L–HM	HL 油，HM 油分为一等品和优等品，优等品防锈性和抗磨性更好	低、中、高压液压系统，特别适合于有防磨要求、带叶片泵的液压系统
	低温液压油	L–HV	HM 油，并改善其黏温特性	能在 −20~−40 ℃ 的低温环境中工作，用于户外工作的工程机械和船用设备的液压系统
	超低温液压油	L–HS	HL 油，并改善其黏温特性	黏温特性优于 L–HV 油，用于严寒地区的数控机床、工程机械和船用设备的液压系统
	液压导轨油	L–HG	HM 油，并改善其黏温特性	适用于导轨和液压系统共用一种油品的机床，对导轨有良好的润滑性和防爬性
	其他液压油		加入多种添加剂	用于高品质的专用液压系统

分类	名称	代号	组成和特性	应用
乳化型	水包油乳化液	L – HFAE		
	油包水乳化液	L – HFB		需要难燃液的场合
合成型	水 – 乙二醇液	L – HFC		
	磷酸酯液	L – HFDR		

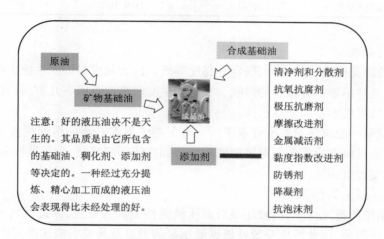

原油

合成基础油

矿物基础油

成品油

添加剂

清净剂和分散剂
抗氧抗腐剂
极压抗磨剂
摩擦改进剂
金属减活剂
黏度指数改进剂
防锈剂
降凝剂
抗泡沫剂

注意：好的液压油决不是天生的。其品质是由它所包含的基础油、稠化剂、添加剂等决定的。一种经过充分提炼、精心加工而成的液压油会表现得比未经处理的好。

图 2-1　液压油的制成过程

任务导入

◇选择液压油时需要考虑哪些因素？
◇选用的原则是什么？

任务实施

选择液压油需要根据系统类型、工作环境、工况等因素来考虑，包括液压系统的工作压力、温度、工作环境、元件特性及经济性等。

1. 选用时需考虑的因素

1）首选设备推荐用油

在此基础上对于液压油品种的选择可参考表 2-3，要考虑液压系统的工作环境和系统的工况条件，工况条件主要是指温度和压力。系统的工作环境可分为以下 4 种：室内、固定的液压设备，环境温度变化小；露天、寒区或严寒区、行走的液压设备，环境温度变化大；地下、水上的液压设备，环境潮湿；在高温热源或明火附近的液压设备。

表 2-3　按工作环境选择液压油的品种

工作环境	工况		
	压力 $p \leqslant 7.0$ MPa 温度 $t < 50$ ℃	压力 7.0 MPa $< p \leqslant 14.0$ MPa 温度 $t < 50$ ℃	压力 $p > 14.0$ MPa 温度 50 ℃ $\leqslant t \leqslant 100$ ℃
室内、固定液压设备	HL	HL、HM	HM
露天、寒区或严寒区	HV	HV	HV
地下、水上	HL	HL 或 HM	HM
高温热源或明火附近	HFAE	HFB、HFC	HFDR

2)合适的黏度

液压油的种类确定之后,必须确定其黏度等级。因为黏度对液压系统工作的稳定性、可靠性、温升以及磨损等都有显著的影响。在选择黏度时应注意以下几方面的情况。

Ⅰ. 按工作机械的不同要求选用

精密机械与一般机械对黏度要求不同。为了避免温度升高而引起机件变形,从而影响工作精度,精密机械宜采用较低黏度的液压油。如机床伺服系统,为保证伺服机构动作灵敏度,宜采用黏度较低的油。

Ⅱ. 按液压泵的类型选用

在液压系统所有元件中,以液压泵对液压油的性能最为敏感,因此其转速最高,工作压力最大,温度也较高,因此液压系统常根据液压泵的类型及其要求来选择液压油的黏度。否则,泵磨损快,容积效率降低,甚至可能破坏泵的吸油条件。

液压泵类型有齿轮泵、叶片泵、柱塞泵。一般而言,齿轮泵对液压油的抗磨性要求比叶片泵和柱塞泵低,因此齿轮泵可选用 L - HL 或 L - HM 液压油,而叶片泵和柱塞泵一般选用 L - HM 液压油。

各类液压泵适用的液压油黏度范围见表2-4。

表2-4　各种液压泵适用的液压油黏度范围

液压泵类型		黏度/(mm^2/s)(40 ℃)		液压泵类型	黏度/(mm^2/s)(40 ℃)	
		系统温度 5 ~ 40 ℃	系统温度 40 ~ 80 ℃		系统温度 5 ~ 40 ℃	系统温度 40 ~ 80 ℃
叶片泵	$p < 7.0$ MPa	30 ~ 50	40 ~ 75	齿轮泵	30 ~ 70	95 ~ 165
	$p \geqslant 7.0$ MPa	50 ~ 70	50 ~ 90	径向柱塞泵	30 ~ 50	65 ~ 240
螺杆泵		30 ~ 50	40 ~ 80	轴向柱塞泵	30 ~ 70	70 ~ 150

Ⅲ. 按液压系统工作压力选用

通常,当工作压力较高时,宜选用黏度较高的油,以免系统泄漏过多,效率过低;当工作压力较低时,宜选用黏度较低的油,这样可以减小压力损失。例如,机床液压传动的工作压力一般低于 6.3 MPa;工程机械的液压系统,工作压力属于高压,多采用较高黏度的油液。

Ⅳ. 考虑液压系统的环境温度

由于矿物油的黏度受温度的影响变化很大,因此为保证在工作温度时有适宜的黏度,还必须考虑周围环境的影响。当温度较高时,宜采用黏度较高的油液以减少泄漏;反之,选择黏度较低的液压油。如何按工作温度选择液压油参见表 2-5。

表 2-5　按工作温度选择液压油的品种

液压油工作温度/℃	< -10	-10 ~ 80	>80
液压油品种	HR、HV	HH、HL、HM	优等 HM、HV

Ⅴ.考虑液压系统中的运动速度

当液压系统运动部件运动速度较高时,宜选用黏度较低的液压油,以减少摩擦损失;反之,选择黏度较高的液压油。

3)性价比

在液压油选用中经济性是不可缺少的一个重要部分。在考虑经济效益的基础上选用质量较好的产品应当是首选。

【案例分析 2-1】　某煤矿井下的液压系统,动力元件是柱塞泵,执行元件是液压马达。最初使用的液压油是 46#抗磨液压油,为何使用一段时间后液压系统无法正常使用?

分析　由于煤矿井下的环境温度达 30 ℃以上,液压系统本身散热有限(受空间限制,油箱小,冷却器也较小),随着温度的升高,液压油的黏度降低,因此液压泵和马达的泄漏量增大,造成油温过高使液压系统无法正常使用。后来把液压油换成 100#液压油就改善很多。

2.2　理论知识

知识点 1　液压油的性质

1. 液压油的密度

单位体积液体的质量称为密度,用 ρ 表示,单位为 kg/m³。

$$\rho = \frac{m}{V} \tag{2-1}$$

式中:m——液体的质量(kg);

V——液体的体积(m³)。

液体的密度随压力和温度的变化而变化,随压力的升高而增大,随温度的升高而减小。一般情况下,由于压力和温度引起的液体密度变化量都比较小,所以在实际应用中油液的密度可近似地视为常数,矿物油的密度 ρ 为 850 ~ 960 kg/m³。

2. 液压油的可压缩性

液体所受压力增加而导致体积减小的特性称为液体的可压缩性。可压缩性用体积压缩系数 κ 表示,并定义为单位压力变化下的液体体积的相对变化量。设体积为 V 的液体,当压力增加 Δp,液体体积减小 ΔV,则

$$\kappa = -\frac{1}{\Delta p} \frac{\Delta V}{V} \tag{2-2}$$

27

由于压力增加时液体的体积减小（$\Delta V < 0$），因此式（2-2）中等号右边加一负号，以使 κ 为正值。

液体的压缩系数 κ 的倒数称为液体的体积弹性模量，用 K 表示，即

$$K = \frac{1}{\kappa} = -\Delta p\, \frac{V}{\Delta V} \tag{2-3}$$

K 表示产生单位体积相对变化量所需要的压力增量。在实际应用中，常用 K 值说明液体抵抗压缩能力的大小。在常温下，纯净油液的体积弹性模量 $K = (1.4 \sim 2) \times 10^3$ MPa，其可压缩性是钢的 $100 \sim 150$ 倍。

因此对液压系统来讲，由于压力变化引起的液压油体积变化很小，故一般可认为液压油是不可压缩的。但当液压油中混有空气时，其压缩性显著增加，并将影响系统的工作性能。在有动态特性要求或压力变化范围很大的高压系统中，应考虑液压油压缩性的影响，并应严格排除混入液压油中的气体。

3. 液压油的黏性

1）物理意义

液体在外力作用下流动时，由于液体分子间的内聚力要阻碍液体分子之间相对运动，因而产生一种内摩擦力，这一特性称为液体的黏性。黏性的大小用黏度表示，黏性是液体重要的物理特性，也是选择液压油的重要依据之一。液体只有在流动（或有流动趋势）时才会呈现出黏性，静止液体是不呈现黏性的。

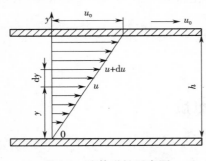

图 2-2 液体黏性示意图

黏性使流动液体内部各处的速度不相等，以图 2-2 为例。若两平行平板间充满液体，下平板不动，而上平板以速度 u_0 向右平动，由于液体的黏性，紧靠下平板和上平板的液体层速度分别为 0 和 u_0，而中间各液层的速度则视该层距下平板的距离按曲线规律或线性规律变化。

实验测定指出，液体流动时相邻液层间的内摩擦力 F，与液层接触面积 A、液层间的速度梯度 du/dy 成正比，即

$$F = \mu A \frac{du}{dy} \tag{2-4}$$

式中：μ——比例常数，称为动力黏度。

若以 τ 表示切应力，即单位面积上的内摩擦力，则

$$\tau = \frac{F}{A} = \mu \frac{du}{dy} \tag{2-5}$$

这就是牛顿的液体内摩擦定律。

2）黏度

黏度是衡量流体黏性的指标。常用的黏度有动力黏度、运动黏度和相对黏度。

Ⅰ. 动力黏度 μ

动力黏度又称绝对黏度，可由式（2-4）导出，即

$$\mu = \frac{F}{A\frac{\mathrm{d}u}{\mathrm{d}y}} = \frac{\tau}{\frac{\mathrm{d}u}{\mathrm{d}y}} \qquad (2\text{-}6)$$

由式(2-6)可知动力黏度 μ 的物理意义是:液体在单位速度梯度下流动时,单位接触面积上的内摩擦力的大小。

动力黏度的国际单位制(SI)计量单位为 N·s/m^2 或 Pa·s。

Ⅱ. 运动黏度 ν

某种液体的运动黏度是该液体的动力黏度 μ 与其密度 ρ 的比值,即

$$\nu = \frac{\mu}{\rho} \qquad (2\text{-}7)$$

液体的运动黏度单位为 m^2/s,由于该单位偏大,实际上常用 cm^2/s、mm^2/s 及以前沿用的非法定计量单位 cSt(厘斯),它们之间的关系是

$$1\ \mathrm{m}^2/\mathrm{s} = 10^4\ \mathrm{cm}^2/\mathrm{s} = 10^6\ \mathrm{mm}^2/\mathrm{s} = 10^6\ \mathrm{cSt}$$

运动黏度 ν 没有明确的物理意义,因在理论分析和计算中常遇到 μ/ρ 的比值,为方便起见用 ν 表示。国际标准化组织 ISO 规定,各类液压油的牌号是按其在一定温度下运动黏度的平均值来标定的。我国生产的液压油采用 40 ℃时运动黏度(mm^2/s)为黏度等级标号。如牌号 L–HL32 表示普通液压油在 40 ℃时的运动黏度平均值为 32 mm^2/s。

Ⅲ. 相对黏度

相对黏度又称条件黏度,它是采用特定的黏度计在规定条件下测出来的液体黏度。各国采用的相对黏度单位有所不同,美国采用赛氏黏度,英国采用雷氏黏度,法国采用巴氏黏度,我国采用恩氏黏度。

恩氏黏度用 °E 表示,被测液体温度为 t ℃时的恩氏黏度用 °E_t 表示。恩氏黏度用恩氏黏度计测定,其方法是:将 200 mL 温度为 t ℃的被测液体装入黏度计的容器,经其底部直径为 2.8 mm 的小孔流出,测出液体流尽所需时间 t_A,再测出 200 mL 温度为 20 ℃的蒸馏水用同一黏度计流尽所需时间 t_B,这两个时间的比值即为被测液体在温度 t ℃下的恩氏黏度,即

$$°E_t = \frac{t_A}{t_B} \qquad (2\text{-}8)$$

工业上一般以 20 ℃、50 ℃和 100 ℃作为测定恩氏黏度的标准温度,相应的以符号 °E_{20}、°E_{50}、°E_{100} 来表示。

恩氏黏度与运动黏度(mm^2/s)的换算关系为

当 1.3 ≤ °E ≤ 3.2 时,

$$\nu = 8°E - \frac{8.64}{°E} \qquad (2\text{-}9)$$

当 °E > 3.2 时,

$$\nu = 7.6°E - \frac{4}{°E} \qquad (2\text{-}10)$$

3) 黏度的影响因素

油液对温度的变化十分敏感,温度升高,黏度降低。油液黏度随温度变化的性质称为黏温特性,如图 2-3 所示为几种典型液压油的黏温特性曲线。

黏温特性好的液压油,黏度随温度变化小。黏温特性的好坏常用黏度指数 VI 表示,VI

值越大,说明黏温特性越好。一般液压油的 VI 值要求在 90 以上,优质的在 100 以上。几种常用油液的黏度指数见表 2-6。

表 2-6　几种常用油液的黏度指数

油液种类	黏度指数	油液种类	黏度指数
通用液压油 L–HL	90	高含水液压油 L–HFA	130
抗磨液压油 L–HM	95	油包水乳化液 L–HFB	130 ~ 170
低温液压油 L–HV	130	水–乙二醇液 L–HFC	140 ~ 170
高黏度指数液压油 L–HR	160	磷酸酯液 L–HFDR	130 ~ 180

液体所受压力增大,黏度增大。但对于一般液压系统,当压力低于 32 MPa 时,压力对黏度影响不大,可以忽略不计。

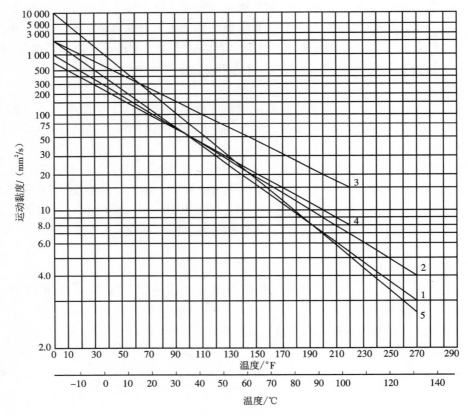

图 2-3　典型液压油的温度–黏度曲线
1—石油型普通液压油　2—石油型高黏度指数液压油
3—水包油乳化液　4—水–乙二醇液　5—磷酸酯液

4. 对液压油的要求

(1)适宜的黏度和良好的黏温特性,一般液压系统所用的液压油黏度范围为

$\nu = 11.5 \times 10^{-6} \sim 35.3 \times 10^{-6} \ m^2/s(2 \sim 5°E_{50})$

（2）良好的化学稳定性，即对热、氧化、水解、相容都具有良好的稳定性。

（3）对液压装置及相对运动的元件具有良好的润滑性。

（4）对金属材料具有防锈性和防腐性。

（5）比热、热传导率大，热膨胀系数小。

（6）抗泡沫性好，抗乳化性好。

（7）油液纯净，含杂质量少。

（8）流动点和凝固点低，闪点和燃点高。

（9）对人体无害，对环境污染小，价格便宜。

知识点 2　液压油的污染与控制

工作介质的污染是液压系统发生故障的主要原因，严重影响液压系统的可靠性及液压件的寿命。液压油使用一段时间后会受到污染，常使阀内的阀芯卡死，并使油封加速磨耗及液压缸内壁磨损。这些故障轻则影响液压系统的性能和使用寿命，重则损坏元件使元件失效，导致液压系统不能工作，危害是非常严重的。

1. 污染的根源

进入工作介质的固体污染物有四个主要来源：已被污染的新油、残留污染、侵入污染和内部生成污染。了解每一个污染源，是液压系统的污染控制措施和过滤器设置的主要考虑问题。

1）已被污染的新油

虽然液压油和润滑油是在比较清洁的条件下精炼和调和的，但油液在运输和储存过程中会受到管道、油桶和储油罐的污染。其污染物为灰尘、砂土、锈垢、水和其他液体等。

2）残留污染

液压系统和液压元件在装配和冲洗过程中的残留物，如毛刺、切屑、型砂、涂料、橡胶、焊渣和棉纱纤维等。

3）侵入污染

液压系统运行过程中，由于油箱密封不完善以及元件密封装置损坏而从系统外部侵入的污染物，如灰尘、砂土、切屑以及水分等

4）内部生成污染

液压系统运行中系统自身生成的污染物。其中既有元件磨损剥离、被冲刷和腐蚀的金属颗粒或橡胶末，又有油液老化产生的污染物等。这一类污染物最具有危险性。

2. 污染的控制

为了减少工作介质的污染，应采取如下一些措施。

（1）对元件和系统进行清洗，清除在加工和组装过程中残留的污染物。液压元件在加工的每道工序后都应净化，装配后应经严格的清洗。最后用系统工作时使用的工作介质对系统进行彻底冲洗，直至达到系统要求的污染度时将冲洗液放掉，注入新的工作介质后，液压元件才能正式运转。

（2）防止污染物从外界侵入。油箱呼吸孔上应装设高效的空气滤清器或采用密封油箱，工作介质应通过过滤器注入系统，活塞杆端应装防尘密封。

（3）在液压系统合适部位设置合适的过滤器，并定期检查、清洗或更换。

（4）控制工作介质的温度，工作介质温度过高会加速其氧化变质，产生各种生成物，缩短它的使用期限。

（5）定期检查和更换工作介质。定期对液压系统的工作介质进行抽样检查，分析其污染度，如已不合要求，必须立即更换。更换新的工作介质前，必须对整个液压系统彻底清洗一遍。

思考与练习

2-1 液压油有哪些类型？各有什么特点？

2-2 什么是液体的黏性？常用的黏度表示方法有哪几种？

2-3 如何判断液压油质量的好坏？

2-4 合理选择液压油时遵循的原则是什么？

相关专业英语词汇及语句

（1）液压油——hydraulic oil

（2）润滑——lubricate

（3）液压油的性质——performances of the hydraulic oil

（4）黏度——viscosity

（5）工作介质——actuating medium

（6）抗磨液压油——antiwear hydraulic oil

（7）黏温特性——the viscosity-temperature characteristics

（8）液压系统故障——hydraulic system failure

（9）介绍了液压系统工作介质污染的严重性，说明了进行污染分析的重要性和污染带来的危害，并列出控制污染的几种措施。

The seriousness of the actuating medium pollution at hydraulic system is introduced, the importance conducting analysis of pollution and the harmfulness of pollution are explained, and some measures to control the pollution are put forward.

项目 3　液压泵站

【教学要求】

(1)了解液压泵站的组成,并能够进行液压泵站的安装调试与维护。

(2)掌握液压泵的正常工作条件,熟知液压泵的性能参数及特点、图形符号。

(3)能够规范拆装齿轮泵、叶片泵、柱塞泵,熟知其结构特点和工作原理。

(4)熟知液压泵的选用原则。

(5)了解液压辅助元件(蓄能器、过滤器、油箱、油管、管接头、密封圈、压力表等)的类型、特点及应用,能够规范安装液压辅件。

【重点与难点】

(1)液压泵站的安装调试与维护,液压泵的工作条件、性能参数及选用,齿轮泵、叶片泵、柱塞泵的结构原理,液压辅助元件的选用与安装。

(2)液压泵站的安装调试与维护,叶片泵、柱塞泵的结构原理。

【问题引领】

什么是液压泵站?液压泵在液压泵站中的作用是什么?

液压泵站,是独立的液压装置,它按主机要求供油,并控制液流的方向、压力和流量,它适用于主机与液压装置可分离的各种液压机械。

液压泵作为液压泵站的核心元件,这里可以做一个形象的比喻(如图 3-1 所示):与我们人类的心脏一样,心脏输送给全身血液,是人体的动力源泉;而液压泵则是液压系统的心脏,在液压系统中担任重要角色,使液压油运动进入工作状态,从而推动执行元件驱动外负载工作。如在项目 1 中讲述的那样,液压泵是将机械能转换成液体压力能的动力元件。

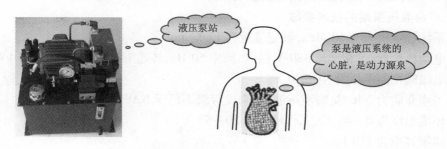

图 3-1　液压泵与心脏

3.1 做中学

任务1 液压泵站的安装调试与维护

液压泵站又称为液压站,是独立的液压装置,它按驱动装置(主机)要求供油,并控制液流的方向、压力和流量,它适用于主机与液压装置可分离的各种液压机械。

任务导入

◇液压泵站的结构组成及各部分的功用是什么?

◇如何进行液压泵站的安装调试与维护?

任务实施

液压泵站是由泵装置、集成块或阀组合、油箱、电气盒等组合而成,各部件功用如下。

(1)泵装置,上装有电动机和油泵。它是液压站的动力源,将机械能转换为液压油的压力能。

(2)阀组合,板式阀装在立板上,板后管连接,与集成块功能相同。

(3)集成块,由液压阀及通道体组合而成。它对液压油实行方向、压力、流量的调节。

(4)电气盒,它分两种形式:一种设置外接引线的端子板;一种配置了全套控制电器。

(5)油箱,钢板焊的半封闭容器,上还装有滤油网、空气滤清器等,它用来储油、冷却及过滤油液。

液压泵站的工作原理如下:电动机带动液压泵旋转,液压泵将旋转的机械能转换为液压油的压力能,液压油通过集成块(或阀组合)实现了方向、压力和流量的调节后,经外接液压管路传输到主机的液压缸或液压马达中,从而控制主机方向的变换、力量的大小及速度的快慢,推动各种液压机械做功。

下面以一实际上料台液压泵站举例说明。

1. 上料台液压泵站的技术参数

(1)系统额定压力为 10 MPa,额定流量为 15 L/min。

(2)电动机参数:三相交流 380 V 供电,频率 50 Hz,转速 1 450 r/min,功率 3 kW。

(3)电磁阀控制电压为 AC 220 V。

(4)工作介质为 N46#抗磨液压油,污染度等级不低于 NAS Ⅱ。

(5)环境温度为 0～40 ℃,工作油温为 20～55 ℃。

(6)油箱容积为 110 L。

2. 上料台液压泵站的原理分析

上料台液压泵站原理如图 3-2 所示,图中电动机 7 驱动齿轮泵 5 向系统供油,系统压力由叠加式溢流阀 10 调定,单向阀 6 防止油液倒流回液压泵,对液压泵造成冲击损坏;电磁溢流阀 11 在系统正常工作时其电磁铁处于通电状态,当电磁换向阀 12 处于中位时,电磁溢流阀 11 可使系统卸荷。压力表 9 随时显示系统的压力。

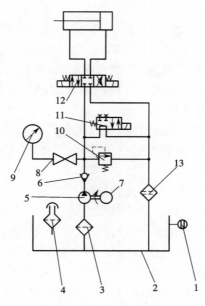

图 3-2　上料台液压泵站原理图

1—液位液温计　2—油箱　3—吸油滤油器　4—空气滤清器
5—齿轮泵　6—单向阀　7—电动机　8—压力表开关
9—压力表　10—叠加式溢流阀　11—电磁溢流阀
12—电磁换向阀　13—回油滤油器

3. 液压泵站的安装与调试

1）液压元件的安装

（1）安装前元件应进行质量检查，根据情况进行拆洗，并进行测试，合格后安装。

（2）安装前应将各种自动控制仪表进行检验，以避免不准确而造成事故。

（3）液压泵及其传动要求较高的同心度，一般情况必须保证同心度在 0.1 mm 以下，切斜角不大于 1°。

（4）在安装联轴器时，不要用力敲打泵轴，以免损伤泵的转子。

（5）液压泵的进、出油口和旋转方向，在泵上均有标志，不得接反。

（6）油箱应仔细清洗，用压缩空气干燥后，再用煤油检查焊缝质量。

（7）泵及各种阀以及指示仪表等的安装位置，应注意使用及维修方便。

（8）安装各种阀时，应注意进油口与回油口的方位。为了避免空气渗入阀内，连接处应保证密封良好，保证按紧固扭矩值安装。

（9）管路连接密封件或材料不能满足密封时，应更换密封件的形式或材料。

（10）液压缸安装要求：

①液压缸的安装孔应扎实可靠；

②配管连接不得松弛；

③在有尘土和脏杂物场所，液压缸、活塞缸伸缩部件应予保护；

④液压缸接油口方向、顺序与电磁阀出口相对应，油缸接油口不能颠倒。

2）管道的安装与清洗

管道安装一般在液压元件安装完后进行。管道冲洗应在管道配置完毕，已具备冲洗条件后进行，管道酸洗复位后应尽快进行循环冲洗，以保证清洗和防锈。

（1）钢管安装时必须有足够的强度，内壁光滑清洁，无砂子、锈蚀、氧化铁皮等缺陷。

（2）钢管弯曲加工时，不允许有扭坏或内侧的波纹凹凸不平，推荐采用弯管机冷弯，弯管半径 R 一般应大于 3 倍钢管外径 D。

（3）在安装橡胶软管时，应避免急转弯，其弯曲半径 $R \geqslant (9 \sim 10)D$。

（4）软管过长或承受急剧振动的情况下，宜用夹子夹牢，但在高压下使用的软管应尽量少用夹子。

（5）软管应有一定的长度余量，使它比较松弛。

（6）管道拆卸必须预先做好标记，以免装配混淆。

（7）拆卸的油管先用清洗油清洗，然后在空气中风干，并将管两端开口处堵上塑料塞子，防止异物进入。管道螺纹及法兰盘上的 O 型圈等结构，要注意保护，防止划伤。

全部管路应进行二次安装，一次安装后拆下管道，一般使用 20% 硫酸或盐酸溶液进行酸洗，用 10% 的苏打水中和再用温水清洗，然后干燥、涂油并进行压力试验，最后安装时，不准有砂子、氧化铁皮、铁屑等污物进入管道及阀内。全部管道安装后，必须对管路、油箱进行冲洗，使之能正常循环工作。

3）调试和试运转

Ⅰ.泵站调试

操作前先空运转 10 ~ 20 min，再逐渐分挡升压（每挡 3 ~ 5 MPa），每挡时间 10 min，最后达到溢流阀调定值。

（1）油箱加油高度以液位计上限值为宜，低于液压计 2/3 下限值时，需补足油液。

（2）泵站调试应在工作压力下运转 2 h 后，要求外壳温度不超过 60 ℃，泵轴颈及泵体各结合面无漏油及异常的噪声和振动。

Ⅱ.系统的调试

（1）系统的压力调试应使压力调定值与设计相符。

（2）流量调试要保证液压缸的运行速度。

（3）液压缸在投入运行前，应和工作机构脱开，在空载情况先点动，注意空载排气，再以低速到高速逐步调试，然后反向运转，待空载正常后，再停机将液压缸与工作机构相连接，负载运转如出现低速爬行现象，检查排气是否彻底。

4. 液压泵站的使用与维护

（1）工作条件。环境温度范围为 - 20 ~ 80 ℃，连续工作最高温度最好不超过 60 ℃，使用时应经常检查油温，用手摸及查看液位温度计，若油温异常上升，可能由以下情况造成：

①油质变坏，阻力增大；

②油箱容积小，热量散发慢，无冷却装置；

③元件内部污垢阻塞，压力损失过大。

（2）油箱中的液压油应保持正常油面，油箱应经常清洗，注油时应从空气滤清器注油口注入，液压站正式运转一个月后，应清洗一次油箱、更换液压油，运转半年后，再更换一次液压油，以后每年更换一次液压油。

（3）泵吸油过滤器、压油过滤器根据使用情况,定期清洗,若其堵塞易使泵发生污浊现象,造成损坏。

（4）发现某液压件损坏可随时更换,对于液压阀更换时应注意不同的滑阀机能,不可搞错。

（5）当系统发生故障时,严禁在工作状态下检查。

5. 液压泵站故障原因及处理方法

液压泵站故障原因及处理方法见表3-1。

表 3-1　液压泵站故障原因及处理方法

序号	故障现象	检查事项	处理方法
1	电动机无法启动	接线问题、电源电压低(不稳定)、负荷大	查看接线、更换增设启动装置
2	开机后没有压力	电动机线接反	调整电动机接线
3	压力调不上去	溢流阀磨损或卡死	更换或清洗调整
4	油缸不动作	换向阀阀芯卡死,油缸磨损或损坏	清洗阀体、阀芯或更换,油缸维修或更换
5	油缸动作不稳定	油中混有空气,元件缺乏润滑	加油,系统放气润滑
6	泵噪声大	气蚀,油中混有空气,泵磨损或损坏	清洗过滤器加油,系统放气更换
7	油温异常上升	液面太低,影响散热油质变坏,阻力增大;元件内部污染阻塞,压力损失大,冷却器水流量小	加油换油,清洗,加大水冷却量

以下实施的拆装外啮合齿轮泵、叶片泵、轴向柱塞泵三个任务是液压泵站的核心元件液压泵的拆装。

（1）拆装用液压泵:外啮合齿轮泵、叶片泵、轴向柱塞泵。

（2）工具:内六方扳手、固定扳手、螺丝刀、卡簧钳等。

（3）辅料:铜棒、棉纱、煤油等。

任务 2　拆装齿轮泵

❓ 任务导入

◇正确拆装 CB－B 型外啮合齿轮泵,能够指出各零件的名称。

📚 任务实施

CB－B 型外啮合齿轮泵零件图如图3-3所示。

1. 齿轮泵的拆卸步骤

（1）拆卸前端盖上的螺钉和定位销,使泵体与前后端盖分离,取出前端盖。

（2）取出前端盖密封圈。

（3）取出泵体。

（4）取出被动齿轮和轴,主动齿轮和轴。

（5）取出后端盖上的密封圈。

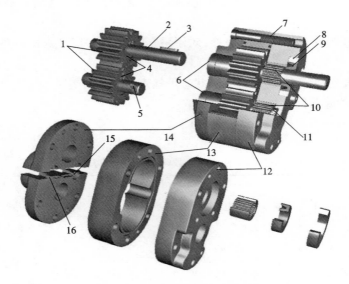

图 3-3　CB – B 型外啮合齿轮泵零件图

1—齿轮　2—驱动轴　3—链　4—弹性挡圈　5—从动轴　6,8,11—端盖
7—连接螺钉　9—密封圈　10—滚针轴承　12—前泵盖
13—泵体　14—后泵盖　15—进油孔　16—压油孔

2. 齿轮泵的清洗

液压元件在拆卸完毕或装配前,应进行清洗,除去零件表面的污物。不同零件清洗方法不同,如泵体等外部粗糙的零件表面可以用钢丝刷、毛刷进行清洗;啮合的齿轮可以用棉纱、抹布进行清洗;复杂零件或者黏附污垢难以清洗的零件可以在清洗液中浸泡一段时间后再清洗。常用的清洗液有汽油、煤油、柴油及氢氧化钠溶液等。

齿轮泵清洗步骤如下。

(1)清洗一对相互啮合的齿轮。

(2)清洗齿轮轴。

(3)清洗密封圈和轴承。

(4)清洗泵体、泵盖和螺钉等。

3. 齿轮泵的装配步骤

(1)将主动齿轮(含轴)和从动齿轮(含轴)啮合后装入泵体内。

(2)装前后端盖的密封圈。

(3)用螺钉将泵前端盖、泵体和后端盖拧紧。

(4)用堵头将泵进出油口密封。

4. 齿轮泵的拆装注意事项

(1)拆装过程中用铜棒敲打零部件,以免损坏零部件和轴承。

(2)拆卸过程中,遇到元件卡住的情况时,不能乱敲打。

(3)装配时,遵循先拆的零件后安装、后拆的零件先安装的原则,安装完毕后应使泵转动灵活平稳,没有卡死现象。

（4）装配时，先将齿轮、轴装在后端盖的滚针轴承内，轻轻装上泵体和前端盖，打紧定位销，拧紧螺钉，注意受力均匀。

任务3　拆装叶片泵

任务导入

◇正确拆装叶片泵，能够指出各零件的名称。

任务实施

叶片泵零件图如图3-4所示。

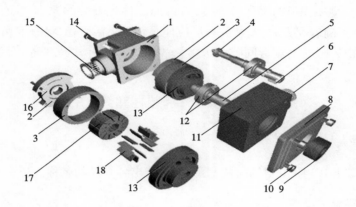

图3-4　叶片泵零件图

1—左泵体　2—左配流盘　3—定子　4—左轴承　5—驱动轴　6—键　7—压油口滤网
8—密封盖板　9—密封圈　10—盖板螺钉　11—右泵体　12—右轴承　13—右配流盘
14—泵体连接螺钉　15—吸油滤网　16—组件连接螺钉　17—转子　18—叶片

1. 叶片泵的拆卸步骤
（1）先拆掉盖板螺钉，取下密封盖板。
（2）卸下泵体连接螺钉，拆开泵体。
（3）取出右配流盘。
（4）取出转子传动轴组件、叶片。
（5）取出定子，再取左配流盘。

2. 叶片泵的清洗
（1）清洗叶片和转子。
（2）清洗定子。
（3）清洗配流盘和密封圈。
（4）清洗轴承。
（5）清洗泵体、端盖和螺钉。

3. 叶片泵的装配步骤
（1）将叶片装入转子内（注意叶片的安装方向）。
（2）将左配流盘装入左泵体内，再放进定子。

（3）将装好的转子放入定子内。

（4）装入传动轴和右配流盘（注意配流盘的方向）。

（5）装入密封圈和右泵体，用螺钉拧紧。

4. 叶片泵的拆装注意事项

（1）拆卸叶片泵时，先用内六方扳手松开泵体连接螺钉，取下后用铜棒轻轻敲打使花键轴、右泵体及端盖部分从轴承上脱下。

（2）观察后泵体内定子、转子、叶片、配流盘的安装位置，分析其结构、特点。

（3）取下泵盖，取出花键轴，观察所用的密封元件，理解其特点、作用。

（4）拆卸过程中，遇到元件卡住情况，不要乱敲打。

（5）装配前，各零件必须清洗干净。

（6）装配时，遵循先拆的零件后安装、后拆的零件先安装的原则，注意配流盘、定子、转子、叶片应保持正确装配方向，安装完毕后应使泵转动灵活平稳，没有卡死现象。

（7）叶片在转子槽内，配合间隙为 $0.015 \sim 0.025$ mm；叶片高度略低于转子的高度，其值为 0.005 mm。

任务 4　拆装柱塞泵

任务导入

◇正确拆装 SCY14 – 1 型轴向柱塞泵，能够指出各零件的名称。

任务实施

SCY14 – 1 型轴向柱塞泵结构如图 3-5 所示。

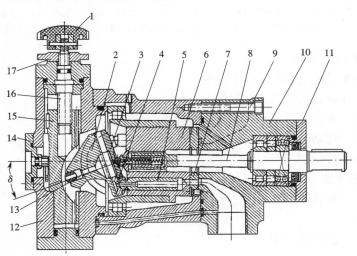

图 3-5　SCY14 – 1 型轴向柱塞泵结构图

1—调节手轮　2—斜盘　3—压盘　4—滑履　5—柱塞　6—缸体　7—配油盘

8—传动轴　9—连接螺钉　10—泵体　11—法兰盘　12—变量体壳　13—销轴

14—斜盘角度指示器　15—变量活塞　16—调节螺杆　17—锁紧螺母

1. 柱塞泵的拆卸步骤

（1）旋转调节手轮 1，将斜盘角调至零度，并用锁紧螺母 17 锁紧。

（2）用内六角扳手将泵体 10 与变量机构之间的紧固螺栓对称拧松，将螺栓旋出体外，然后将螺丝刀伸入缸体 6 与变量机构之间的缝隙中（不要伸入过多，以免碰坏密封圈）撬松，然后均匀用力，将变量机构从泵体 10 上卸下来，朝上放在工作台上，防止碰坏斜盘 2。

（3）将柱塞 5 从左侧拔出缸体 6，应特别注意柱塞是精密偶件，卸下时一定要作好记号，以便装配时对号入座。将柱塞 5 朝上放在橡皮垫上，柱塞 5、缸体 6、滑履 4 的表面不要受损伤。

（4）依次取下斜盘 2、压盘 3、滑履 4、钢球铰、定位套、弹簧。

（5）两人将泵体 10 慢慢抬起水平放在工作台上，将输出轴端往上抬起（约 60°），使缸体慢慢从泵体中滑出，并安放在工作台上。

（6）取下连接螺钉 9，分开泵体 10 为中间泵体和前泵体。

（7）将泵体 10 和法兰盘 11 之间的连接螺钉取下，将传动轴 8 和轴承一块取下，然后单独拆卸轴承。

（8）拆下调节手轮 1 及锁紧螺母 17 和斜盘角度指示器 14，然后两人配合用内六角扳手将变量活塞 15 端盖上的螺栓旋下，卸下两端盖，将调节螺杆 16 旋出。

（9）将拆下的零件对照装配图加以识别，了解其工作原理。

2. 柱塞泵的清洗

（1）清洗柱塞 5、滑履 4 和缸体 6。

（2）清洗变量机构阀芯。

（3）清洗斜盘 2、压盘 3 和密封圈。

（4）清洗轴承。

（5）清洗泵体 10、法兰盘 11 和连接螺钉。

3. 柱塞泵的装配步骤

按与拆卸步骤相反的顺序装配轴向柱塞泵。

4. 柱塞泵的拆装注意事项

（1）拆卸轴向柱塞泵时，先拆下变量机构，取出斜盘 2、柱塞 5、压盘 3、弹簧、钢球，注意不要损伤，观察分析其结构特点。

（2）拆卸过程中，遇到元件卡住情况，不要乱敲打。

（3）装配前，各零件必须清洗干净。

（4）装配时，先装中间泵体和前泵体，注意装好配油盘 7，之后装上弹簧、钢球、压盘 3、柱塞 5；在变量机构上装好斜盘，最后用螺栓把泵体和变量机构连接为一体。

（5）装配中，注意不能最后把花键轴装入缸体的花键槽中，更不能猛烈敲打花键轴，避免花键轴推动钢球顶坏压盘。

（6）装配时，遵循先拆的零件后安装、后拆的零件先安装的原则，安装完毕后应使花键轴带动缸体转动灵活，没有卡死现象。

3.2 理论知识

知识点1 液压泵概述

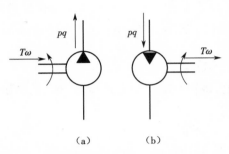

图3-6 液压泵和液压马达的能量转换关系
(a)液压泵 (b)液压马达

液压泵是液压系统的动力元件,它把原动机的机械能($T\omega$)转换成为液压能(pq)。液压马达则是液压系统的执行元件,它把输入油液的液压能(pq)再转换成机械能($T\omega$),用来驱动负载做功。液压泵和液压马达的能量转换关系如图3-6所示。

液压泵起着向系统提供动力源的作用,是系统不可缺少的核心元件,可比喻为心脏。液压系统通过液压泵向系统提供足够的压力油以驱动系统工作,因此液压泵的输入参量为电机的转矩T和转速n,输出参量为压力p和流量q。液压泵是机械能转换液压能的能量转换装置。

1. 液压泵工作原理

单柱塞液压泵工作原理如图3-7所示。柱塞2安装在缸体3中形成一个密封容积V。柱塞在弹簧的作用下和偏心轮1保持接触,当偏心轮旋转时,柱塞2在偏心弹簧的作用下在缸体3中移动,使密封腔V容积发生变化。柱塞右移时,密封腔V容积逐渐增大,形成局部真空,油箱中的油液在大气压作用下顶开单向阀6进入密封腔V中,实现吸油。此时,单向阀5封闭出油口,防止系统压力油液回流。柱塞左移时,密封腔V减小,已吸入的油液受到油液受挤压而产生压力,使单向阀6关闭,油液打开单向阀5并输入系统,实现排油。若偏心轮不停地转动,泵就不停地吸油和排油。

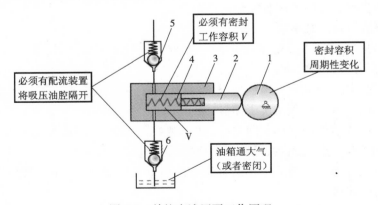

图3-7 单柱塞液压泵工作原理
1—偏心轮 2—柱塞 3—缸体 4—弹簧 5,6—单向阀 V—密封腔

由此可见,液压泵是通过密封容积的变化来完成吸油和排油的,其排油量的多少取决于柱塞往复运动的次数和密封容积变化的大小,故称为容积式液压泵。单向阀5、6是保证密封腔容积交替变化过程中分别接进、出口所必备的,使吸、压油腔不相通,起配油作用,因而

称为阀式配流。液压泵的结构原理不同,其配流机构也不相同。为了保证液压泵吸油充分,油箱必须和大气相通或采用封闭的充压油箱,这是容积式液压泵能够吸入油液的外部条件。

通过以上分析可以得出液压泵工作的基本条件如下。

(1)在结构上能形成密封的工作容积。密封的工作容积能实现周期性的变化,密封工作容积由小变大时与吸油腔相通,由大变小时与排油腔相通。

(2)应有配流装置如单向阀、配油盘,将吸油腔与压油腔相互隔开。

(3)油箱内液体的绝对压力必须恒等于或大于大气压力。

2. 液压泵的分类和图形符号

液压泵按其每转一转所能输出的油液体积是否可以调节,分为定量泵和变量泵;按输油方向是否可改变,分为单向泵和双向泵;按结构形式的不同,可分为齿轮泵、叶片泵、柱塞泵等类型。

液压泵的图形符号如图 3-8 所示。

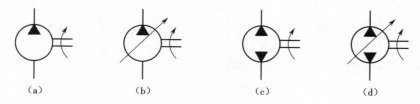

（a）　　　　　　（b）　　　　　　（c）　　　　　　（d）

图 3-8　液压泵的图形符号

（a）单向定量泵　（b）单向变量泵　（c）双向定量泵　（d）双向变量泵

3. 液压泵主要性能参数

1)压力

Ⅰ. 工作压力 p

液压泵实际工作时的输出压力称为工作压力。工作压力的大小取决于外负载。

Ⅱ. 额定压力 p_n

液压泵在正常工作条件下,按试验标准规定连续运转的最高压力,称为液压泵的额定压力。超过此值就是过载。

Ⅲ. 最高允许压力 p_{max}

在超过额定压力的条件下,根据试验标准规定,允许液压泵短暂运行的最高压力值,称为液压泵的最高允许压力。超过这个压力,液压泵很容易损坏。

2)排量和流量

Ⅰ. 排量 V

在不考虑泄漏的情况下,液压泵每转一周,由其密封容积几何尺寸变化计算而得的排出液体的体积叫液压泵的排量,简称排量,单位为 m^3/r。

Ⅱ. 理论流量 q_t

理论流量是指在不考虑液压泵的泄漏流量的情况下,在单位时间内所排出的液体体积的平均值。显然,如果液压泵的排量为 V,其主轴转速为 n,则该液压泵的理论流量

$$q_t = Vn \tag{3-1}$$

Ⅲ. 实际流量 q

液压泵在某一具体工况下,单位时间内所排出的液体体积称为实际流量,它等于理论流

量 q_t 减去泄漏流量 q_1，即

$$q = q_t - q_1 \qquad (3-2)$$

Ⅳ. 额定流量 q_n

液压泵在正常工作条件下，按试验标准规定（如在额定压力和额定转速下）必须保证的流量。

3）功率和效率

液压泵由电动机驱动，输入量是转矩和转速（角速度），输出量是液体的压力和流量；液压马达则刚好相反，输入量为液体的压力和流量，输出量是转矩和转速（角速度）。如果不考虑液压泵在能量转换过程中的损失，则输出功率等于输入功率，即它们的理论功率

$$P_{it} = T_t\omega = 2\pi T_t n = P_{ot} = \Delta p q_t = \Delta p V n \qquad (3-3)$$

式中：P_{it}——理论输入功率（W 或 kW）；

T_t——理论输入转矩（N·m）；

ω——输入角速度（rad/s）；

n——输入转速（r/min）；

P_{ot}——理论输出功率（W 或 kW）；

Δp——实际吸压油口压差（Pa 或 MPa）；

q_t——理论输出流量（m³/s 或 L/min）；

V——排量（m³/r）。

Ⅰ. 液压泵的功率损失

实际上，液压泵在能量转换过程中是有损失的，因此输出功率小于输入功率。两者之间的差值即为功率损失，功率损失有容积损失和机械损失两部分。

Ⅰ）容积损失

容积损失是指液压泵流量上的损失，液压泵的实际输出流量总是小于其理论流量，其主要原因是由于液压泵内部高压腔的泄漏、油液的压缩以及在吸油过程中由于吸油阻力太大、油液黏度大以及液压泵转速高等原因而导致油液不能全部充满密封工作腔。液压泵的容积损失用容积效率来表示，它等于液压泵的实际输出流量 q 与其理论流量 q_t 之比，即

$$\eta_v = \frac{q}{q_t} = \frac{q_t - q_1}{q_t} = 1 - \frac{q_1}{q_t} \qquad (3-4)$$

液压泵的容积效率随着液压泵工作压力的增大而减小，且随液压泵的结构类型不同而异，但恒小于1。

Ⅱ）机械损失

机械损失是指液压泵在转矩上的损失。液压泵的实际输入转矩 T_i 总是大于理论上所需要的转矩 T_t，其主要原因是由于液压泵体内相对运动部件之间因机械摩擦而引起的摩擦转矩损失以及液体的黏性而引起的摩擦损失。液压泵的机械损失用机械效率表示，它等于液压泵的理论转矩 T_t 与实际输入转矩 T_i 值之比，则液压泵的机械效率

$$\eta_m = \frac{T_t}{T_i} \qquad (3-5)$$

Ⅱ. 液压泵的功率

Ⅰ）输入功率 P_i

液压泵的输入功率是指作用在液压泵主轴上的机械功率，当输入转矩为 T_i，角速度为 ω

时,有

$$P_i = T_i \omega$$

Ⅱ)输出功率 P_o。

液压泵的输出功率是指液压泵在工作过程中的实际吸、压油口间的压差 Δp 和输出流量 q 的乘积,即

$$P_o = q\Delta p$$

式中:Δp——液压泵吸、压油口之间的压力差(N/m^2);

　　　q——液压泵的实际输出流量(m^3/s);

　　　P_o——液压泵的输出功率($N \cdot m/s$ 或 W)。

Ⅲ.液压泵的总效率

液压泵的总效率是指液压泵的实际输出功率与其输入功率的比值,即

$$\eta = \frac{P_o}{P_i} = \frac{q\Delta p}{T_i \omega} = \eta_v \eta_m \tag{3-6}$$

【例 3-1】　某液压泵的输出油压 $p = 10$ MPa,转速 $n = 1\ 450$ r/min,排量 $V = 46.2$ mL/r,容积效率 $\eta_v = 0.95$,总效率 $\eta = 0.9$。试求液压泵的输出功率和驱动泵的输入功率(电动机功率)各为多少?

解　(1)求液压泵的输出功率。

液压泵的实际流量

$$q = Vn\eta_v = 46.2 \times 10^{-3} \times 1\ 450 \times 0.95 = 63.64 \text{ L/min}$$

液压泵的输出功率

$$P_o = q\Delta p = 10 \times 10^6 \times (63.64 \times 10^{-3}/60) = 10.6 \times 10^3 = 10.6 \text{ kW}$$

(2)求泵的输入功率(驱动泵的电动机功率)。

$$P_i = P_o/\eta = 10.6/0.9 = 11.78 \text{ kW}$$

知识点 2　齿轮泵结构原理及特点

齿轮泵是一种常用的液压泵,它是利用一对齿轮的啮合运动,造成吸、压油腔的容积变化进行工作的。啮合的齿轮为其核心零件。按其啮合形式可分为外啮合齿轮泵和内啮合齿轮泵。外啮合齿轮泵一般采用一对齿数相同的渐开线直齿圆柱齿轮啮合,内啮合齿轮泵除采用渐开线齿轮外,也可采用摆线齿轮。

1.外啮合齿轮泵

1)工作原理及结构图

外啮合齿轮泵的工作原理如图 3-9 所示。它是分离三片式结构,三片是指前后端盖和泵体,泵体内装有一对齿数相同、宽度和泵体接近而又互相啮合的齿轮。泵体、端盖和齿轮的各个齿间槽组成了许多密封工作腔,当齿轮转向如图所示时,左侧吸油腔由于相互啮合的轮齿逐渐脱开,密封工作腔容积逐渐增大,形成部分真空,油箱中的油液被吸入泵体,将齿间槽充满,并随着齿轮旋转,把油液带到右侧压油腔中。在压油腔一侧,由于齿轮逐渐进入啮合,密封工作腔容积不断减小,油液被挤压出去。吸油区和压油区是由相互啮合的轮齿以及泵体分隔开的。

CB－B 型齿轮泵结构图如图 3-10 所示。装在泵体 4 中的一对齿轮由传动轴 7 驱动,泵

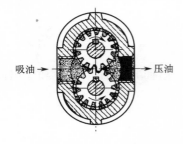

图 3-9　外啮合齿轮泵工作原理

体 4 的两端面各铣有卸荷槽 d，经泵体 4 端面泄漏的油液由卸荷槽 d 流回吸油腔，从而降低泵体与端盖接合面上的油压对端盖造成的推力，减少螺钉所受载荷。泵前后端盖上开有困油卸荷槽 e，以消除工作时的困油现象。孔道 a、b、c 可以将流入轴承腔的泄漏油排入吸油腔。故传动轴的旋转密封圈处于低压，泵不需要设置单独的外泄漏油管。这种结构的泵其吸油腔不能承受高压，故泵的吸、压油腔不能互换，泵不能反向工作。

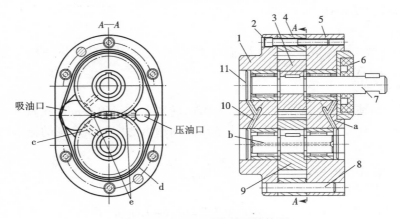

图 3-10　CB－B 型齿轮泵结构图

1—后端盖　2—螺栓　3—主动轮　4—泵体　5—前端盖　6—密封圈

7—传动轴　8—销钉　9—从动轮　10—滚针轴承　11—轴承盖

a、b、c—孔道　d—卸荷槽　e—困油卸荷槽

2）结构特点及优缺点

Ⅰ. 困油现象

为保证齿轮连续平稳运转，齿轮啮合的重合度必须大于 1，所以有时会出现两对轮齿同时啮合的情况，并有一部分油液被围困在两对轮齿所形成的封闭空腔之间，如图 3-11 所示。这个封闭腔的容积，开始时随着齿轮的转动逐渐减小（图 3-11（a）到（b）所示的过程），以后又逐渐增大（图 3-11（b）到（c）所示的过程）。封闭腔容积的减小会使被困油液受挤压而产生很高的压力，从缝隙中挤出，油液发热，并使机件（如轴承等）受到额外的负载；而封闭腔容积的增大又会造成局部真空，使油液中溶解的气体分离，产生空穴现象。这些都将使泵产生强烈的振动、噪声及气蚀，这就是齿轮泵困油现象。

消除困油的方法：通常是在两侧盖板上开卸荷槽（如图 3-11（d）中的虚线所示），使密封容积减小时，通过左边的卸荷槽与压油腔相通；密封容积增大时，通过右边的卸荷槽与吸油腔相通。

【案例分析 3-1】　某 CB－F 型中高压齿轮泵，在一次拆检清洗后，再次使用时出现了很大的噪声，分析产生的原因是什么？

分析　经判断，认为是存在严重的困油现象。

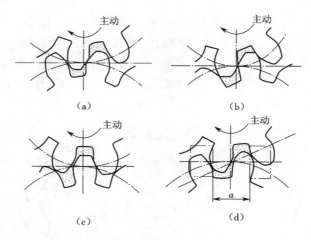

图 3-11　困油现象

(a)啮合位置 1　(b)啮合位置 2　(c)啮合位置 3　(d)开困油卸荷槽消除困油现象

Ⅱ. 泄漏

外啮合齿轮泵运转时的泄漏原因有：一是轮齿啮合线处的间隙；二是齿顶与泵体内壁的间隙；三是齿轮端面与端盖之间的间隙。通过端面间隙的泄漏量，最大可占总泄漏量的 70%～80%。因此，普通齿轮泵的效率较低，输出压力也不容易提高，故齿轮泵不适合做成高压泵。为解决内泄漏问题，提高齿轮泵的寿命和工作压力，可采用静压平衡原理使轴向间隙自动补偿的措施。在齿轮和盖板之间增加一个补偿零件，如浮动轴套或浮动侧板，在浮动零件的背面引入压力油，让作用在背面的液压力稍大于正面的液压力，其差值由一层很薄的油膜承受。轴套或侧板始终自动贴紧齿轮端面，减小齿轮泵内通过端面的泄漏，达到提高压力的目的。

Ⅲ. 径向不平衡力

齿轮泵工作时，在齿轮和轴承上承受径向液压力的作用。如图 3-12 所示，泵的右侧为吸油腔，左侧为压油腔。在压油腔内有液压力作用于齿轮上，沿着齿顶的泄漏油具有大小不等的压力，这些液体压力综合作用的合力，相当于给齿轮一个径向不平衡力，使齿轮和轴承受载。液压力越高，这个不平衡力就越大，其结果不仅加速了轴承的磨损，降低了轴承的寿命，甚至使轴变形，造成齿顶和泵体内壁的摩擦等。

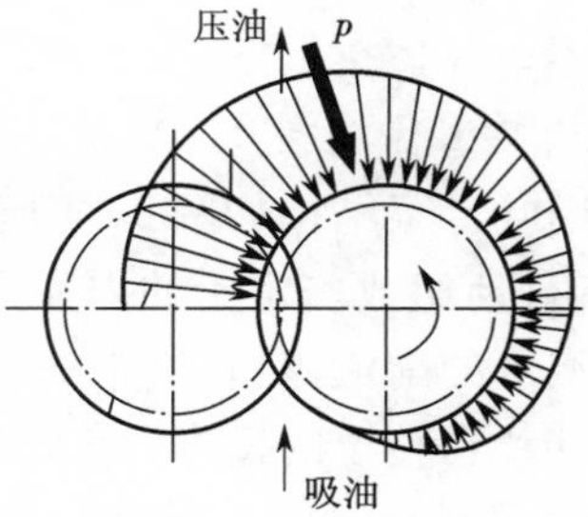

图 3-12　外啮合齿轮泵的径向不平衡力

2. 内啮合齿轮泵

内啮合齿轮泵有渐开线齿形和摆线齿形两种结构类型，如图 3-13 所示，其工作原理和主要特点与外啮合齿轮泵相同，只是两个齿轮的大小不一样，且相互偏置，小齿轮是主动轮，小齿轮带动内齿轮以各自的中心同方向旋转。

在渐开线内啮合齿轮泵中，小齿轮和内齿轮之间要装一块月牙板，以便把吸油腔和压油腔隔开。当小齿轮带动内齿轮转动时，左半部轮齿退出啮合，形成真空，进行吸油。进入齿槽的油液被带到压油腔，右半部轮齿进入啮合将油挤出，从压油口排油。在摆线形内啮合齿轮泵(又称摆线转子泵)中,小齿轮(内转子)与内齿轮(外转子)相差一个齿,当内转子带动外转子转动时,所有内转子的轮齿都进入啮合,形成几个独立的密封腔,不需要设置月牙板。随着内外转子的啮合旋转,各密封腔的容积发生变化,从而进行吸油和压油。内啮合齿轮泵结构紧凑、体积小、质量轻,由于啮合的重合度大,所以运动平稳、噪声小、流量脉动小,但齿形加工复杂、价格较高。

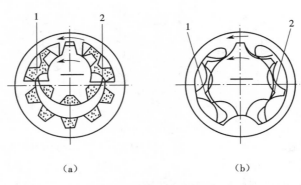

图 3-13　内啮合齿轮泵

(a)渐开线齿形　(b)摆线齿形

1—吸油腔　2—压油腔

知识点 3　叶片泵结构原理及特点

叶片泵具有体积小、质量轻、运转平稳、输出流量均匀、噪声小等优点,在中高压系统中得到了广泛使用,但它也存在结构较复杂、对油液污染较敏感、吸入特性不好等缺点。

叶片泵按工作原理可分为单作用和双作用两类。单作用叶片泵往往做成变量的,而双作用叶片泵是定量的。

1. 单作用叶片泵

1)结构及工作原理

单作用叶片泵结构如图 3-14 所示。泵由转子 1、定子 2、叶片 3、配油盘和端盖(图中未画出)等零件所组成。定子的内表面是一个圆柱形孔,转子和定子有偏心距 e。在配流盘上开有两个腰形的配流窗口,其中一个与吸油口相通,为吸油窗口;另一个与压油口相通,为压油窗口。叶片在转子的槽内可灵活滑动。当转子由轴带动按图示方向旋转时,叶片在离心力的作用下,随转子转动的同时,向外伸出,叶片顶部紧贴在定子内表面上,于是两相邻叶片、配油盘、定子和转子间便形成了一个个密封的工作腔。图中右侧的叶片向外伸出,密封工作腔容积逐渐增大,产生真空,于是通过吸油口和配油盘上的吸油窗口将油吸入。而图中左侧叶片往里缩进,密封工作腔容积逐渐缩小,密封腔中的油液经配油盘另一吸油窗口和压油口被压出而输出到系统中去。这种泵在转子转一转过程中吸、压油各一次,故称单作用式叶片泵。因这种泵的转子受单向的径向不平衡力,故又称非平衡式叶片泵。如改变定子和转子之间的偏心距,便可改变泵的排量而成为变量泵。

2)流量计算

泵的实际输出流量

$$q = 2\pi BeDn\eta_v$$

(3-7)

式中：B——叶片宽度；

　　　e——转子与定子偏心距；

　　　D——定子内径；

　　　n——泵的转速；

　　　η_v——泵的容积效率。

3）特点

（1）改变定子和转子之间的偏心距便可改变流量。偏心反向时，吸、压油方向也会改变，因此为双向变量泵。

（2）处在压油腔的叶片顶部受到压力油的作用，把叶片推入转子槽内。

（3）由于转子受到不平衡的径向液压作用力，所以这种泵一般不宜用于高压。

（4）为了更有利于叶片在惯性力作用下向外伸出，使叶片有一个与旋转方向相反的倾斜角，称为后倾角，其大小一般为 24°。

4）外反馈限压式变量叶片泵

外反馈限压式变量叶片泵是单作用叶片泵的一种，根据前面介绍的单作用叶片泵的工作原理，改变定子和转子间的偏心距 e，就能改变泵的输出流量，限压式变量叶片泵能借助输出压力的大小自动改变偏心距 e 的大小从而来改变输出流量，其工作原理如图 3-15 所示。泵开始工作时，在弹簧 9 的弹簧力的作用下定子 2 处于最右端，此时偏心距 e 最大，泵的输出流量也最大。调节弹簧调节螺钉 10 可调节弹簧的松紧度。调节调节螺钉 5 用以调节定子 2 能够达到的最大偏心位置，也就是由它来决定泵在本次调节中的最大流量为多少。当泵开始工作后，其输出压力升高，通过油路返回到柱塞油缸工作腔 6 的油液压力也随之升高，在作用于柱塞 4 上的液压力小于弹簧力时，定子 2 不动，泵处于最大流量；当作用于柱塞 4 上的液压力大于弹簧力后，定子的平衡被打破，定子 2 开始向左移动，于是定子 2 与转子 1 间的偏心距开始减小，从而泵输出的流量开始减小，直至偏心距 e 为零，此时泵输出的流量也为零，不管外负载再如何增大，泵的输出压力 p 不会再升高。因此，这种泵被称为限压式变量泵。

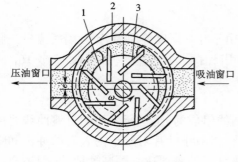

图 3-14　单作用叶片泵

1—转子　2—定子　3—叶片

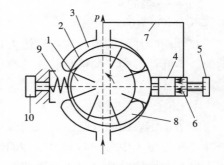

图 3-15　外反馈限压式变量叶片泵

1—转子　2—定子　3—压油窗口

4—柱塞　5—调节螺钉　6—柱塞油缸工作腔

7—泵输出油路　8—吸油窗口　9—弹簧

10—弹簧调节螺钉

泵的工作压力愈高,偏心量就愈小,泵的输出流量也就愈小,控制定子移动的作用力是将液压泵出口的压力油引到柱塞上,然后再加到定子上去,这种控制方式称为外反馈式。

2. 双作用叶片泵

1) 结构及工作原理

双作用叶片泵结构如图 3-16 所示。它的工作原理与单作用叶片泵相似,不同的地方是

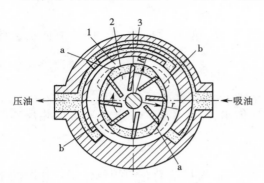

图 3-16　双作用叶片泵
1—定子　2—转子　3—叶片
a—吸油窗口　b—压油窗口

双作用叶片泵的定子内表面类似椭圆,由两个大半径 R 圆弧、两个小半径 r 圆弧和四段过渡曲线组成,且定子和转子同心。配流盘上对称于转轴分布两个吸油窗口和压油窗口。当转子按图示方向转动,由小半径 r 处向大半径 R 处移动时,叶片伸出,两叶片间容积增大,通过吸油窗口 a 吸油;叶片由大半径 R 处向小半径 r 处移动时,叶片缩回,两叶片间容积减小,通过压油窗口 b 压油。

转子每转一周,每个叶片往复运动两次,吸油、压油各两次,故这种泵称为双作用叶片泵。双作用叶片泵的排量不可调,是定量泵。

2) 排量和流量计算

经理论推导,双作用叶片泵排量

$$V_p = 2\pi(R^2 - r^2)b \tag{3-8}$$

实际流量

$$q_p = 2\pi(R^2 - r^2)bn_p\eta_{pv} \tag{3-9}$$

式中:R——定子的长半径;

r——定子的短半径;

b——叶片宽度;

n_p——泵的转速;

η_{pv}——泵的容积效率。

双作用叶片泵的瞬时流量理论上是均匀的,但由于叶片厚度等原因,实际瞬时流量是脉动的。当叶片数为 4 的倍数时脉动率小,因此双作用叶片泵的叶片数一般都取 12 或 16。

3) 特点

Ⅰ. 定子过渡曲线

定子工作表面曲线是由四段圆弧和四段过渡曲线组成的,定子所采用的过渡曲线要保证叶片在转槽子中滑动时的速度和加速度均匀变化,以减小叶片对定子内表面的冲击和噪声。目前双作用叶片泵定子过渡曲线广泛采用性能良好的等加速－等减速曲线,但还会产生一些柔性冲击。为了更好地改善这种情况,有些叶片泵定子过渡曲线采用了 3 次以上的高次曲线。

Ⅱ. 径向液压力平衡

由于吸、压油口是径向对称分布,转子和轴承所受到的径向压力平衡,所以这种泵又称为平衡式叶片泵。

Ⅲ. 端面间隙自动补偿

为了减少端面泄漏,采取的间隙自动补偿措施是将右配流盘的右侧与压油腔相通,使配流盘在液压推力作用下压向定子。泵的工作压力越高,配流盘就会越加贴紧定子,因此使容积效率得到一定的提高。

单作用叶片泵和双作用叶片泵的主要区别见表3-2。

表 3-2　单作用叶片泵和双作用叶片泵的主要区别

区别点　叶片泵类型	单作用叶片泵	双作用叶片泵
作用次数	一次	二次
定子内表面	圆	非圆曲线
转子与定子相对位置	偏心	同心
配流盘	两个窗口	四个窗口
径向力	不平衡	平衡
叶片倾角	后倾	前倾
可否变量	可以	不可以

3. 叶片泵的优缺点及其应用

叶片泵主要优点如下:

(1)输出流量比齿轮泵均匀,运转平稳,噪声小;

(2)工作压力较高,容积效率也较高;

(3)单作用式叶片泵易于实现流量调节,双作用式叶片泵则因转子所受径向液压力平衡,使用寿命长;

(4)结构紧凑,轮廓尺寸小,而流量较大。

叶片泵主要缺点如下:

(1)自吸性能较齿轮泵差,对吸油条件要求较严,其转速必须为 500 ~ 1 500 r/min;

(2)对油液污染较敏感,叶片容易被油液中杂质咬死,工作可靠性较差;

(3)结构较复杂,零件制造精度要求较高,价格较高。

叶片泵一般用在中压(6.3 MPa)液压系统中,主要用于机床控制,特别是双作用式叶片泵因流量脉动很小,因此在精密机床中得到广泛使用。

知识点 4　柱塞泵结构原理及特点

柱塞泵是依靠柱塞在缸体内往复运动,使密封容积发生变化来实现吸油和压油的,如图3-7 所示。由于柱塞和缸体都是圆柱表面,因此加工方便、配合精度高、密封性能好,故柱塞泵的优点是效率高、工作压力高、结构紧凑,且在结构上易于实现流量调节等;其缺点是结构复杂、价格高、加工精度和日常维护要求高、对油液的污染较敏感。

柱塞泵按柱塞排列的方向不同,可分为轴向柱塞泵和径向柱塞泵;按配流方式的不同,可分为阀配流(缸体不动)、端面配流和轴配流(缸体转动)。轴向柱塞泵又可分为斜盘式(直轴)和斜轴式(斜盘)两类,其中斜盘式应用较广。

51

1. 斜盘式轴向柱塞泵

1）结构及工作原理

常用的一种斜盘式轴向柱塞泵的结构如图 3-17 所示。它由两部分组成：右边的主体部分和左边的变量机构。同一规格、不同变量形式的变量泵，其主体部分是相同的，仅是变量机构不同而已。

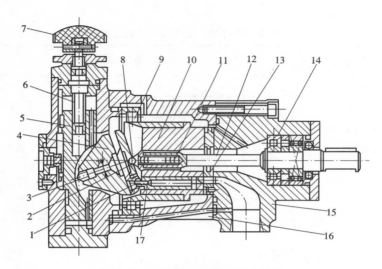

图 3-17　斜盘式轴向柱塞泵的结构

1—滑履　2—回程盘　3—销轴　4—斜盘　5—变量活塞　6—螺杆　7—手轮
8—钢球　9—大轴承　10—缸体　11—中心弹簧　12—传动轴　13—配流盘
14—前轴承　15—前泵体　16—中间泵体　17—柱塞

斜盘式轴向柱塞泵主体部分是由中间泵体 16、前泵体 15、中心弹簧 11、缸体 10、传动轴 12 和配流盘 13 等组成，缸体 10 与传动轴 12 通过花键连接，由传动轴带动旋转。在缸体的轴向柱塞孔内各装有柱塞 17。为了避免柱塞头部与斜盘直接接触而产生的易磨损现象，在柱塞的头部装滑履 1，用滑履的底平面与斜盘 4 接触，而柱塞头部与滑履则用球面配合，外面加以铆合，使柱塞和滑履既不会脱落，又使配合球面间能相对运动。柱塞中心和滑履中心均加工有小孔，压力油经小孔引到滑履底部油室，起到液体静压支撑作用，极大地减小了滑履与斜盘的接触应力，并实现可靠的润滑，这样大大降低了相对运动零件表面的磨损，有利于泵在高压下工作。中心弹簧 11 一方面通过钢球 8 和回程盘 2 将各个滑履压向斜盘，使滑履始终紧贴斜盘并带动柱塞回程，使柱塞在吸油区正常外伸实现吸油；另一方面，它将缸体压在配流盘 13 上，以保证泵启动时的密封性。缸体通过大轴承 9 支撑在中间泵体上，这样斜盘通过柱塞作用在缸体上的径向分力由大轴承承受，使轴不受弯矩，并改善了缸体的受力状态，从而保证缸体端面与配流盘更好地接触。在变量轴向柱塞泵中专门设置变量机构，用来改变斜盘倾角 γ 的大小，以调节泵的流量。

轴向柱塞泵的变量形式有多种，其变量的结构形式亦多种多样。手动变量机构如图 3-17 所示，其改变排量的方法是转动手轮 7，使螺杆 6 转动，因导向键的作用，变量活塞 5 不能转动，只能上下移动，通过销轴 3 使支撑在变量壳体上的斜盘 4 绕其中心转动，从而改变斜盘倾角，也就改变了泵的排量。除了手动变量机构，还有手动伺服变量、液控变量、恒压变量和恒功率变量机构等。

斜盘式轴向柱塞泵工作原理如图3-18所示,它由斜盘1、柱塞2、缸体3和配流盘4等主要零件组成,斜盘与缸体间有一倾斜角γ。斜盘和配流盘固定不动,在缸体上开有若干个圆周均布的轴向柱塞孔,孔内装有柱塞,柱塞在底部弹簧和油压力的作用下,其头部始终保持与斜盘紧密接触。当缸体由传动轴带动旋转时,在斜盘、弹簧和油压力的共同作用下,迫使柱塞在缸体内做往复运动,这样各柱塞与缸体间的密封容积便发生增大或缩小的变化。密封容积增大时,形成真空,通过吸油窗口 a 吸油;密封容积减小时,通过压油窗口 b 压油。缸体每转一转,每个柱塞各完成一次吸油和压油,缸体连续旋转,柱塞则不断地吸油和压油。

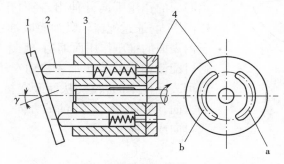

图 3-18 斜盘式轴向柱塞泵的工作原理

1—斜盘 2—柱塞 3—缸体 4—配流盘

a—吸油窗口 b—压油窗口

如果改变斜盘倾角 γ 的大小,就改变了柱塞的行程,也就改变了泵的排量;如果改变斜盘倾角的方向,就能改变吸油、压油的方向,这就成为双向变量泵。

2)排量和流量计算

经理论推导,柱塞泵每转的排量

$$V_p = \frac{\pi}{4}d^2 Lz = \frac{\pi}{4}d^2(D\tan\gamma)z \qquad (3\text{-}10)$$

实际流量

$$q_p = \frac{\pi}{4}d^2(D\tan\gamma)zn_p\eta_{pv} \qquad (3\text{-}11)$$

式中:d——柱塞直径;

L——柱塞行程;

D——缸体上柱塞分布圆直径;

γ——斜盘倾角;

z——柱塞数;

n_p——泵的转速;

η_{pv}——泵的容积效率。

实际上,由于柱塞在缸体孔中的运动不是恒速的,因而轴向柱塞泵的瞬时流量也是脉动的。通过理论计算分析可以知道,当柱塞数为奇数时,脉动较小,故轴向柱塞泵的柱塞数一般为7个或9个。

2. 径向柱塞泵

1）结构及工作原理

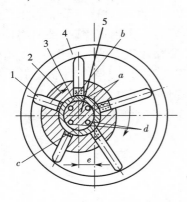

图3-19　径向柱塞泵
1—柱塞　2—转子（缸体）
3—衬套　4—定子　5—配流轴

径向柱塞泵的结构如图3-19所示。径向柱塞泵主要由柱塞1、转子（缸体）2、衬套3、定子4和配流轴5等组成，柱塞径向均匀布置在转子中，转子和定子之间有一偏心距 e，配流轴固定不动，在轴的上部和下部各有一缺口，此两缺口又分别通过所在部位的两个轴孔与泵的吸、压油口连通。当转子按图示方向旋转时，上半部的柱塞在离心力的作用下向外伸出，径向孔内的密封工作腔容积逐渐增大，通过配流轴吸油腔吸油；下半部的柱塞因受定子内表面的推压作用而缩回，密封工作腔容积逐渐减小，通过配流轴压油腔压油。移动定子改变偏心距的大小，就可改变柱塞的行程，从而改变排量。如果改变偏心距的方向，则可改变吸、压油的方向。故径向柱塞泵可以做成单向或双向变量泵。

2）排量和流量计算

经理论推导，柱塞的行程为两倍偏心距 e，泵的排量

$$V_p = \frac{\pi}{4}d^2 2ez = \frac{\pi}{2}d^2 ez \tag{3-12}$$

实际输出流量

$$q_p = \frac{\pi}{2}d^2 ezn_p \eta_{pv} \tag{3-13}$$

式中：d——柱塞直径；

　　　e——偏心距；

　　　z——柱塞数；

　　　n_p——泵的转速；

　　　η_{pv}——泵的容积效率。

径向柱塞泵的瞬时流量也是脉动的，与轴向柱塞泵相同，为了减少脉动，柱塞数通常也取奇数。

径向柱塞泵的优点是制造工艺性好（主要配合面为圆柱面），较容易实现输出流量的改变，工作压力较高，轴向尺寸小，便于做成多排柱塞的形式；其缺点是径向尺寸大，配流轴受径向不平衡液压力的作用，易磨损，泄漏间隙不能补偿，配流轴中的吸、排油流道的尺寸受到配流轴尺寸的限制不能做大，从而影响泵的吸入性能。

知识点5　液压泵的选用

液压泵作为液压系统的核心元件，如何进行选择是非常关键的步骤。

在选择液压泵时，首先应根据主机工作情况、功率大小和系统对工作性能的要求，确定液压泵的类型，然后再根据系统所要求的压力、流量来确定规格型号。在满足使用要求的前提下，还需考虑性价比、维护等方面的要求。

一般情况下,在功率较小的条件下,可选用齿轮泵和双作用叶片泵等,齿轮泵也常用于污染较大的地方;若要求精度较高、具有平稳性时,可选用螺杆泵和双作用式叶片泵;在负载较大、速度变化较大时(如组合机床),可选择限压式变量叶片泵;在功率、负载较大条件下(如工程机械、运输锻压机械),可选用柱塞泵。液压系统中常用液压泵的性能比较见表3-3。

表 3-3　液压系统中常用液压泵的性能比较

性能	齿轮泵			叶片泵		柱塞泵			螺杆泵
	内啮合		外啮合	双作用	单作用	轴向		径向	
	渐开线	摆线				斜盘式	斜轴式		
压力范围	低压	低压	低压	中压	中压	高压	高压	高压	低压
排量调节	不能	不能	不能	不能	能	能	能	能	不能
输出流量脉动	小	小	很大	很小	一般	一般	一般	一般	最小
自吸特性	好	好	好	较差	较差	差	差	差	好
对油的污染敏感性	不敏感	不敏感	不敏感	较敏感	较敏感	很敏感	很敏感	很敏感	不敏感
噪声	小	小	大	小	较大	大	大	大	最小
价格	较低	低	最低	较低	一般	高	高	高	高
功率质量比	一般	一般	一般	一般	小	一般	大	小	小
效率	较高	较高	低	较高	较高	高	高	高	较高

【案例分析 3-1】　已知某齿轮泵额定流量 $q_0 = 100$ L/min,额定压力 $p_0 = 25 \times 10^5$ Pa,泵的转速 $n_1 = 1\,450$ r/min,机械效率 $\eta_m = 0.9$,由实验测得当泵的压力 $p_1 = 0$ 时,其流量 $q_1 = 106$ L/min;当 $p_2 = 25 \times 10^5$ Pa 时,其流量 $q_2 = 101$ L/min。

(1)求泵的容积效率 η_v。

(2)如泵的转速降至 500 r/min,在额定压力下工作,泵的流量 q_3 为多少? 容积效率 η_v' 为多少?

(3)在上面两种转速下,泵所需功率为多少?

解　(1)认为泵在负载为 0 的情况下的流量为理论流量,所以泵的容积效率

$\eta_v = q_2/q_1 = 101/106 = 0.953$

(2)泵在转速为 1 450 r/min 时的排量

$V = q_1/n_1 = 106/1\,450$ L/min $= 0.073$ L/min

泵在转速为 500 r/min 时的理论流量

$q_3' = nV = 500 \times 0.073$ L/min $= 36.5$ L/min

由于压力不变,认为泄漏量不变,所以泵在转速为 500 r/min 时的实际流量

$q_3 = q_3' - (q_1 - q_2) = [36.5 - (106 - 101)]$ L/min $= 31.5$ L/min

泵在转速为 500 r/min 时的容积效率

$\eta_v = q_3'/q_3 = 31.5/36.5 = 0.863$

(3)泵在转速为 1 450 r/min 时的总效率和驱动功率分别为

55

$$\eta = \eta_m \eta_v = 0.9 \times 0.953 = 0.857\ 7$$

$$P_1 = p_2 q_2 / \eta = [(25 \times 10^5 \times 101 \times 10^{-3})/(0.857\ 7 \times 60)]kW = 4.91\ kW$$

泵在转速为 500 r/min 时的总效率和驱动功率分别为

$$\eta' = \eta_m y'_v = 0.9 \times 0.863 = 0.776\ 7$$

$$P_2 = p_2 q_3 / \eta' = [(25 \times 10^5 \times 31.5 \times 10^{-3})/(0.776\ 7 \times 60)]kW = 1.69\ kW$$

【案例分析3-2】 有一液压泵,当负载 $p_1 = 9$ MPa 时,输出流量 $q_1 = 85$ L/min;而当负载 $p_2 = 11$ MPa 时,输出流量 $q_2 = 82$ L/min。用此泵带动一排量 $V_m = 0.07$ L/r 的液压马达,当负载转矩 $T_m = 110$ N·m 时,液压马达的机械效率 $\eta_{mm} = 0.9$,转速 $n_m = 1\ 000$ r/min 时,求此时液压马达的总效率。

解 马达的机械效率为

$$\eta_{mv} = 2n_m \pi T_m / (p_m q_{mt}) = 2n_m \pi T_m / (p_m V_m n_m) = 2\pi T_m / (p_m V_m)$$

则

$$p_m = 2\pi T_m / (V_m \eta_{mm}) = [2\pi \times 110/(0.07 \times 10^{-3} \times 0.9)]Pa$$

$$= 10.97 \times 10^6\ Pa = 10.97\ MPa \approx 10\ MPa$$

泵在负载 $p_2 = 11$ MPa 的情况下工作时,马达的容积效率

$$\eta_{mv} = V_m n_m / q_2 = 0.07 \times 1\ 000/82 = 0.854$$

马达的总效率

$$\eta_m = \eta_{mv} \times \eta_{mm} = 0.854 \times 0.9 = 0.77$$

知识点6 辅助元件的类型特点及应用

液压系统中的辅助装置,如蓄能器、过滤器、油箱、压力表、热交换器及管件等(如图 3-20 所示),是保证液压系统正常工作不可缺少的组成部分。它在液压系统中虽然只起辅助作用,但使用数量多,分布很广,如果选择或使用不当,不但会直接影响系统的工作性能和使用寿命,甚至会使系统发生故障,因此必须予以足够重视。液压辅助元件中除油箱需根据系统要求自行设计外,其他都有标准产品可供选用。

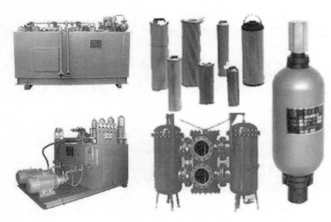

图 3-20 液压辅助元件

1. 蓄能器

蓄能器是液压系统中用以储存和释放液压能的装置。除此之外,在液压系统中还可吸收压力脉动、减小液压冲击、节约能量、减少投资。

1）蓄能器的类型

蓄能器主要有重锤式、弹簧式和充气式三种,其中常用的是充气式蓄能器。

充气式蓄能器利用压缩气体储存能量。按结构形式不同,充气式蓄能器可分为活塞式、气囊式和隔膜式三种。充气式蓄能器是用活塞、气囊或隔膜把高压容器分隔为充气室和储油室,在气室中充以一定压力的干燥氮气等,储油室则接入液压系统,靠储油室与充气室之间的压差迫使气体产生弹性变形,从而使储油室储存或释放与气体变形容积相等的压力油液。这里主要介绍常用的活塞式和气囊式两种充气式蓄能器。

Ⅰ. 活塞式蓄能器

活塞式蓄能器如图 3-21(a)所示。其用活塞 1 将充气室和储油室隔开,气体经气室顶部的充、放气阀进入充气室,压力油经蓄能器的下腔油口 a 储存和释放。活塞式蓄能器的结构简单、寿命长、安装和维护方便;但活塞运动时有惯性和摩擦损失,所以响应速度慢,不适宜在低压时作吸收脉动用。

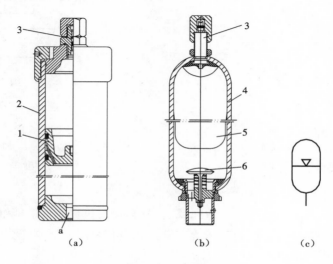

图 3-21 充气式蓄能器
(a)活塞式蓄能器 (b)气囊式蓄能器 (c)蓄能器图形符号
活塞 2—缸筒 3—充气阀 4—壳体 5—气囊 6—碟形阀 a—下腔油口

Ⅱ. 气囊式蓄能器

气囊式蓄能器如图 3-21(b)所示。其工作原理与活塞式蓄能器相同。在气囊式蓄能器储油室的出油口处设置一常开式碟形阀 6,当气囊 5 充气膨胀时迫使碟形阀 6 关闭,防止气囊 5 挤出油口。碟形阀 6 的支撑弹簧要有足够的刚度,以防蓄能器排油(允许流速超过6.5 m/s)时碟形阀 6 关闭。气囊式蓄能器的气囊 5 惯性小,响应速度快,适用于储能和吸收压力冲击的场合。

活塞式和气囊式蓄能器的图形符号如图 3-21(c)所示。

2）蓄能器的应用

蓄能器在液压系统中的主要功用如下。

Ⅰ. 作辅助动力源

在液压系统工作循环的不同阶段需要的流量变化很大,在系统不需要大量油液时,可以把液压泵 1 输出的多余压力油储存在蓄能器 4 内,当系统需要大流量时,能立即释放出所储存的压力油液。液压缸 6 停止运动时,液压泵 1 向蓄能器 4 充液,当液压缸 6 运动时,蓄能器 4 和液压泵 1 一起向液压缸 6 供油,如图 3-22 所示。

Ⅱ. 用于系统保压、补油

如图 3-23 所示液压缸用于夹紧机构中,当换向阀 5 的左端电磁铁通电后,液压缸活塞伸出,执行机构夹紧工件,缸左腔压力达到顺序阀 2 的调定压力时,顺序阀 2 打开,使液压泵 1 卸荷,蓄能器可以补充系统的泄漏,维持夹紧机构所需的压力。

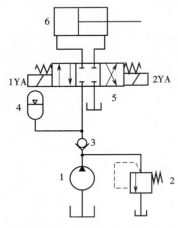

图 3-22　蓄能器作辅助动力源

1—液压泵　2—溢流阀　3—单向阀

4—蓄能器　5—换向阀　6—液压缸

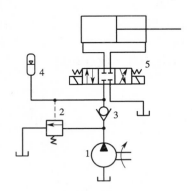

图 3-23　蓄能器用于保压、补油

1—液压泵　2—顺序阀　3—单向阀

4—蓄能器　5—换向阀

Ⅲ. 作紧急动力源

某些液压系统要求在液压泵发生故障或失去动力时,执行元件应能继续完成必要的动作以紧急避险、保证安全。为此,可在系统中设置适当容量的蓄能器作为紧急动力源,避免事故发生,如图 3-24 所示。

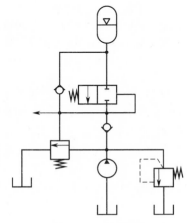

图 3-24　蓄能器作紧急动力源

Ⅳ. 用于缓和液压冲击和压力脉动

在液压系统压力波动较大的场合中,当液压泵突然启动或停止、液压阀突然关闭或停止、液压缸突然运动或停止时,系统会产生液压冲击,可在液压冲击处安装蓄能器,起缓和液压冲击的作用,如图 3-25(a)所示;另一方面,液压泵输出的压力油大多存在压力脉动现象,如在泵的出口处安装蓄能器,能吸收一部分压力脉动,可以提高系统工作的平稳性,如图3-25(b)所示。

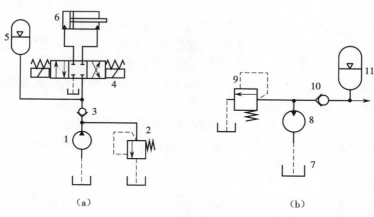

图 3-25　蓄能器用于缓和液压冲击和压力脉动
(a)蓄能器用于吸收液压冲击　(b)蓄能器用于吸收压力脉动
1—液压泵　2—溢流阀　3—单向阀　4—换向阀　5—蓄能器
6—液压缸　7—油箱　8—液压泵　9—溢流阀　10—单向阀　11—蓄能器

3)蓄能器的安装

蓄能器安装时应注意以下几点:

(1)在安装蓄能器时,应将油口朝下垂直安装,以便于检修;

(2)装在管路上的蓄能器必须用支架固定;

(3)蓄能器是压力容器,搬运和装拆时应先排除内部的气体;

(4)蓄能器与管路系统之间应安装截止阀,这便于在系统长期停止工作以及充气或检修时,将蓄能器与主油路切断;

(5)蓄能器与液压泵之间应设单向阀,以防止液压泵停转时蓄能器内的压力油倒流;

(6)用于吸收液压冲击和压力脉动的蓄能器,应尽可能装在振源附近。

2. 过滤器

1)过滤器的功用

液压系统使用前因清洗不好,残留的切屑、焊渣、型砂、涂料、尘埃、棉丝,加油时混入的以及油箱和系统密封不良进入的杂质等外部污染和油液氧化变质的析出物混入油液中,会引起系统中相对运动零件表面磨损、划伤甚至卡死,还会堵塞控制阀的节流口和管路小口,使系统不能正常工作。因此,清除油液中的杂质,使油液保持清洁是确保液压系统能正常工作的必要条件。

通常,油液利用油箱结构先沉淀,然后再采用过滤器进行过滤。

2)过滤器的主要性能指标

过滤器主要性能指标有过滤精度、压降特性、纳垢容量,除此之外还有工作压力和工作温度等参数。

Ⅰ.过滤精度

过滤精度是指过滤器对不同尺寸颗粒污染物的滤除能力,是指能够通过过滤器的最大坚硬污染颗粒的尺寸,以微米表示,可用试验方法测定。过滤精度分为粗($d \geqslant 0.1$ mm)、普通($d \geqslant 0.01$ mm)、精($d \geqslant 0.005$ mm)和特精($d \geqslant 0.001$ mm)四个等级。

Ⅱ.压降特性

液压回路中的过滤器对油液来说是一种液阻,因而油液经过时必然要产生压降。一般来说,在滤芯尺寸和油液流量一定的情况下,滤芯的过滤精度越高,则其压降越大。

滤芯所允许的最大压降,应以使滤芯不致发生结构性破坏为原则。通常,航空、舰艇用过滤器的初始压降不应超过 0.25 MPa;机械用过滤器的压降不大于 0.15 MPa。

Ⅲ.纳垢容量

过滤器在压力降大于其规定限值之前截留的污染物称为纳污容量,以质量(g)表示。过滤器的纳垢容量越大,则其寿命越长,它是反映过滤器寿命的重要指标。过滤器的有效过滤面积越大,则纳垢容量也就越大。

3)过滤器的类型

过滤器按过滤材料可分为表面型、深度型及磁性过滤器。它们对固体污染物的过滤作用是通过直接阻截和吸附来完成的。

Ⅰ.表面型过滤器

在表面型过滤器中,被滤除的颗粒污染物几乎全部阻截在过滤元件表面上游的一侧。滤芯材料具有均匀的标定小孔,可以滤除大于标定小孔的固体颗粒。属于这一类的过滤器有网式过滤器和线隙式过滤器。

Ⅰ)网式过滤器

网式过滤器(如图 3-26 所示)周围开有很大窗口的金属或塑料圆筒,外面包着一层或两层方格孔眼的铜丝网,没有外壳,结构简单,通油能力大,但过滤效果差,通常用在液压泵的吸油口。

Ⅱ)线隙式过滤器

线隙式过滤器如图 3-27 所示。这种过滤器结构简单,通油能力强,过滤效果好,但不易清洗,一般用于低压系统液压泵的吸油口。

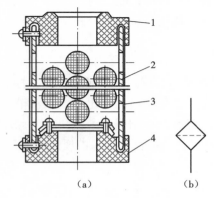

图 3-26　网式过滤器
(a)结构图　(b)图形符号
1—上端盖　2—骨架　3—过滤网　4—下端盖

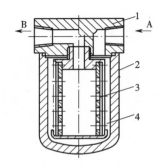

图 3-27　线隙式过滤器
1—端盖　2—壳体　3—骨架　4—金属绕线

Ⅱ. 深度型过滤器

深度型过滤器的滤芯为多孔可透性材料,内部具有曲折迂回的通道。大于孔径的污染颗粒直接被阻截在靠油液上游的外表面,而较小的颗粒进入滤芯内部通道时,由于受表面张力(分子吸附力、静电力等)的作用偏离流束,而被吸附在过滤通道的内壁上。故深度型过滤器的过滤原理既有直接阻截,又有吸附作用。深度型过滤器中常用的有烧结式过滤器和纸芯式过滤器。

Ⅰ)烧结式过滤器

烧结式过滤器的滤芯一般由金属粉末(颗粒状的锡青铜粉末)压制后烧结而成,通过金属粉末颗粒间的孔隙过滤油液中的杂质。滤芯可制成板状、管状、杯状、碟状等。管状烧结式过滤器如图 3-28 所示,油液从壳体 2 左侧 A 孔进入,经滤芯 3 过滤后,从底部 B 孔流出。烧结式滤油器强度高,耐高温,抗腐蚀性强,过滤效果好,可在压力较大的条件下工作,是一种使用广泛的精过滤器。其缺点是通油能力低,压力损失较大,堵塞后清洗比较困难,烧结颗粒容易脱落等。

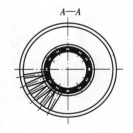

图 3-28　管状烧结式过滤器
1—顶盖　2—壳体　3—滤芯

Ⅱ)纸芯式过滤器

纸芯式过滤器的结构如图 3-29 所示,它是利用微孔过滤纸滤除油液中杂质的。纸芯式过滤器过滤精度高,但通油能力低,易堵塞,不能清洗,纸芯需要经常更换,主要用于低压小流量的精过滤。

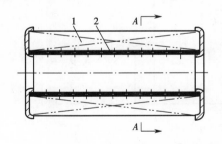

图 3-29　纸芯式过滤器
1—纸芯　2—芯架

Ⅲ. 磁性过滤器

磁性过滤器用于过滤油液中的铁屑。简单的磁性过滤器可以用几块磁铁组成。

4)过滤器的选用与安装

Ⅰ. 过滤器的选用

选择过滤器时,主要根据液压系统的技术要求及过滤器的特点综合考虑,主要考虑的因素如下。

(1)系统的工作压力是选择过滤器精度的主要依据之一。系统的压力越高,液压元件的配合精度越高,所需要的过滤精度就越高。选择过滤器的过滤精度时可参考表 3-4。

表 3-4　各种液压系统过滤精度推荐表

系统类别	润滑系统	传动系统			伺服系统
系统工作压力/MPa	0～2.5	<4	14～32	>32	21
过滤精度/μm	<100	25～50	<25	<10	<5
滤油器精度	粗	普通	普通	普通	精

(2)过滤器的通流能力是根据系统的最大流量确定的。一般过滤器的额定流量不能小于系统的流量,否则过滤器的压力损失会增加,过滤器易堵塞,寿命也缩短。但过滤器的额定流量越大,其体积及造价也越大,因此应选择合适的流量。

(3)过滤器滤芯的强度是一个重要指标。不同结构的过滤器有不同的强度。在高压或冲击大的液压回路中,应选用强度高的过滤器。

Ⅱ. 过滤器的安装

过滤器又称滤油器,一般安装在液压泵的吸油口、压油口及重要元件的前面。通常,液压泵吸油口安装粗过滤器,压油口与重要元件前安装精过滤器。

(1)安装在液压泵的吸油管路上(图3-30中的过滤器1),可保护泵和整个系统。要求有较大的通流能力(不得小于泵额定流量的两倍)和较小的压力损失(不超过0.02 MPa),以免影响液压泵的吸入性能。为此,一般多采用过滤精度较低的网式过滤器。

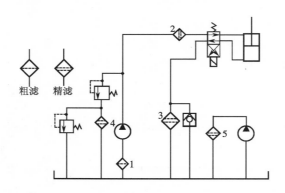

图 3-30　滤油器的安装位置
1—粗过滤器　2,3,4,5—精过滤器

(2)安装在液压泵的压油管路上(图3-30中的过滤器2),用以保护除泵和溢流阀以外的其他液压元件。要求过滤器具有足够的耐压性能,同时压力损失应不超过0.36 MPa。为防止过滤器堵塞时引起液压泵过载或滤芯损坏,应将过滤器安装在与溢流阀并联的分支油路上,或与过滤器并联一个开启压力略低于过滤器最大允许压力的安全阀。

(3)安装在系统的回油管路上(图3-30中的过滤器3),不能直接防止杂质进入液压系统,但能循环地滤除油液中的部分杂质。这种方式过滤器不承受系统工作压力,可以使用耐压性能低的过滤器。为防止过滤器堵塞引起事故,也需并联安全阀。

(4)安装在系统旁油路上(图3-30中的过滤器4),过滤器装在溢流阀的回油路,并与一安全阀相并联。这种方式滤油器不承受系统工作压力,又不会给主油路造成压力损失,一般只通过泵的部分流量(20%～30%),可采用强度低、规格小的过滤器,但过滤效果较差,不宜用在要求较高的液压系统中。

（5）安装在单独过滤系统中（图3-30中的过滤器5），它是用一个专用液压泵和过滤器单独组成一个独立于主液压系统之外的过滤回路。这种方式可以经常清除系统中杂质，但需要增加设备，适用于大型机械的液压系统。

3. 油箱

油箱在液压系统中的功用是储存油液、散热、沉淀污物并释放油液中的气体。

1）油箱的结构

油箱的结构如图3-31（a）所示，图形符号如图3-31（b）所示。

为了保证油箱的功用，在结构上应注意以下几个方面。

（1）应便于清洗。油箱底部应有适当斜度，并在最低处设置放油塞，换油时可使油液和污物顺利排出。

（2）在易见的油箱侧壁上设置液位计（俗称油标），以指示油位高度。

（3）油箱加油口应装滤油网，口上应有带通气孔的盖。

（4）吸油管与回油管之间的距离要尽量远些，并采用多块隔板隔开，分成吸油区和回油区，隔板高度约为油面高度的3/4。

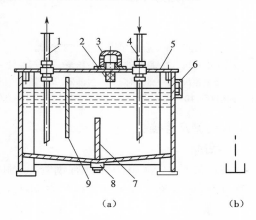

图3-31　油箱
（a）结构图　　（b）图形符号
1—吸油管　2—滤油网　3—盖　4—回油箱
5—盖板　6—液位计　7,9—隔板　8—放油塞

（5）吸油管口离油箱底面距离应大于2倍油管外径，离油箱箱边距离应大于3倍油管外径。吸油管和回油管的管端应切成46°的斜口，回油管的斜口应朝向箱壁。

2）油箱的安装

单独油箱的液压泵和电动机的安装有两种方式：卧式（图3-32）和立式（图3-33）。卧式安装时，液压泵及油管接头露在油箱外面，安装和维修较方便；立式安装时，液压泵和油管接头均在油箱内部，便于收集漏油，油箱外形整齐，但维修不方便。

3）油箱的容量

油箱的容量必须保证液压设备停止工作时，系统中的全部油液流回油箱时不会溢出，而且还有一定的预备空间，即油箱液面不超过油箱高度的80%；液压设备管路系统内充满油液工作时，油箱内应有足够的油量，使液面不致太低，以防止液压泵吸油管处的滤油器吸入空气。通常油箱的有效容量为液压泵额定流量的2~6倍。一般随着系统压力的升高，油箱的容量应适当增加。

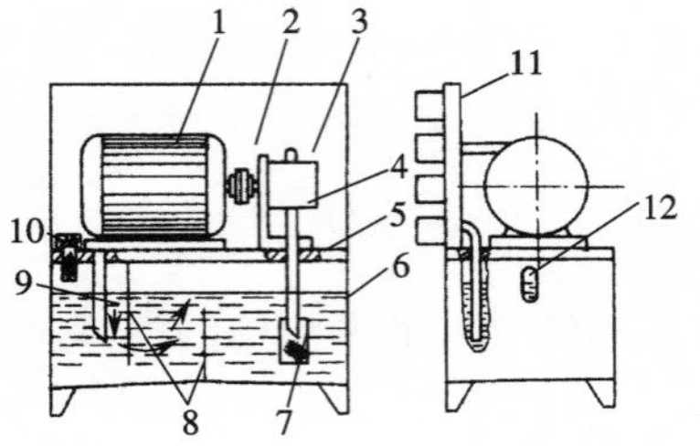

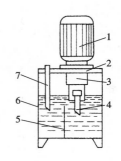

图 3-32　液压泵卧式安装的油箱
1—电动机　2—联轴器　3—液压泵　4—吸油管
5—盖板　6—油箱体　7—过滤器　8—隔板
9—回油管　10—加油口　11—控制阀连接板　12—液位计

图 3-33　液压泵立式安装的油箱
1—电动机　2—盖板　3—液压泵
4—吸油管　5—隔板
6—油箱体　7—回油管

4. 油管及管接头

1）油管

液压传动中,常用的油管有钢管、紫铜管、尼龙管、塑料管、橡胶软管等。各种油管的特点和适用场合见表 3-5。

表 3-5　各种油管的特点及适用场合

种　类		特点和适用场合
硬管	钢管	耐油、耐高压、强度高、工作可靠,但装配和弯曲较困难;常在装拆方便处用作压力管道,低压用焊接钢管,中压以上用无缝钢管
	紫铜管	易弯曲成各种形状,但承压能力低(6.5～10 MPa)、价高、抗震能力差、易使油液氧化,常用在仪表和液压系统装配不便处
软管	尼龙管	新型油管,软乳白色,透明,价低,加热后可随意弯曲、扩口、冷却后定形,安装方便,承压能力因材料而异(2.5～8 MPa),前景看好
	橡胶软管	用于相对运动部件间的连接,分高压和低压两种,高压软管由耐油橡胶夹有几层编织钢丝编织网(层数越多耐压越高)制成,价高,用于压力管路;低压软管由耐油橡胶夹帆布制成,可用于回油管道
	塑料管	质轻耐油,价格便宜,装配方便,长期使用易老化,只适用于压力低于 0.5 MPa 的回油管或泄油管等

2）管接头

管接头用于油管与油管、油管与液压元件间的连接。管接头的种类很多,如图 3-34 所示为几种常用的管接头结构。

扩口式薄壁管接头如图 3-34(a)所示,适用于铜管或薄壁钢管的连接,也可用来连接尼龙管和塑料管,在一般压力不高的机床液压系统中,应用较为普遍。

焊接式钢管接头如图 3-34(b)所示,用来连接管壁较厚的钢管,用在压力较高的液压系统中。

夹套式管接头如图 3-34(c)所示,当旋紧管接头的螺母时,利用夹套两端的锥面使夹套产生弹性变形来夹紧油管。这种管接头装拆方便,适用于高压系统的钢管连接,但制造工艺要求高,对油管要求严格。

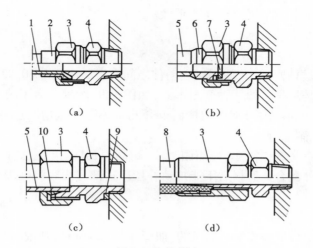

图 3-34 管接头

式薄壁管接头 （b）焊接式钢管接头 （c）夹套式管接头 （d）高压软管接头
1—扩口薄管 2—管套 3—螺母 4—接头体 5—钢管
6—接管 7—密封垫 8—橡胶软管 9—组合密封垫 10—夹套

高压软管接头如图 3-34（d）所示,多用于中、低压系统的橡胶软管的连接。

快换接头如图 3-35 所示。快换接头的装拆无须工具,适用于需经常装拆处。图 3-35 所示的位置为两个接头体连接时的工作位置,两单向阀的前端顶杆相互挤顶,迫使阀芯后退并压缩弹簧,使油路接通。当卡箍 6 向左移动时,钢球 8 从接头体 10 的环槽中间向外推出,接头体不再被卡住,可以迅速从接头体 2 中抽出。此时单向阀阀芯 4 和 11 在各自的弹簧力作用下降,两个管口关闭,使油管内的油液不会流失。

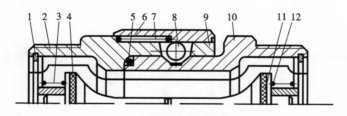

图 3-35 快换接头

1—挡圈 2,10—接头体 3,7,12—弹簧
4,11—单向阀阀芯 5—O 型密封圈 6—卡箍 8—钢球 9—弹簧圈

5. 密封装置

密封装置的功用是防止液压元件和液压系统中压力油液的内泄漏、外泄漏以及外界空气、灰尘和异物的侵入,保证系统建立起必要的工作压力。泄漏使系统的容积效率下降,严重时使系统建立不起工作压力而无法工作;另外,外泄漏还会污染环境,造成工作介质的浪费。密封装置的性能直接影响液压系统的工作性能和效率。故对密封装置提出以下要求:

（1）在规定的工作压力和温度范围内,具有良好的密封性能;

（2）密封件的材料和系统所选用的工作介质要有相容性;

（3）密封件的耐磨性要好,不易老化,寿命长,磨损后在一定程度上能自动补偿;

（4）制造简单,维护、使用方便,价格低廉。

1）密封装置的分类及特点

Ⅰ.间隙密封

间隙密封是通过精密加工,使相对运动件之间有极微小间隙(0.02～0.05 mm)而起密封作用。间隙密封是最简单的一种密封形式,如图3-36所示。为了减少液压卡紧力,增加泄漏油的阻力,减少泄漏量,通常在圆柱面上开几条等距均压槽。这种密封方式常用于柱塞、活塞或阀的圆柱副配合中。

间隙密封的特点是结构简单、摩擦阻力小、耐高温;其缺点是总有泄漏存在,且压力越高,泄漏量越大,另外配合面磨损后不能自动补偿。这部分内容将在项目4中介绍,这里不再赘述。

Ⅱ.O型密封圈

O型密封圈是由耐油橡胶压制而成的,如图3-37(a)所示,其截面为圆环。其作用原理是利用O型密封圈在安装时有一定的预压缩,同时受油压作用产生变形,紧贴密封表面而实现密封,如图3-37(b)所示。当静密封压力$p > 32$ MPa或动密封压力$p > 10$ MPa时,O型密封圈有可能被压力油挤入间隙而损坏,如图3-38(a)所示。为此在O型密封圈低压侧安置聚四氟乙烯挡圈,如图3-38(b)所示。双向受压时,需在两侧加挡圈,如图3-38(c)所示。

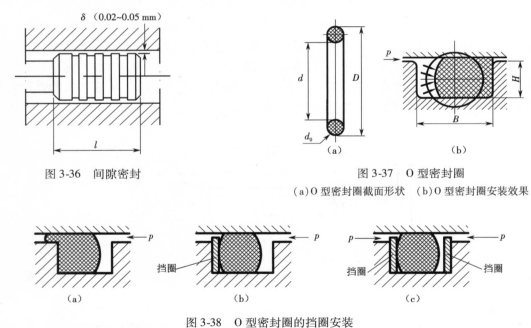

图3-36　间隙密封

图3-37　O型密封圈

（a）O型密封圈截面形状　（b）O型密封圈安装效果

图3-38　O型密封圈的挡圈安装

（a）密封圈被压力油挤入间隙　（b）单向受压时挡圈置于低压侧　（c）双向受压时两侧加挡圈

O型密封圈是应用最广的压紧型密封件,并大量地使用于静密封,密封压力可达80 MPa;也可用于往复运动速度小于0.5 m/s的动密封,密封压力可达20 MPa。其规格用内径和截面直径($d \times d_0$)来表示。O型密封圈及其安装沟槽、挡圈都已标准化,实际应用可查阅有关手册。

O型密封圈结构简单、密封性好、安装方便、成本低,且高低压均可用,并在磨损后具有一定的自动补偿能力。

Ⅲ.唇型密封圈

唇型密封圈是依靠密封圈的唇口受液压力作用下变形,使唇边贴紧密封面而进行密封的。液压力越高,唇边贴得越紧,密封效果越好,并且磨损后有自动补偿的能力。唇型密封圈属于单向密封件,在装配唇型密封圈时,唇口一定要对着压力高的一侧。这类密封一般用于往复运动密封,如活塞和缸筒之间的密封、活塞杆和缸端盖之间的密封等。常见的有Y型、V型等。

Ⅰ)Y型密封圈

Y型密封圈的截面形状呈Y形,材料是耐油橡胶,如图3-39所示。在实际工作当中,为了防止Y型密封圈的翻转,当工作压力大于14 MPa或压力波动较大时,应加支撑环固定密封圈,保证良好密封,如图3-40所示。Y型密封圈由于两个唇边结构相同,所以既可作孔用密封圈,又可作轴用密封圈。它适用于工作压力不大于20 MPa、工作温度为−30～100 ℃、相对运动速度小于或等于0.5 m/s的场合。

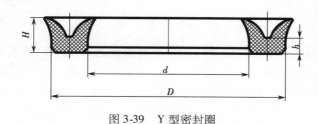

图3-39　Y型密封圈

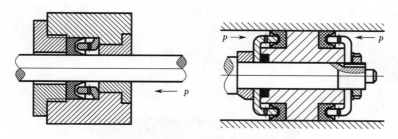

图3-40　Y型密封圈的安装及支撑环结构

Ⅱ)V型密封圈

V型密封圈为组合密封装置,是由多层涂胶织物压制而成的,由支撑环、密封环和压环三部分组成一套使用。当工作压力大于10 MPa时,可以根据压力大小,适当增加密封环的数量,以满足密封要求,如图3-41所示。V型密封圈适宜在工作压力不大于50 MPa,工作温度为−40～80 ℃条件下工作。

V型密封圈的密封性能好、耐磨,在直径大、压力高、行程长等条件下多采用这种密封圈。但由于其密封长度大,摩擦阻力较大。

Ⅳ.组合密封装置

组合密封装置是由两个以上元件组成的密封装置。最简单、最常见的是由钢和耐油橡胶压制成的组合密封垫圈,目前随着液压技术的发展,对往复运动零件之间的密封装置提出了耐高压、高温、高速以及低摩擦系数、长寿命等方面的要求,于是出现了聚四氟乙烯与耐油橡胶组成的橡塑组合密封装置。

组合密封圈如图 3-42 所示,其外圈 1 由 Q235 钢制成,内圈 2 为耐油橡胶,主要用在管接头或油塞的端面密封,安装时外圈紧贴两密封面,内圈厚度 h_2 与外圈厚度 h_1 之差为橡胶的压缩量。它的特点是安装方便、密封可靠,因此应用非常广泛。

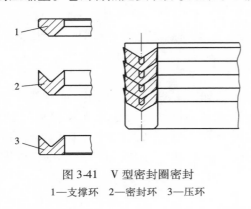

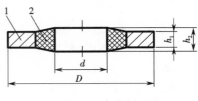

图 3-41　V 型密封圈密封
1—支撑环　2—密封环　3—压环

图 3-42　组合密封垫圈
1—Q235 钢圈　2—耐油橡胶

6. 热交换器

油箱中油液的温度一般推荐为 30 ~ 50 ℃,最高不超过 65 ℃,最低不低于 15 ℃。对于高压系统,为了避免漏油,油温不应超过 50 ℃。因此,在液压系统中,用热交换器来调节控制油液温度。热交换器包括冷却器和加热器。

1)冷却器

液压系统工作时,各种能量的损失全部转换为热能,产生热量,使系统温度升高,当通过系统自然冷却方式不能保证油液温度低于允许的最高油温,应采取强制冷却的方法,即通过冷却器散发热量,降低油温。常用的有水冷式和风冷式。其中,水冷式的效果好、成本高;风冷式的效果差、成本低。

Ⅰ. 风冷式冷却器

风冷式冷却器采用自然通风冷却,如图 3-43 所示。

图 3-43　风冷式冷却器

Ⅱ. 水冷式冷却器

水冷式冷却器的主要形式有多管式和蛇形冷却管式。

蛇形冷却管冷却的方法如图 3-44 所示。这种冷却器直接接在油箱内,冷却水从蛇形冷却管内部通过,带走油液中的热量。这种冷却器结构简单,但冷却效率低、耗水量大。

多管式冷却器如图 3-45 所示。工作时,需冷却的油液从外体左端的进油口流入,从右端出油口排出,挡板2使油液循环路线加长,以利于和水管进行热量交换;水从右端盖的进水口流入,经上部水管流到左端后,再经下部水管从右端盖出水口流出,由水将油液热量带出。

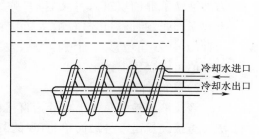

图3-44　蛇形冷却管冷却

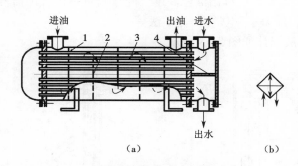

（a）　　　　　　　　　　（b）

图3-45　多管式冷却器
（a)结构图　（b)图形符号
1—外壳　2—挡板　3—钢管　4—隔板

冷却器一般安装在回油管路或低压管路上。

2)加热器

油箱的油温过低时($t<10$ ℃),油液黏度较大,不利于液压泵的吸油和启动,因而需要加热将油液温度提高到15 ℃以上。在液压系统中,油液加热一般采用结构简单、能按需自动调节温度的电加热器。电加热器及其在油箱中的安装位置如图3-46所示,电加热器2用法兰固定在油箱1的壁上,发热部分全浸在油液的流动处,便于热量交换。电加热器表面功率密度不得超过3 W/cm^2,以免油液局部温度过高而

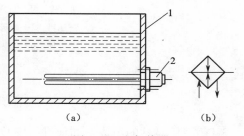

（a）　　　　（b）

图3-46　电加热器
（a)安装图　（b)图形符号
1—油箱　2—电加热器

变质。为此,应设置联锁保护装置,在没有足够的油液经过加热循环时,或者在加热元件没有被系统油液完全包围时,阻止加热器工作。

7. 测量仪器

1)压力计

观察液压系统中各工作点(如液压泵出口、减压阀后等)的油液压力,以便操作人员把

系统的压力调整到要求的工作压力。

常用的一种压力计(俗称压力表)如图 3-47 所示,其由测压弹簧管 1、齿扇杠杆放大机构 2,基座 3 和指针 4 等组成。压力油液从下部油口进入弹簧管后,弹簧管在油液压力的作用下变形伸张,通过齿扇杠杆放大机构将变形量放大并转换成指针的偏转(角位移),油液压力越大,指针偏转角度越大,压力数值可由表盘上读出。

2)液位液温传感器

液位液温检测总体上可分为直接检测和间接检测两种方法。直接测量是一种最简单、直观的测量方法,它是利用连通器的原理,将容器中的液体引入带有标尺的观察管中,通过标尺读出液位高度。间接测量是将液位信号转化为其他相关信号进行测量,如压力法、浮力法、电学法、热学法等。

YWZ 系列的液位液温计如图 3-48 所示。

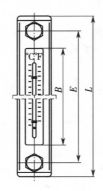

图 3-47　压力计
1—弹簧管　2—放大机构
3—基座　4—指针

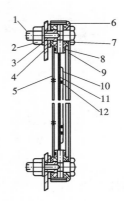

图 3-48　YWZ 系列液位液温计
1—螺钉　2—螺母　3—垫圈　4—密封垫片
5—标体　6—标头　7,8—O 型圈　9—外壳
10—温度计　11—标牌　12—扎丝

思考与练习

3-1　液压泵站的组成?如何进行安装调试?

3-2　液压泵的工作原理是什么?

3-3　什么是齿轮泵的"困油现象"?卸荷槽的作用是什么?

3-4　齿轮泵的密封工作区是指哪一部分?

3-5　齿轮泵径向力不平衡主要原因,如何消除?

3-6　齿轮泵泄漏的位置有哪些,如何消除?

3-7　叙述单作用叶片泵和双作用叶片泵的主要区别。

3-8　双作用叶片泵的定子内表面是由哪几段曲线组成的?

3-9　变量叶片泵有几种形式?

3-10　柱塞泵为什么采用"滑履"结构？

3-11　轴向柱塞泵的变量形式有几种？

3-12　调节变量机构工作原理？

3-13　液压辅助元件主要包括哪些？

3-14　简述液压辅助元件在液压系统中的作用。

3-15　常用过滤器有哪几种类型？各适用于什么场合？一般安装在什么位置？

3-16　选择滤油器时应考虑哪些问题？

3-17　蓄能器有哪些用途？蓄能器的类型有哪些？各有什么特点？选用时应考虑哪些因素？一般应安装在什么位置？

3-18　常用的密封装置有哪几种类型？各适用于什么场合？

3-19　常用管件有哪几种？各有什么特点？分别用在什么场合？

3-20　常用管接头有哪几种类型？说明其结构特点和使用场合。

3-21　油箱的功用是什么？对油箱进行结构设计时,应注意哪些问题？

3-22　热交换器的功用是什么？什么情况下需要使用热交换器？

3-23　什么是压力表的精度等级？如何选用压力表？

3-24　常用的密封圈有哪几种类型？说明其结构特点和使用场合。

相关专业英语词汇

（1）液压泵——hydraulic pump

（2）工作压力——working pressure

（3）进口压力——inlet pressure

（4）出口压力——outlet pressure

（5）齿轮泵——gear pump

（6）叶片泵——vane pump

（7）变量泵——variable displacement pump

（8）柱塞泵——piston pump

（9）轴向柱塞泵——axial piston pump

（10）液压马达——hydraulic motor

（11）变量机构——variable mechanism

（12）气囊式蓄能器——bladder accumulator

（13）组合垫圈——boded washer

（14）管卡——clamper

（15）复合密封件——composite seal

（16）冷却器——cooler

（17）过滤器——filter

（18）有效过滤面积——effective filtration area

（19）弹性密封件——elastomer seal

（20）弯头——elbow

（21）过滤器压降——filter pressure drop

（22）接头——fitting，connection

（23）软管——flexible hose

（24）热交换器——heat exchanger

（25）加热器——heater

（26）液位计——liquid level measuring instrument

（27）公称过滤精度——nominal filtration rating

（28）公称压力——nominal pressure

（29）快换接头——quick release coupling

（30）快进工步——rapid advance phase

（31）快退工步——rapid return phase

（32）压力控制回路——pressure control circuit

（33）油箱容量——reservoir fluid capacity

（34）闭式油箱——sealed reservoir

（35）固体颗粒污染——solid contamination

（36）焊接式接头——welded fitting

（37）防尘圈密封——wiper seal，scraper

项目4 液压缸和液压马达的拆装与选用

【教学要求】

(1)掌握液压缸的类型、作用和工作原理。

(2)熟悉液压缸的结构和特点。

(3)了解液压缸的设计和选用。

(4)了解液压马达的工作原理,液压马达与液压泵的区别与应用。

(5)能正确使用拆装工具。

(6)能够规范、正确拆装液压缸和液压马达。

【重点与难点】

(1)双杆活塞缸的工作原理及其速度、推力的计算。

(2)单杆活塞缸的工作特点及其速度、推力的计算。

(3)差动液压缸的工作原理及其计算。

(4)液压缸的拆装步骤。

【问题引领】

液压缸和液压马达的作用分别是什么? 这里可以做一个比喻,液压缸和液压马达如同人体的四肢一样,是液压系统中带动外负载实际工作的执行元件,只不过液压缸驱动的是直线运动负载,而液压马达驱动的是回转运动负载。

4.1 做中学

任务1 液压缸拆装与选用

本任务的要求是按规范拆装液压缸,弄清液压缸的结构和工作原理,学会液压缸的拆装方法。

🔋任务导入

◇液压缸属于液压系统的哪一部分,它在液压系统中的作用是什么?

◇液压缸由哪几部分组成? 各部分的作用是什么?

◇如何拆装液压缸? 在拆装过程中需要注意哪些问题?

📚任务实施

1. 液压缸的拆卸步骤

单活塞杆液压缸的外观如图 4-1 所示,其结构如图 4-2 所示,它主要包括缸筒组件、活

图 4-1　单活塞杆液压缸外观图

塞杆组件、密封装置、缓冲装置、排气装置等部分。液压缸的正确拆装是液压缸故障诊断与维修的基础。

下面以单活塞杆液压缸的拆装为例说明液压缸的拆装步骤和方法。

（1）准备好内六角扳手一套、耐油橡胶板一块、油盘一个、钳工工具一套。

（2）拆卸液压缸前,首先要了解需要拆卸的液压缸,先观察液压缸的外部结构,特别是观察油口的位置及安装尺寸,为以后组装做准备。

（3）先将缸右侧的连接螺钉拆下（缸盖 14 与右法兰 10 分离）,将活塞杆和活塞整体从缸筒 7 中轻轻拉出,再从缸盖 14 中向左拉出活塞杆,使缸盖 14、压盖 12 均成为单体。

（4）从缸盖 14 中取出导向套 12,再取 Y 型密封圈 15 和防尘圈 16。

（5）在缸头 18 中拆卸下缓冲节流阀 11 和 O 型密封圈 9。

（6）取出左侧直销,旋出缓冲套 24,将活塞 21 与活塞杆 8 脱离,按顺序卸下密封圈 4 和导向环 5、缓冲套 6、O 型密封圈 23 以便检修活塞和活塞杆。

（7）松动并卸出左侧螺钉,使缸底 1 与缸筒 7 分离,缸底与缸筒成为单体,从缸底中卸下单向阀 2,擦洗单向阀,保证排液装置通畅。

（8）将以上配件进行擦洗整理,修理,分类堆放,便于今后安装。

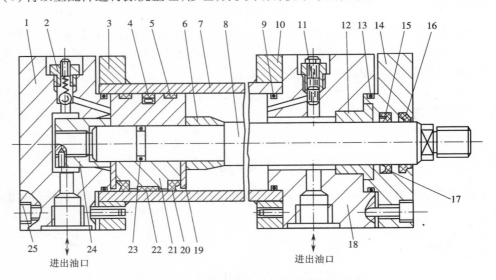

图 4-2　单活塞杆液压缸结构图

1—缸底　2—单向阀　3—左法兰　4—密封圈　5—导向环　6,24—缓冲套　7—缸筒
8—活塞杆　9,13,23—O 型密封圈　10—右法兰　11—缓冲节流阀　12—导向套(压盖)
4—缸盖　15,17,20—Y 型密封圈　16—防尘圈　18—缸头　19—挡圈　21—活塞　22—V 型密封圈　25—螺钉

2. 观察液压缸的结构并分析各部分结构的作用

（1）观察所拆卸液压缸的类型和安装形式。

（2）观察活塞与活塞杆、活塞杆头部的连接形式。

（3）观察缸盖与缸体的连接形式。

（4）观察液压缸中活塞与缸体、端盖与缸体、活塞杆与端盖间采用的密封形式以及安装密封圈沟槽的结构形式。

（5）液压缸各组成部分的功用。

（6）观察液压缸各种零件的材料及结构特点。

（7）观察缸孔内表面、活塞、活塞杆的各种加工精度。

3. 液压缸的装配

所有拆卸件经过煤油清洗后，将损坏件和易损件（密封环等）更换后，按与拆卸时的反向顺序进行装配。

4. 拆装注意事项

（1）拆卸液压缸（油缸）时应防止损伤活塞杆顶端螺纹、油口螺纹、活塞杆表面和缸套内壁等。为了防止活塞杆等细长件弯曲或变形，放置时应用垫木支撑均衡。

（2）拆卸液压缸时要按顺序进行。由于各种液压缸结构和大小不尽相同，拆卸顺序也稍有不同。一般应放掉液压缸两腔的油液，然后拆卸液压缸缸盖，最后拆卸活塞与活塞杆。在拆卸液压缸的缸盖时，对于内卡键式连接的卡键或卡环要使用专用工具，禁止使用扁铲；对于法兰式端盖必须用螺钉顶出，不允许锤击或硬撬。在活塞和活塞杆难以抽出时，不可强行打出，应先查明原因再进行拆卸。

（3）拆卸前后要设法创造条件防止液压缸的零件被周围的灰尘和杂质污染。例如，拆卸液压缸时应尽量在干净的环境下进行；拆卸液压缸后所有零件要用塑料布盖好，不要用棉布或其他工作用布覆盖液压缸零部件。

（4）液压缸拆卸后要认真检查，以确定哪些零件可以继续使用，哪些零件可以修理后再用，哪些零件必须更换。

（5）装配液压缸前必须对各零件用煤油仔细清洗。

（6）要正确安装液压缸各处的密封装置。

①安装 O 型密封圈时，不要将其拉到永久变形的程度，也不要边滚动边套装，否则可能因形成扭曲状而漏油。

②安装 Y 型密封圈和 V 型密封圈时，要注意其安装方向，避免因装反而漏油。对 Y 型密封圈而言，其唇边应对着有压力的油腔；此外，Y 型密封圈还要注意区分是轴用还是孔用，不要装错。V 型密封圈由形状不同的支撑环、密封环和压环组成，当压环压紧密封环时，支撑环可使密封环产生为形而起密封作用，安装时应将密封环的开口面向压力油腔；调整压环时，应以不漏油为限，不可压得过紧，以防密封阻力过大。

③密封装置如与滑动表面配合，装配时应涂以适量的液压油。

④拆卸后的 O 型密封圈和防尘圈应全部换新。

（7）安装好后活塞应可以绕活塞杆旋转，不能把活塞固定在活塞杆上。

任务2 液压马达拆装与选用

任务引入

◇液压马达属于液压系统的哪一部分,它在液压系统中的作用是什么?

◇液压马达与液压泵在结构、作用与功能上有什么异同?

◇如何拆装液压马达?在拆装过程中需要注意哪些问题?

任务实施

1. 液压马达的拆卸步骤

齿轮式液压马达的外观和立体分解如图4-3所示,下面以这种液压马达为例说明液压马达的拆装步骤和方法。

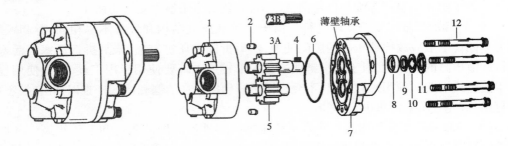

图4-3 齿轮式液压马达的外观和立体分解图

1—壳体 2—定位销 3—输出齿轮轴 4—键 5—从动齿轮轴 6—密封圈

7—后壳体 8—轴封 9,10—垫 11—卡簧 12—螺钉

(1)准备好内六角扳手一套、耐油橡胶板一块、油盘一个、钳工工具一套。

(2)卸下四个螺钉12。

(3)卸下壳体1。

(4)卸下键4,卡簧11,垫10、9,轴封8。

(5)卸下定位销2。

(6)卸下输出齿轮轴3、从动齿轮轴5。

(7)观察主要零件的作用和结构。

(8)按拆卸的反向顺序装配液压马达。装配前清洗各零部件,将轴与泵盖之间、齿轮与泵体之间的配合表面涂润滑液,并注意各处密封的装配。

2. 液压马达的结构分析

观察齿轮式液压马达的内部结构,分析马达的工作原理及各部分结构的作用,思考以下几个问题:

(1)液压马达的主要结构组成及相互连接关系;

(2)齿轮式液压马达各组成部分的功用;

(3)配流装置的结构和进出油流路线;

(4)分析齿轮马达的工作特点。

3. 液压马达的装配

按拆卸的反向顺序装配液压马达。装配前清洗各零部件,将轴与泵盖之间、齿轮与泵体之间的配合表面涂润滑油,并注意各处密封的装配。

4.2 理论知识

知识点1 液压缸的分类与结构特点

液压缸又称油缸,是靠液体的压力能来实现直线往复运动的一种执行元件,它是连接液压回路与工作机械的中间环节。其结构简单,易制造,应用范围非常广泛。液压缸的输入量为压力 p 和流量 q,输出量为力 F 和速度 v。

1. 液压缸的分类

液压缸的种类很多,按不同的分类方法可以分成不同的种类。

(1)按液压缸结构的不同,液压缸可分为活塞缸、柱塞缸、摆动缸、伸缩缸;活塞缸根据其使用要求不同又分为单杆活塞缸和双杆活塞缸。

(2)按液压缸作用方式的不同,液压缸可分为单作用液压缸和双作用液压缸。单作用液压缸是指液压缸其中一个方向的运动靠油压实现,返回时靠自身质量或外力实现(例如弹簧力),如起重台、叉车或者电梯大部分都是采用单作用液压缸。这种液压缸的两个腔只有一腔有油液,另一腔则与空气相通。双作用液压缸两个方向的运动均靠油压来实现,这种液压缸的两个腔都有油液。双作用液压缸被广泛应用在各个领域。

(3)按液压缸安装方式的不同,液压缸可分为缸固定和杆固定两种形式。

(4)按液压缸的特殊用途,液压缸可分为串联缸、增压缸、增速缸等。

液压缸的分类、特点及图形符号见表4-1。

表4-1 液压缸的分类、特点及图形符号

	名称	图形符号	特点
单作用液压缸	活塞缸		活塞只单向受力而运动,反向运动依靠活塞自重或其他外力
	柱塞缸		柱塞只单向受力而运动,反向运动依靠柱塞自重或其他外力
	伸缩式套筒缸		有多个互相联动的活塞,可依次伸缩,行程较大,由外力使活塞返回

名称		图形符号	特点
双作用液压缸	单活塞杆 普通缸		活塞双向受液压力而运动,在行程终了时不减速,双向受力及速度不同
	不可调缓冲缸		活塞在行程终了时减速制动,减速值不变
	可调缓冲缸		活塞在行程终了时减速制动,并且减速值可调
	差动缸		活塞两端面积差较大,使活塞往复运动的推力和速度相差较大
	双活塞杆 等行程等速缸		活塞左右移动速度、行程及推力均相等
	双向缸		利用对油口进、排油次序的控制,可使两个活塞做多种配合动作的运动
	伸缩式套筒缸		有多个互相联动的活塞,可依次伸出获得较大行程
组合缸	弹簧复位缸		单向液压驱动,由弹簧力复位
	增压缸		由 A 腔进油驱动,使 B 腔输出高压油源
	串联缸		用于缸的直径受限制,长度不受限制处,能获得较大推力
	齿条传动缸		活塞的往复运动转换成齿轮的往复回转运动
	气－液转换器		气压力转换成大体相等的液压力

2. 液压缸的工作特点

1)双作用双活塞杆液压缸

双作用双活塞杆液压缸的工作原理如图 4-4 所示,活塞两端都有直径相等的活塞杆伸出。由于双活塞杆液压缸两端的活塞杆直径相等,因此它左、右两腔的有效面积也相等,当分别向左、右腔输入相同压力和相同流量的油液时,液压缸左、右两个方向的推力 F 和速度 v 相等。

当活塞的直径为 D,活塞杆的直径为 d,液压缸进、出油腔的压力分别为 p_1 和 p_2,输入流量为 q 时,双活塞杆液压缸的推力 F 和速度 v 分别为

$$F = (p_1 - p_2)A = (p_1 - p_2) \cdot \frac{\pi(D^2 - d^2)}{4} \tag{4-1}$$

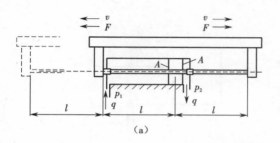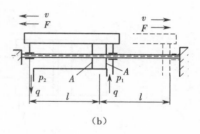

图 4-4　双作用双活塞杆液压缸

(a)缸固定　(b)杆固定

$$v = \frac{q}{A} = \frac{q}{\pi(D^2 - d^2)/4} = \frac{4q}{\pi(D^2 - d^2)} \tag{4-2}$$

式中:A——活塞的有效工作面积。

由此可见,双作用双活塞杆液压缸在输入相同的压力和流量时,活塞伸出和缩回的推力和速度相等,具有等速度等推力特性。

缸固定式的双活塞杆液压缸如图 4-4 所示,它的进、出口布置在缸筒两端,活塞通过活塞杆带动工作台移动,其工作台的运动范围约等于液压缸有效行程 l 的 3 倍,占地面积较大,一般适用于小型机床,当工作台行程要求较长时,可采用图 4-4(b)所示的活塞杆固定的形式。这种安装形式中,工作台的移动范围约等于液压缸有效行程 l 的 2 倍,占地面积小,常用于中型及大型机床。

双活塞杆液压缸可用于双向负荷基本相等的场合,如磨床液压系统、叉车转向系统(图 4-5)。双活塞杆液压缸在工作时,设计成一个活塞杆是受拉的,而另一个活塞杆不受力,因此这种液压缸的活塞杆可以做得细些。

图 4-5　叉车转向系统

2)双作用单活塞杆液压缸

双作用单活塞杆液压缸的工作原理如图 4-6 所示,只有一端有活塞杆伸出,两腔有效工作面积不等,当输入相同的流量时,两个方向上输出的推力和速度不相等。

如图 4-6(a)所示,当左腔进油、右腔回油时,$p_2 = 0$,输出的推力 F_1 和速度 v_1 分别为

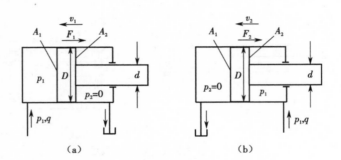

图 4-6　双作用单活塞杆液压缸

(a)左腔进油,右腔回油　　(b)右腔进油,左腔回油

$$F_1 = p_1 A_1 - p_2 A_2 = p_1 \frac{\pi D^2}{4} \tag{4-3}$$

$$v_1 = \frac{q}{A_1} = \frac{4q}{\pi D^2} \tag{4-4}$$

如图 4-6(b)所示,当右腔进油、左腔回油时,$p_2 = 0$,输出的推力 F_2 和速度 v_2 分别为

$$F_2 = p_1 A_2 - p_2 A_1 = p_1 \frac{\pi(D^2 - d^2)}{4} \tag{4-5}$$

$$v_2 = \frac{q}{A_2} = \frac{4q}{\pi(D^2 - d^2)} \tag{4-6}$$

由以上分析可见,双作用单活塞杆液压缸在输入相同的压力和流量时,活塞伸出和缩回的推力和速度不相等,不具有等速等推力特性,活塞杆伸出时,推力较大,速度较小,活塞杆缩回时,推力较小,速度较大。

单活塞杆液压缸活塞只有一端带活塞杆,单活塞杆液压缸也有缸体固定和活塞杆固定两种形式,但它们的工作台移动范围都是活塞有效行程的 2 倍。

双作用单活塞杆液压缸应用非常广泛,自卸车的液压系统如图 4-7 所示。

3)差动连接

对于双作用单活塞杆液压缸来说,当其左右两腔同时接通压力油时,称为差动连接,如图 4-8 所示。差动连接时,活塞(或缸体)只能朝一个方向运动,要使其反向运动,油路连接应断开差动连接,如图 4-6(b)所示。

差动连接时,左右两腔的油液压力 p_1 相同,但是由于左腔(无杆腔)的有效面积 A_1 大于右腔(有杆腔)的有效面积 A_2,故活塞向右运动,同时使右腔中排出的油液(流量为 q')也进入左腔,流入左腔的流量为 $q + q'$,从而也加快了活塞移动的速度。实际上活塞在运动时,由于差动连接时两腔间的管路中有压力损失,所以右腔中油液的压力稍大于左腔油液压力,而这个差值一般都较小,可以忽略不计,则差动连接时活塞推力 $F_差$ 和运动速度 $v_差$ 分别为

$$F_差 = p_1(A_1 - A_2) = p_1 \frac{\pi d^2}{4} \tag{4-7}$$

$$v_差 = \frac{q}{A_1 - A_2} = \frac{4q}{\pi d^2} \tag{4-8}$$

反向运动时,速度和推力为 v_2 和 F_2。如要求往返速度相等时,即 $v_差 = v_2$,$\dfrac{4q}{\pi(D^2 - d^2)} =$

图 4-7 自卸车的液压系统

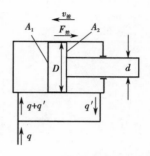

图 4-8 差动连接

$\dfrac{4q}{\pi d^2}$，化简后得 $D^2 = 2d^2$，即要保证差动连接时的速度和活塞返回时的速度相等，只要使活塞和活塞杆的直径满足关系 $D = \sqrt{2}\,d$ 即可。

4）柱塞缸

柱塞缸工作原理如图 4-9 所示。图 4-9(a)只能实现一个方向的液压传动，反向运动要靠外力。例如液压升降机中就用到柱塞缸，如图 4-10 所示。若需要实现双向运动，则必须成对使用，如图 4-9(b)所示。例如液压机、注塑机动梁回程缸就用到双柱塞缸。柱塞缸的柱塞和缸筒不接触，运动时由缸盖上的导向套来导向，因此缸筒的内壁不需精加工，它特别适用于行程较长的场合。

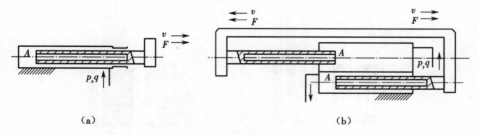

（a）　　　　　　　　　　　　　　（b）

图 4-9 柱塞缸

（a）单柱塞　（b）双柱塞

柱塞缸输出的推力和速度分别为

$$F = pA = p\,\frac{\pi d^2}{4} \tag{4-9}$$

$$v = \frac{q}{A} = \frac{4q}{\pi d^2} \tag{4-10}$$

式中：d——柱塞的直径。

81

图 4-10　液压升降机

5）其他液压缸

Ⅰ.伸缩液压缸

伸缩液压缸的工作原理如图 4-11 所示，它是由两个或多个活塞缸或柱塞缸套装而成，前一级活塞缸的活塞杆是后一级活塞缸的缸筒。伸出时，可获得很长的工作行程；缩回时，可保持很小的结构尺寸。活塞或柱塞伸出时，活塞从大到小依次伸出，速度 v 逐渐增大，推力 F 不变时，工作腔压力 p 由小到大；活塞或柱塞缩回时，活塞从小到大依次伸出。起重机伸缩臂、液压升降电梯（图 4-12）、火箭发射台等皆有伸缩液压缸的应用。

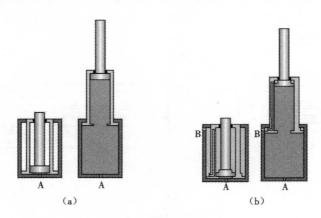

图 4-11　伸缩液压缸

（a）单作用伸缩缸　（b）双作用伸缩缸

A,B—进出油口

图 4-12　液压升降电梯

Ⅱ. 增压缸

增压缸又称增压器,利用输入端和输出端有效面积的不同使液压系统中的局部区域获得高压。增压缸有单作用式和双作用式两种,如图 4-13 和图 4-14 所示。

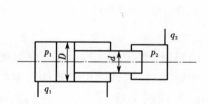

图 4-13　单作用增压缸

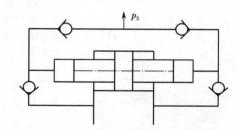

图 4-14　双作用增压缸

单作用增压缸(图 4-13)由一大缸和一小缸组成,大小活塞由一活塞杆连接,同一个活塞杆上的两个活塞直径是不同的,当低压油 p_1 进入左端大腔时,活塞向右运动,其小腔输出高压油 p_2。

增压原理为

$$F_{左} = F_{右}, \quad p_1 A_1 = p_2 A_2, \quad p_1 \frac{\pi D^2}{4} = p_2 \frac{\pi d^2}{4}$$

$$\frac{p_2}{p_1} = \frac{D^2}{d^2} = K \tag{4-11}$$

$$v_{左} = v_{右}, \quad \frac{q_1}{\frac{\pi D^2}{4}} = \frac{q_2}{\frac{\pi d^2}{4}}$$

$$\frac{q_2}{q_1} = \frac{d^2}{D^2} = \frac{1}{K} \tag{式 4-12}$$

式中:K——增压比,表示增压能力。

显然增压能力是在降低有效流量的基础上得到的,也就是说增压缸仅仅是增大输出的压力,并不能增大输出的能量。输出高压是以输出小的流量为代价的。

单作用增压缸只有在活塞右行时才能输出高压液体,不能连续输出高压,为了克服这一缺点,可采用双作用增压缸(图4-14),由两个高压端连续向系统供油。

增压缸可以在不提高泵压的前提下得到高压,但不能直接驱动工作机构,只能向执行元件提供高压,常与低压大流量泵配合使用。

Ⅲ.齿轮齿条液压缸

齿轮齿条液压缸又称无杆液压缸,是由两个柱塞缸和一套齿轮、齿条传动装置组成的,如图4-15所示。柱塞的移动经齿轮、齿条传动装置变成齿轮的转动,用于实现工作部件的往复摆动或间歇进给运动,可用于机床的进刀机构、回转工作台转位、液压机械手等。

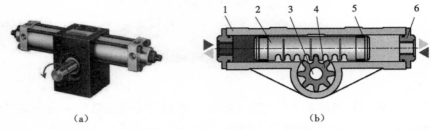

图4-15 齿轮齿条液压缸
(a)外观图 (b)工作原理图
1—缸体 2—活塞(齿条) 3—传动轴 4—齿轮 5—密封圈 6—缸盖

Ⅳ.摆动液压缸

图4-16 摆动液压缸外观图

摆动液压缸也称摆动马达,摆动液压缸的外观如图4-16所示:当它通入压力油时,它的主轴输出转矩和往复摆动角度小于360°的摆动运动,如图4-17所示。常用的摆动式液压缸有单叶片式(图4-17(a))和双叶片式(图4-17(b))两种。单叶片式摆动缸摆动角度较大,可达300°;双叶片式摆动缸摆动角度较小,可达150°,它的角速度为单叶片式的一半,输出转矩是单叶片式的两倍。摆动缸一般只用于中、低压的工作场合,如送料、夹紧和工作台回转等辅助装置。

3.液压缸的典型结构

一个较常用的双作用单活塞杆液压缸的结构如图4-18所示,它是由缸底1、缸筒11、端盖15、导向套13、活塞8和活塞杆12组成。缸筒一端与缸底焊接,另一端端盖15与导向套13及缸筒11用锁紧螺钉18固定,以便拆装检修,两端设有油口A和B。活塞8与活塞杆12利用卡环5、挡环4和弹簧挡圈3连在一起。活塞8与缸筒11的密封采用的是一对Y型聚氨酯密封圈6,由于活塞与缸孔有一定间隙,采用由尼龙1010制成的耐磨环(又叫支撑环)9定心导向。活塞杆12和活塞8的内孔由活塞和活塞杆间的密封圈10密封。较长的导向套13则可保证活塞杆不偏离中心,导向套外径由导向套和缸筒之间的O型密封圈14密封,而其内孔则由导向套和活塞杆之间的Y型密封圈16和防尘圈19分别防止油外漏和灰尘带入缸内。缸与耳环21上的销孔与外界连接,销孔内有尼龙耳环衬套圈22抗磨。

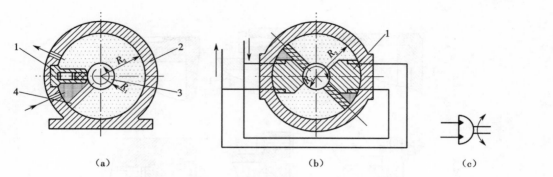

图 4-17 摆动液压缸

(a)单叶片式摆动缸 (b)双叶片式摆动缸 (c)图形符号

1—限位挡块 2—缸体 3—传动轴 4—叶片

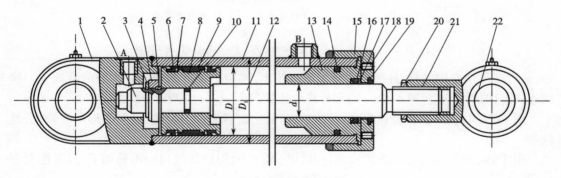

图 4-18 双作用单活塞杆液压缸结构图

1—缸底 2—缓冲柱塞 3—弹簧挡圈 4—挡环 5—卡环(由两个半圆组成) 6—密封圈
7—挡圈 8—活塞 9—支撑环 10—活塞与活塞杆间的密封圈 11—缸筒 12—活塞杆 13—导向套
14—导向套和缸筒之间的 O 型密封圈 15—端盖 16—导向套和活塞杆之间的 Y 型密封圈 17—挡圈
18—锁紧螺钉 19—防尘圈 20—锁紧螺母 21—耳环 22—尼龙耳环衬套圈 A,B—进出油口

4. 液压缸的组成

从上面所述的液压缸典型结构中可以看到,液压缸一般由缸体组件(缸筒和缸盖)、活塞和活塞杆组件、密封装置、缓冲装置和排气装置 5 部分组成。

1)缸体组件

一般来说,缸筒和缸盖的结构形式与液压缸工作压力及所使用的材料有关。

(1)当工作压力小于 10 MPa 时,使用铸铁材料。

(2)当工作压力小于 20 MPa 时,使用无缝钢管。

(3)当工作压力大于 20 MPa 时,使用铸钢或锻钢材料。

缸筒和缸盖的常见结构形式及它们的连接形式如图 4-19 所示。

图 4-19(a)所示为法兰连接式,结构简单,容易加工,也容易装拆,但外形尺寸和质量都较大,常用于铸铁制的缸筒上。

图 4-19(b)所示为半环连接式,它的缸筒壁部因开了环形槽而削弱了强度,为此有时要加厚缸壁,容易加工和装拆,质量较轻,常用于无缝钢管或锻钢制的缸筒上。

图 4-19(c)、(f)所示为螺纹连接式,缸筒端部结构复杂,外径加工时要求保证内外径同

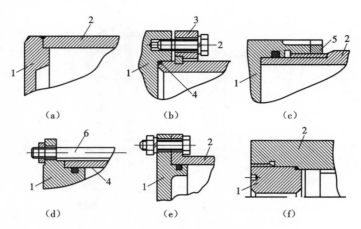

图4-19　缸筒和缸盖结构
（a）法兰连接式　（b）半环连接式　（c），（f）螺纹连接式
（d）拉杆连接式　（e）焊接连接式
1—缸盖　2—缸筒　3—压板　4—半环　5—防松螺帽　6—拉杆

心,装拆要使用专用工具,外形尺寸和质量都较小,常用于无缝钢管或铸钢制的缸筒上。螺纹连接有内螺纹连接(图4-19(c))和外螺纹连接(图4-19(f))两种方式。

图4-19(d)所示为拉杆连接式,结构的通用性大,容易加工和装拆,但外形尺寸较大,且较重。

图4-19(e)所示为焊接连接式,结构简单,尺寸小,但缸底处内径不易加工,且可能引起变形。

2)活塞和活塞杆组件

活塞和活塞杆的结构形式有整体式、螺纹连接式、半环连接式和销连接式等多种形式。短行程的液压缸可以把活塞杆与活塞做成一体,这是最简单的形式。但当行程较长时,这种整体式活塞组件的加工较费事,所以常把活塞与活塞杆分开制造,然后再连接成一体。几种常见的活塞与活塞杆的连接形式如图4-20所示。

图4-20(a)为螺纹连接式,此结构简单,拆装方便可靠,适用于负载较小、受力无冲击的液压缸中,但在活塞杆上车螺纹将削弱其强度。

图4-20(b)和图4-20(c)为半环连接式。图4-20(b)中活塞杆1上开有一个环形槽,槽内装有两个半环6以夹紧活塞2,半环6由压环5套住,而压环5的轴向位置用弹簧卡圈4来固定。图4-20(c)中的活塞杆1使用了两个半环6,它们分别由两个密封圈座7套住,活塞2安放在密封圈座的中间。此结构较复杂,拆装不便,但工作可靠。

图4-20(d)为径向销连接式,用锥销8把活塞2固连在活塞杆1上,此连接方法结构简单,多用于双活塞杆缸。

3)密封装置

由于液压缸在工作时,进油腔和回油腔之间、液压缸内部与外部之间存在一定的压力差,将会造成液压缸发生内、外泄漏。液压缸高压腔中的油液向低压腔泄漏称为内泄漏,缸内油液向外部泄漏称为外泄漏。内外泄漏的存在会使液压缸容积效率降低,影响液压缸的工作性能,严重时系统压力上不去,甚至无法工作。另外,外泄漏会污染工作环境。为了防

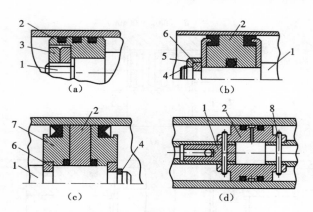

图 4-20   常见的活塞与活塞杆的连接方式
a)螺纹连接式   (b)单半环连接式   (c)双半环连接式   (d)销连接式
1—活塞杆   2—活塞   3—螺母   4—弹簧卡圈   5—压环
6—半环   7—密封圈座   8—锥销

止泄漏,液压缸须在必要的地方进行密封,液压缸需密封的部位有活塞、活塞杆和端盖处。

密封分为动密封和静密封两大类。设计和选用密封装置的基本要求是:密封装置应具有良好的密封性能,并随压力的增加能自动提高;动密封处运动阻力要小;密封装置要耐油抗腐蚀、耐磨、寿命长、制造简单、拆装方便。常见的密封方法有以下几种。

Ⅰ.间隙密封

间隙密封如图 4-21(a)所示,它是靠运动间的微小间隙 $\delta(0.02 \sim 0.05 \text{ mm})$,来防止泄漏。为提高密封效果,可在活塞上开几条尺寸为 0.5 mm × 0.5 mm 的环形槽,槽间距为 3 ~ 4 mm,其作用为

①提高间隙密封效果,当油液自高压腔向低压腔泄漏时,由于油路截面突变,在小槽中形成旋涡而产生阻力,使泄漏量减少;

②阻止活塞轴线的偏移,有利于保持配合间隙,保证润滑效果,减少活塞与缸壁的磨损,增加间隙密封性能。

这种润滑方法结构简单,摩擦阻力小,耐高温,但泄漏量大,且使用时间越长,泄漏量越大,加工要求高,磨损后无法自动补偿,只有在尺寸较小、压力较低、相对运动速度较高的缸筒和活塞间使用。

Ⅱ.活塞环密封

活塞环密封如图 4-21(b)所示,它是依靠套在活塞上的金属环(尼龙或其他高分子材料制成),在 O 型密封圈弹力作用下贴紧缸壁而防止泄漏。活塞环密封效果较好,摩擦阻力较小且稳定,可耐高温,磨损后有自动补偿能力,但加工要求高,装拆较不便,适用于缸筒和活塞之间的密封。

Ⅲ.密封圈密封

密封圈采用橡胶、尼龙或其他高分子材料制成,密封圈密封是目前使用最为广泛的一种密封形式。图 4-21(c)、(d)、(e)分别表示了用 O 型、V 型和 Y 型橡胶密封圈在活塞杆和端盖密封处的应用,利用橡胶或塑料的弹性使各种截面的环形圈贴紧在静、动配合面之间来防止泄漏。这种密封结构简单,制造方便,磨损后有自动补偿能力,性能可靠,在缸筒和活塞之

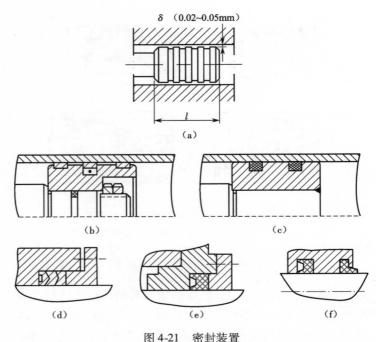

图 4-21　密封装置

(a)间隙密封　(b)活塞环密封　(c)O 型密封圈密封

(d)V 型密封圈密封　(e)Y 型密封圈密封　(f)Y 型密封圈和防尘圈密封

间、缸盖和活塞杆之间、活塞和活塞杆之间、缸筒和缸盖之间都能使用。图 4-21(f)表示了采用 Y 型密封圈和防尘圈在活塞杆和端盖处密封的应用,活塞杆与端盖密封处设置防尘圈时,防尘圈的唇边应朝向活塞杆外伸的一侧。

4)缓冲装置

液压缸一般都设置缓冲装置,特别是对大型、高速或要求高的液压缸,为了防止活塞在行程终点时和缸盖相互撞击,引起噪声、冲击,则必须设置缓冲装置。

缓冲装置的工作原理是利用活塞或缸筒在其走向行程终端时封住活塞和缸盖之间的部分油液,强迫它从小孔或细缝中挤出,以产生很大的阻力,使工作部件受到制动,逐渐减慢运动速度,达到避免活塞和缸盖相互撞击的目的。

常见缓冲装置的结构有环状间隙式、节流口变化式和节流口可调式。

图 4-22(a)是一种圆柱环状间隙式缓冲装置,当缓冲柱塞进入与其相配的缸盖上的内孔时,孔中的液压油只能通过间隙 δ 排出,使活塞速度降低。由于配合间隙不变,故随着活塞运动速度的降低,起缓冲作用。环状间隙缓冲装置的凸台也可做成圆锥凸台,如图 4-22(b)所示,缓冲效果较好。

图 4-23 所示是一种节流口变化式缓冲装置。在缓冲柱塞上开有三角槽,随着柱塞逐渐进入配合孔中,其节流面积越来越小,解决了在行程最后阶段缓冲作用过弱的问题。

图 4-24 所示是一种节流口面积可调式缓冲装置。当缓冲柱塞进入配合孔之后,油腔中的油只能经缓冲调节针阀 1 排出,由于缓冲调节针阀 1 是可调的,因此缓冲作用也可调节,但仍不能解决速度降低后缓冲作用减弱的缺点。

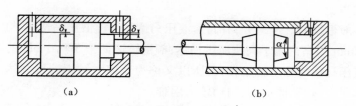

图 4-22　环状间隙式缓冲装置

（a）圆柱环状间隙式缓冲装置　（b）圆锥环状间隙式缓冲装置

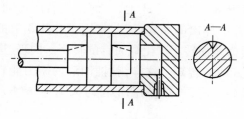

图 4-23　节流口变化式缓冲装置

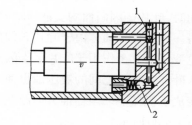

图 4-24　节流口面积可调式缓冲装置

1—缓冲调节针阀　2—单向阀

5）排气装置

液压缸在安装过程中或长时间停放重新工作时，液压缸里和管道系统中会进入空气，为了防止执行元件出现爬行、噪声和发热等不正常现象，需把缸中和系统中的空气排出。对于要求不高的液压缸往往将油口布置在缸筒两端最高处，使空气随油液排往油箱，再从油箱中逸出（图4-25（a））。对于速度稳定性要求较高的液压缸和大型液压缸，必须设置专门的排气塞（图4-25（b）），当需要排气时，松开排气塞螺钉，空气随油液被排出缸外。

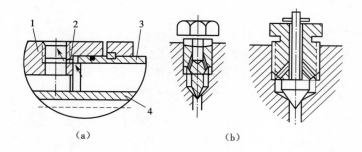

图 4-25　排气装置

（a）排气孔　（b）排气塞

1—缸盖　2—放气小孔　3—缸体　4—活塞杆

知识点 2　液压马达的分类与结构特点

1. 液压马达的分类

液压马达与液压泵一样，按其结构形式分仍有齿轮式、叶片式和柱塞式；按其排量是否可调仍有定量式和变量式。

液压马达一般根据其转速来分,有高速液压马达和低速液压马达两类。一般认为,额定转速高于 500 r/min 的马达属于高速液压马达;额定转速低于 500 r/min 的马达属于低速液压马达。低速液压马达的输出转矩较大,所以又称为低速大转矩液压马达。低速液压马达的主要缺点是体积大、转动惯量大、制动较为困难。

2. 液压马达的工作原理和图形符号

以叶片式液压马达为例,叶片式液压马达一般都是双作用双向定量液压马达。

叶片式液压马达的工作原理如图 4-26(a)所示,当压力油从进油口进入叶片 1 和 3 之间时,叶片 2 因两面均受液压油的作用所以不产生转矩。叶片 1、3 上,一面作用有压力油,另一面为低压油。由于叶片 3 伸出的面积大于叶片 1 伸出的面积,因此作用于叶片 3 上的总液压力大于作用于叶片 1 上的总液压力,于是压力差使转子产生顺时针的转矩。同理,进入叶片 5 和 7 之间的液压油也使转子产生顺时针方向的转矩。这样,就把油液的压力能转变成了机械能。当输油方向改变时,液压马达就反转。液压马达的图形符号如图 4-26(b)、(c)、(d)所示。

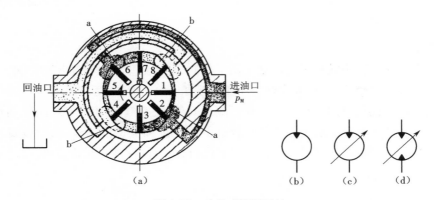

图 4-26　叶片式液压马达
(a)液压马达工作原理图　(b)单向定量马达图形符号
(c)单向变量马达图形符号　(d)双向变量马达图形符号
a—吸油窗口　b—回油窗口

为保证叶片式液压马达正、反转的要求,叶片沿转子径向安放,进、回油口通径一样大,同时叶片根部必须与进油腔相通,使叶片与定子内表面紧密接触,在泵体内装有两个单向阀。

3. 液压马达在结构上与液压泵的差异

(1)液压马达是依靠输入压力油来启动的,密封容腔必须有可靠的密封。

(2)液压马达往往要求能正、反转,因此它的配流机构应该对称,进出油口的大小相等。

(3)液压马达是依靠泵输出压力来进行工作的,不需要具备自吸能力。

(4)液压马达要实现双向转动,高低压油口要能相互变换,故采用外泄式结构。

(5)液压马达应有较大的启动转矩,为使启动转矩尽可能接近工作状态下的转矩,要求马达的转矩脉动小,内部摩擦小,齿数、叶片数、柱塞数比泵多一些。同时,马达轴向间隙补偿装置的压紧力系数也比泵小,以减小摩擦。

虽然液压马达和液压泵的工作原理是可逆的,由于上述原因,同类型的泵和马达一般不能通用。

思考与练习

4-1 试述液压缸的类型和特点?各用于什么场合?

4-2 缸体组件、活塞组件的连接方式有哪几种?各用于什么场合?

4-3 活塞与缸体、活塞杆与端盖之间的密封方式有哪几种?各用于什么场合?

4-4 液压缸的缓冲方式有哪几种?各有何特点?

4-5 液压缸由哪几部分组成?

4-6 单作用液压缸和双作用液压缸各有什么特点?

4-7 如题 4-7 图所示,液压缸直径 $D = 150$ mm,柱塞直径 $d = 100$ mm,缸内充满油液,$F = 50\,000$ N(图(a)、图(b)中分别包括柱塞或缸的自重),不计油液重量。试分别求图(a)、图(b)缸中的油压(用 N/m² 表示)。

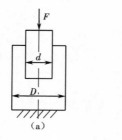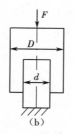

题 4-7 图

4-8 单杆活塞油缸,$D = 90$ mm,$d = 60$ mm,进入油缸的流量 $q = 0.42 \times 10^{-3}$ m³/s,进油压力 $p_1 = 50 \times 10^5$ Pa,背压力 $p_2 = 3 \times 10^5$ Pa,试计算题 4-8 图所示各种情况下油缸运动速度的大小和方向、牵引力的大小和方向以及活塞杆受力情况(受拉或受压)。

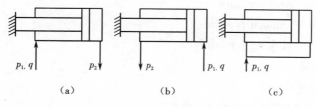

题 4-8 图

4-9 一单杆活塞液压缸,快速趋近时采用差动连接,快退时高压油液输入液压缸的有杆腔,假如此缸往复快动时的速度都是 0.1 m/s,已知输入流量 $q = 0.42 \times 10^{-3}$ m³/s,试确定活塞杆直径。

4-10 题 4-10 图所示为两结构尺寸相同的液压缸,$A_1 = 100$ cm²,$A_2 = 80$ cm²,$p_1 = 0.9$ MPa,$q_1 = 12$ L/min。若不计摩擦损失和泄漏,试问:

(1)两缸负载相同($F_1 = F_2$)时,两缸的负载和速度各为多少?

（2）缸 1 不受负载时，缸 2 能承受多少负载？

（3）缸 2 不受负载时，缸 1 能承受多少负载？

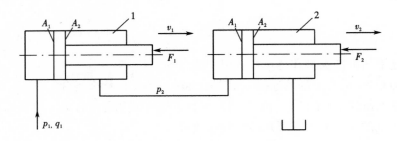

题 4-10 图

相关专业英语词汇

（1）液压缸——hydrocylinder

（2）活塞——piston

（3）活塞杆——piston rod

（4）活塞环——piston ring

（5）输出力——force

（6）流量——flow rate

（7）爬行——creep

（8）摩擦——abrasion

（9）（活塞杆）伸出——retract

（10）（活塞杆）缩回——extension

（11）泄漏——leakage

（12）内泄漏——internal leakage

（13）外泄漏——external leakage

（14）进口压力——inlet pressure

（15）负载压力——induced pressure

（16）工作压力——working pressure

（17）密封——seal

（18）密封圈——seal ring

（19）单作用缸——single acting cylinder

（20）双作用缸——double acting cylinder

（21）差动连接——differential connection

（22）缓冲——cushioning

（23）差动缸——differential cylinder

（24）行程——stroke

（25）外伸行程——extend stroke

（26）法兰接头——flange connection

（27）法兰安装——flange mounting

（28）进口压力——inlet pressure

（29）负载压力——induced pressure

（30）有杆端——rod end

（31）活塞杆密封——rod seal

（32）旋转密封——rotary seal

（33）伸缩缸——telescopic cylinder

项目 5　液压阀组的拆装与元件选用

【教学要求】

(1)了解液压控制阀的类型。
(2)掌握各类液压控制阀的工作原理。
(3)熟悉各种液压控制阀的图形符号及画法。
(4)了解各类液压控制阀的基本功能和用途。
(5)了解阀的卸荷方法。
(6)掌握液压控制阀的正确拆卸、装配机安装连接方法。
(7)掌握常用电磁换向阀、单向阀、溢流阀、减压阀、节流阀故障排除及维修的基本方法。

【重点与难点】

(1)三位换向阀的中位机能。
(2)溢流阀、减压阀、顺序阀的工作原理及应用。
(3)节流阀、调速阀的工作原理及应用。
(4)电液换向阀的工作原理。

【问题引领】

什么是液压阀组？液压阀组是指能够实现一定控制功能的阀类元件的叠加组合,阀与阀之间省去了管道的连接,简化了油路。那么液压阀组作用是什么呢？形象来说,液压阀组相当于人类的中枢神经系统,控制人体去完成某项任务。我们知道,在液压系统中,阀组就是控制执行元件带动负载实现运动,实现方向、压力和速度的控制要求。因此阀组中包含方向控制阀、压力控制阀、流量控制阀。

液压系统中液压元件的配置形式目前多采用集成化配置,将液压阀集成在液压阀块的表面,其组合体称之为液压阀组,液压阀组摒弃了液压管式连接的整体结构复杂凌乱、易泄漏、体积大以及不便于安装等缺点,具有结构紧凑、密封性好、维护方便及便于技术保密等优点。

液压阀组在液压系统中的重要性已被越来越多的人所认识,其应用范围也越来越广泛。液压阀组的使用不仅能简化液压系统的设计和安装,而且便于实现液压系统的集成化和标准化,有利于降低制造成本,提高精度和可靠性。然而,随着液压系统复杂程度的提高,液压阀组的设计、制造和调试的难度越来越大,若设计考虑不周,就会造成制造工艺复杂、加工成本提高、原材料浪费和使用维护麻烦等一系列的问题。

5.1　做中学

液压阀种类多,型号规格千差万别,结构各不相同。因此,在维修拆装过程中的方法自然也不一样。本部分就方向阀、压力阀、流量阀及叠加阀组的安装与设计进行介绍说明。在对液压阀进行拆卸与安装的过程中,需要注意以下几个方面的问题。

1. 拆洗

液压阀拆洗前,必须熟悉元件的结构和工作原理。首先,将元件外表清洗干净,检查元件外表是否受到损坏;元件上的调节螺钉、手轮、锁紧螺母等是否完整无损。板式连接式的阀,其底面应平整,其沟槽不应有飞边、毛刺、棱角,不许有磕碰凹痕。在拆开时,必须将阀固定在工作台上。拆开后,仔细检查各零件的质量,对不符合使用要求的零件予以修复或更换;对不符合要求的密封件应更换。

2. 装配

装配前,应将各零件清洗干净。清洗时,不准用棉丝等松散纤维。装配时各零件表面应涂一层液压油,各配合件应无卡紧现象,应运动自如;紧固螺钉拧紧力矩要均匀,并符合元件厂的规定,切勿用锤子敲打或硬扳。

3. 测试

对拆洗过的液压阀应尽可能进行试验。

(1)方向控制阀应测试其换向状况、压力损失、内外泄漏。

(2)压力控制阀应测试其调压状况、开启和闭合压力、内外泄漏。

(3)流量阀应测其调节状况、外泄漏。

任务 1　方向控制阀的结构认知与拆装

任务引领

◇方向控制阀的作用是什么? 方向控制阀按其作用的不同可分为哪几种?

◇如何规范地拆装方向控制阀?

方向控制阀的作用是利用阀芯对阀体的相对运动,控制液压油路接通、切断或变换油流方向,从而实现液压执行元件及其驱动机构启动、停止或变换运动方向。方向阀分为单向阀和换向阀两类。本任务的要求是按规范拆装单向阀和换向阀,弄清单向阀和换向阀的结构和工作原理,学会单向阀和换向阀的拆装方法。

任务实施

1. 单向阀的拆装

普通单向阀的外观、结构和立体分解分别如图 5-1、图 5-2 和图 5-3 所示。

1)单向阀的拆装步骤

(1)准备好内六角扳手一套、耐油橡胶板一块、油盘一个及钳工工具一套等器具。

(2)用卡环钳卸下卡环 5。

(3)依次取下密封垫 4、弹簧 3、阀芯 2。

95

图 5-1　普通单向阀外观图

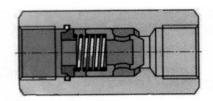

图 5-2　普通单向阀结构图

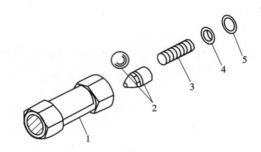

图 5-3　普通单向阀立体分解图

1—阀体　2—阀芯　3—弹簧　4—密封垫　5—卡环

2）观察单向阀主要零件的结构和作用

（1）观察阀体的结构和作用。

（2）观察阀芯的结构和作用。

3）单向阀的装配

按拆卸的相反顺序装配，即后拆的零件先装配、先拆的零件后装配。

装配时应注意以下事项。

（1）装配前应认真清洗各零件，并将配合零件表面涂润滑油。

（2）检查各零件的油孔、油路是否畅通、是否有尘屑，若有重新清洗。

（3）将阀外表面擦拭干净，整理工作台。

2．换向阀的拆装

1）换向阀的拆装步骤

三位四通电磁换向阀的外观和内部结构如图 5-4 和图 5-5 所示。下面以这种阀为例说明换向阀的拆装步骤和方法。

（1）准备好内六角扳手一套、耐油橡胶板一块、油盘一个及钳工工具一套等器具。

（2）将换向阀两端的衔铁 4 拆下。

（3）轻轻取出弹簧及阀芯 1 等。如果阀芯有卡滞现象，可用铜棒轻轻敲击出来，禁止猛力敲打，损坏阀芯台肩。

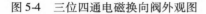

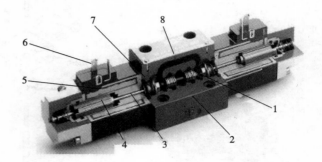

图 5-4　三位四通电磁换向阀外观图

图 5-5　三位四通电磁换向阀内部结构图
1—阀芯　2—阀体　3—推杆　4—衔铁
5—线圈　6—电磁铁接线座　7—控制活塞　8—连接通道

2）观察换向阀主要零件的结构和作用

（1）观察阀芯与阀体内腔的构造，并记录各自台肩与沉割槽数量。

（2）观察阀芯的结构和作用。

（3）观察电磁铁的结构。

（4）判断中位机能的形式。

3）换向阀的装配

按拆卸的相反顺序装配换向阀，最后将换向阀外表面擦拭干净，整理工作台。

任务 2　压力控制阀的结构认知与拆装

任务引入

◇压力控制阀的作用是什么？压力控制阀按其作用的不同可分为哪几种？

◇如何规范地拆装压力控制阀？

◇各类压力控制阀在结构和工作原理上有何区别？

压力控制阀是控制液压传动系统的压力或利用压力的变化来实现某种动作的阀。这类阀的共同点是利用作用在阀芯上的液压力和弹簧力相平衡的原理来工作的。按用途不同，可分溢流阀、减压阀、顺序阀和压力继电器等。本任务的要求是按规范拆装溢流阀、减压阀、顺序阀，弄清溢流阀、减压阀、顺序阀的结构和工作原理，学会溢流阀、顺序阀、减压阀的拆装方法。

任务实施

1. 溢流阀的拆装

先导式溢流阀的外观和立体分解如图 5-6 和图 5-7 所示。下面以先导式溢流阀的拆装为例介绍溢流阀的拆装。

1）溢流阀的拆装步骤

（1）准备好内六角扳手一套、耐油橡胶板一块、油盘一个及钳工工具一套等器具。

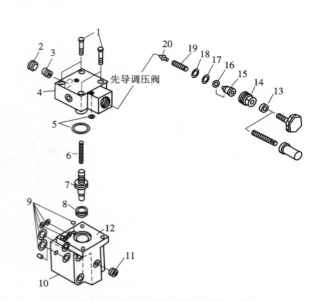

图 5-6　先导式溢流阀外观图　　　　图 5-7　先导式溢流阀立体分解图

1—连接螺钉　2,11—螺堵　3—先导阀阀座　4,9,16,17,18—O 型密封圈
5—密封圈　6—主阀弹簧　7—主阀芯　8—主阀座　10—主阀体
12—先导阀与主阀连接表面　13—锁紧螺母　14—螺套　15—调节杆
19—先导阀调压弹簧　20—先导阀阀芯

（2）松开先导阀体与主阀体 10 的连接螺钉 1，取下先导阀体部分。

（3）从先导阀体部分松开锁紧螺母 13 及调整手轮。

（4）从先导阀体部分取下螺套 14，调节杆 15，O 型密封圈 16、17、18，先导阀调压弹簧 19 及先导阀阀芯 20 等。

（5）卸下螺堵 2，取出先导阀阀座 3。

（6）从阀体 10 中取出密封圈 5、主阀弹簧 6、主阀芯 7、主阀座 8。如果阀芯发卡，可用铜棒轻轻敲击出来，禁止猛力敲打，损坏阀芯台肩。

2）观察溢流阀主要零件的结构和作用

（1）观察先导阀阀体上开的远控口和安装先导阀阀芯用的中心圆孔。

（2）观察先导阀阀芯与主阀芯的结构、主阀芯阻尼孔的大小，比较主阀芯与先导阀芯弹簧的刚度。

（3）观察先导阀调压弹簧和主阀弹簧，调压弹簧的刚度要比主阀弹簧的大。

3）溢流阀的装配

按拆卸的相反顺序装配，即后拆的零件先装配、先拆的零件后装配。

装配时应注意以下事项。

（1）装配前应认真清洗各零件，并将配合零件表面涂润滑油。

（2）检查各零件的油孔、油路是否畅通、是否有尘屑，若有重新清洗。

（3）将调压弹簧在先导阀阀芯的圆柱面上，然后一起推入先导阀阀体内。

（4）主阀芯装入主阀体后，应运动自如。

（5）先导阀阀体与主阀阀体的止口、平面应完全贴合后，才能用螺钉连接，螺钉要分两次拧紧,并按对角线顺序进行。

(6)装配中注意主阀芯的三个圆柱面与先导阀阀体、主阀阀体与主阀阀座孔配合的同心度。

(7)将阀外表面擦拭干净,整理工作台。

任务3 流量控制阀的结构认知与拆装

任务引入

◇流量控制阀的作用是什么?流量控制阀常用的有哪几种?

◇如何规范的拆装流量控制阀?

流量控制阀是通过改变阀口通流面积来调节阀口流量,从而控制执行元件运动速度的液压控制阀。常用的流量阀有节流阀和调速阀两种。本任务的要求是按规范拆装节流阀和调速阀,弄清节流阀和调速阀的结构和工作原理,学会节流阀和调速阀的拆装方法。

任务实施

1.普通节流阀的拆装

普通节流阀的外观和立体分解如图5-8和图5-9所示。下面以这种阀为例说明普通节流阀的拆装步骤和方法。

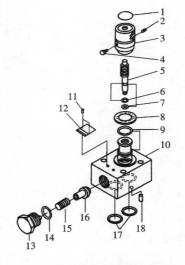

图5-8 普通节流阀外观图

图5-9 普通节流阀立体分解图

1,14,17—O型密封圈 2,4,18—锁紧螺钉 3—刻度手轮
5—节流阀阀芯 6,7,9—密封圈 8—刻度盘
10—阀体 11—铭牌螺钉 12—铭牌 13—螺塞
15—弹簧 16—单向阀阀芯

1)普通节流阀的拆装步骤

(1)准备好内六角扳手一套、耐油橡胶板一块、油盘一个及钳工工具一套等器具。

（2）松开刻度手轮 3 上的锁紧螺钉 2、4,取下刻度手轮 3。

（3）卸下刻度盘 8,取下节流阀阀芯 5 和密封圈 6、7、9。

（4）卸下螺塞 13,取下密封圈 14、弹簧 15、单向阀阀芯 16。

2）观察节流阀主要零件的结构和作用

（1）观察阀芯的结构和作用。

（2）观察阀体的结构和作用。

3）节流阀的装配

按拆卸的相反顺序装配,即后拆的零件先装配、先拆的零件后装配。装配时,如有零件弄脏,应该用煤油清洗干净后方可装配。装配阀芯时,可在其台肩上涂抹液压油,以防止阀芯卡住。装配时严禁遗漏零件。最后,将节流阀外表面擦拭干净,整理工作台。

2. 调速阀的拆装

调速阀的立体分解如图 5-10 所示,下面以这种阀为例说明调速阀的拆装步骤和方法。

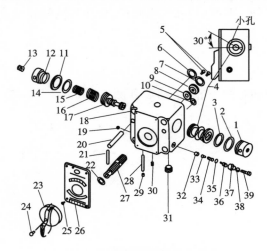

图 5-10　调速阀立体分解图

1,12,30,31—螺堵　2,6,7,10,14,22,35—O 型密封圈　3,11—密封挡圈
4—阀套　5,24,25,39—螺钉　8,9—垫片　13,19,29,38—锁紧螺钉
15—定位块　16,34—弹簧　17—压力补偿阀阀芯　18—阀体　20,21,28—定位销
23—手柄　26—铭牌　27—节流阀阀芯　32—单向阀阀座　33—单向阀阀芯
36—调节杆　37—螺套

1）调速阀的拆装步骤

（1）准备好内六角扳手一套、耐油橡胶板一块、油盘一个及钳工工具一套等器具。

（2）卸下螺堵 1、12,依次从右端取下 O 型密封圈 2、密封挡圈 3、阀套 4;依次从左端取下密封挡圈 11、O 型密封圈 14、定位块 15、弹簧 16、压力补偿阀阀芯 17。

（3）卸下螺钉 24,取下手柄 23。

（4）卸下螺钉 25,取下铭牌 26。

（5）卸下节流阀阀芯 27。

（6）卸下 O 型密封圈 6、7,垫片 8、9,O 型密封圈 10。

（7）卸下螺钉 39,取下单向阀 38、37、36、35、34、33、32 等组件。

2）观察调速阀主要零件的结构和作用

（1）观察节流阀阀芯的结构和作用。

（2）观察减压阀阀芯的结构和作用。

（3）观察单向阀阀芯的结构和作用。

（4）观察阀体的结构和作用。

3）调速阀的装配

按拆卸的相反顺序装配，即后拆的零件先装配、先拆的零件后装配。装配时，如有零件弄脏，应该用煤油清洗干净后方可装配。装配阀芯时，可在其台肩上涂抹液压油，以防止阀芯卡住。装配时严禁遗漏零件。最后，将调速阀外表面擦拭干净，整理工作台。

任务 4　液压叠加阀组的安装与调试

任务引入

◇什么是液压叠加阀组？采用叠加阀组有什么好处？

◇叠加阀与普通液压阀有什么不同？

◇如何对液压叠加阀组进行安装？

叠加阀是在安装时以叠加的方式连接的一种液压阀，如图 5-11 所示。它是在板式连接的液压阀集成化的基础上发展起来的新型液压元件。

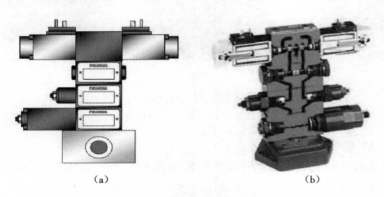

（a）　　　　　　　　　（b）

图 5-11　叠加阀

（a）外观图　（b）剖分图

叠加阀是一种标准化的液压元件，它实现各类控制功能的原理与普通液压阀相同，其最大特点是阀体本身除容纳阀芯外，还兼有通道体的作用，每个阀体上均有上下两个安装平面和四到五个公共油液通道，各阀芯相应油口在阀体内与公共油道相接，用阀体的上、下安装面进行叠加式无管连接，可组成集成化液压系统。叠加阀也可分为换向阀、压力阀和流量阀三种，只是方向阀中仅有单向阀类，而换向阀采用标准的板式换向阀。每一种通径系列的叠加阀，其主油路通道和螺栓连接孔的位置都与所选用的相应通径的换向阀相同。同一通径的叠加阀按要求叠加起来组成各种不同控制功能的系统。

叠加阀组成的系统有如下诸多优点。

（1）组成回路的各单元叠加阀间不用管路连接，因而结构紧凑，体积小，由管路连接引起的故障也少。

（2）由于叠加阀是标准化元件，设计中仅需要绘出液压系统原理图即可，因而设计工作量小，设计周期短。

（3）根据需要更改设计或增加、减小液压元件较方便、灵活。

（4）系统的泄漏及压力损失较小。

任务实施

1. 液压叠加阀组的安装

1）任务要求

Ⅰ. 认识各元件

Ⅰ）集成块

液压集成块又称组合式液压块，如图 5-12 所示，它是 20 世纪 60 年代出现的液压系统中的一种新型的阀块。液压块的各面上有若干连接孔，作为块与阀之间的连接，元件之间借助于块中的孔道而连通，叠加在一起组成各种所需要的液压回路。液压集成块共有三种，分别用于二阀组、三阀组、四阀组的叠加，每种阀块各两个。

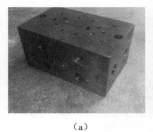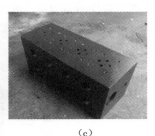

　　（a）　　　　　　　　（b）　　　　　　　　（c）

图 5-12　液压集成块

（a）二阀组　（b）三阀组　（c）四阀组

采用液压集成块具有以下优点。

（1）可以利用原有的板式元件组合成各种各样的液压回路，完成各种动作要求。

（2）由于液压块向空间发展，缩小了液压设备的占用面积。

（3）以块内孔道代替了管道，简化了管路连接，便于安装和管理。

（4）缩短了管路，基本消除了漏油现象，提高了液压系统的稳定性。

（5）如要变更回路，只要更换液压块即可，灵活性大，可实现系统标准化，便于成批生产。

液压阀块的投入使用对液压系统的集成有了质的飞跃，同时简化了系统的安装，增加了系统运行的可靠性。目前国内液压生产厂家已设计、制造出用于各种液压系统的液压阀块，并且渐趋形成定型化、标准化产品。

Ⅱ）电磁换向阀

元件库中的电磁换向阀有单电控（图 5-13）和双电控（图 5-14）两种，均为板式连接。

Ⅲ）叠加式单向节流阀

叠加式单向节流阀如图 5-15 所示。

图 5-13　单电控电磁换向阀

图 5-14　双电控电磁换向阀

Ⅳ）叠加式溢流阀

叠加式溢流阀如图 5-16 所示。

图 5-15　叠加式单向节流阀

图 5-16　叠加式溢流阀

Ⅴ）叠加式减压阀

叠加式减压阀如图 5-17 所示。

Ⅱ．液压阀组的工作原理

下面共给出六套阀组的工作原理图，其中二阀组、三阀组、四阀组的各两套，分别如图 5-18、图 5-19、图 5-20 所示。

图 5-17　叠加式减压阀

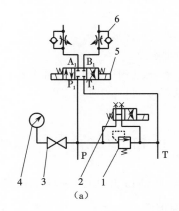

图 5-18　叠加阀组工作原理图（二阀组）

（a）二阀组 1　（b）二阀组 2

1,7—溢流阀　2—单电控电磁换向阀　3,8—截止阀　4,9—压力表
5—双电控电磁换向阀　6,11—单向节流阀　10,12—电磁换向阀

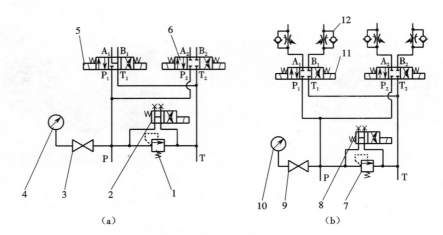

图 5-19　叠加阀组工作原理图(三阀组)

(a)三阀组1　(b)三阀组2

1,7—溢流阀　2,8—单电控电磁换向阀　3,9—截止阀　4,10—压力表

5,6—电磁换向阀　11—双电控电磁换向阀　12—单向节流阀

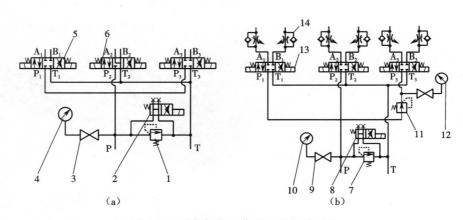

图 5-20　叠加阀组工作原理图(四阀组)

(a)四阀组1　(b)四阀组2

1,7—溢流阀　2,8—单电控电磁换向阀　3,9—截止阀　4,10,12—压力表

5,6,13—双电控电磁换向阀　11—减压阀　14—单向节流阀

2)液压叠加阀组的安装步骤

请大家按照各自的分组情况,根据图 5-18、图 5-19、图 5-20 给出的工作原理图,完成以下内容。

(1)研究图 5-12 所示三类液压集成块,弄清楚哪些油口为 P 口,哪些油口是 T 口,哪些油口是 A 口,哪些油口是 B 口,并研究各油口的连通情况。

(2)根据给出的原理图从元件库中选出所需液压元件。

(3)分析给出的集成块的各油口的连通情况,弄清楚哪个是 P 口,哪个是 T 口,哪个是 A 口,哪个是 B 口。

(4)将选择好的液压元件按照给出的工作原理图安装在集成块上。

在安装的过程中需要注意集成块上的四个安装孔中,两两之间的距离是不同的,注意元件的安装方向和各元件在集成块上应该占据的正确位置,否则会造成元件安装不上。

2. 液压叠加阀组的调试

液压阀块调试前应先进行 10~20 min 回路冲洗,冲洗时应不断切换阀块上的电磁换向阀,使油流能冲洗到阀块所有通道。若阀块上有比例阀和伺服阀,应先改装冲洗板,以防损坏精密元件。阀块调试包括耐压试验和功能试验。试验时可采用系统本身油源也可采用专用试验台。

将需要经常检修的元件及关键元件如电磁阀、比例阀及伺服阀等放在液压阀块的上方或外侧,以便于拆装。液压阀块设计中要设置足够数量的测压点,以供液压阀块调试时使用。对于质量 10 kg 以上的阀块,应设置起吊螺钉孔。在满足使用要求的前提下,液压阀块的体积要尽量小。设计液压阀块时,阀的底板尺寸应自成一体(最好建成一个块),其安装面上标出基准螺钉孔的位置,其他相关尺寸以基准螺钉孔为标准。

3. 液压叠加阀组装配时需注意的问题

(1)阀块进行装配前必须彻底清洗,最好设置专用的清洗设备,清洗液宜采用防锈清洗液,亦可采用煤油或机油。冲洗时最好有一定的压力,所有流道特别是盲孔必须清洗干净,不留有任何铁屑、污垢和杂物。

(2)清洗后的阀块应马上进行装配,否则应涂上防锈油,并将油口盖住,防止锈蚀和再次污染。

(3)阀块装配前应再次校对孔道的连通情况是否与原理图相符,校对所有待装的元件及零部件,保证所装配的元件、密封件及其他部件均为合格品。

(4)阀块上的落度应加厌氧胶助封,使用厌氧胶前必须对接合面清除油垢、加胶拧紧,24 个小时以后才能通油。

任务 5　液压叠加阀块的设计

任务引入

◇如何设计液压叠加阀块?

◇设计液压叠加阀块时需要注意哪些问题?

液压阀组的设计就是将各种阀合理地放置到液压阀块各面上,并根据液压原理图,决定相关孔道的连通。这两项工作是交叉进行的,考虑阀放置位置时,就要考虑孔道相通情况,而在安排孔道相通情况时,又要变动阀的位置。液压阀组在设计时应合理布置孔道,尽量减少深孔、斜孔和工艺孔。阀块中孔径要和流量相匹配,特别应注意相贯通的孔必须保证有足够的通流面积,注意进出油口的方向和位置,应与系统的总体布置及管道连接形式相匹配,并考虑安装操作的工艺性,有垂直或水平安装要求的元件,必须保证安装后符合要求。对于工作中需调节的元件,设计时要考虑其操作和观察的方便性,如溢流阀、调速阀等可调元件应设置在调节手柄便于操作的位置。需要经常检修的元件及关键元件如比例阀、伺服阀等应处于阀块的上方或外侧,以便于拆装。

任务实施

1. 液压集成块的设计步骤

集成块单元回路图实质上是液压系统原理的一个等效转换,它是设计块式集成液压控制装置的基础,也是设计集成块的依据,液压阀块的油路符合液压系统原理图是设计的首要原则。阀块图纸上要有相应的原理图,原理图除反映油路的连通性外,还要标出所用元件的规格型号、油口的名称及孔径,以便液压阀块的设计。

设计阀块前,首先要读通原理图,然后确定哪一部分油路可以集成。每个块体上包括的元件数量应适中。元件太多,阀块体积大,设计、加工困难;元件太少,集成意义不大,造成材料浪费。阀块体尺寸应考虑两个侧面所安装的元件类型及外形尺寸以及保证块体内油道孔间的最小允许壁厚的原则下,力求结构紧凑、体积小、质量轻。

1)审定液压原理图

在设计液压阀组前,要对原理图进行认真的审定,确保原理能满足工况的需要,并对原理图进行优化,尽量减少元件的数量,原理图审定后要划定液压阀组的范围,用双点画线框框住,不要让阀块太大,还要让阀块的数量尽量少。

2)选择液压元件

在选用液压阀时,一定要看清其流量和压力范围,还要注意其流量 – 压力曲线。若选型过小,往往会造成压力损失太大,使系统发热;若选型过大,则会造成经济上的浪费。液压阀有两种密封材料可选,氟橡胶密封适用于磷酸酯介质,丁腈橡胶密封适用于矿物油介质,要根据实际使用的介质来选择,氟橡胶密封的液压阀要贵些。在选定液压元件时有条件最好对选用的阀做性能试验,以做到万无一失。元件选择好后,要在液压原理图上把各个阀的型号、各孔道代号、刀具代号、各油口的代号及尺寸大小标注好,以便液压阀组的设计和校对。

3)选择液压阀块材料

当工作压力 $p < 6.3$ MPa 时,液压阀块可以采用铸铁 HT200;当有 6.3 MPa $\leqslant p < 21$ MPa 时,液压阀块可以选用铝合金锻件;当工作压力 $p \geqslant 21$ MPa 时,液压阀块可以选用 35 锻钢。一般的阀块采用 A3 钢即可。

2. 设计液压叠加阀块需要注意的问题

阀块体是集成式液压系统的关键部件,它既是其他液压元件的承装载体,又是它们油路连通的通道体。阀块体一般都采用长方体外形,阀块体上分布有与液压阀有关的安装孔、通油孔、连接螺钉孔、定位销孔以及公共油孔、连接孔等,为保证孔道正确连通而不发生干涉,有时还要设置工艺孔。一般一个比较简单的阀块体上至少有 40~60 个孔,稍微复杂一点的就有上百个,这些孔道构成一个纵横交错的孔系网络。阀块体上的孔道有光孔、阶梯孔、螺纹孔等多种形式,一般均为直孔,便于在普通钻床和数控机床上加工。有时出于特殊的连通要求设置成斜孔,但很少采用。

设计液压叠加阀块需要注意以下几个方面的问题。

1)孔道布置

在布置阀块孔道时,首先根据系统的总体布置确定各油口的方位,互相沟通的元件应尽量置于互相垂直的相邻面上以简化孔道布置,然后先布置主油路,再完成小通径的油路和控制油路。

采用深孔流道时,必须考虑钻头的长度及钻孔时发生偏斜的可能,一般长径比应小于10。所有孔距的确定应保证其壁厚有足够的强度,对于中高压系统而言,采用铸铁块的壁厚应大于 5 mm,采用钢材的应大于或等于 3 mm,如果是深孔,还应考虑钻头在允许范围内的偏斜,应适当加大孔距。另外,还应校验元件的安装螺钉孔是否与其他孔道贯通。

2)加工精度

阀块的六面相互之间的垂直度允差为 0.05 mm,各向对面的平行度允差为 0.03 mm,各面的平面度允差为 0.02 mm,液压阀块上安装阀的表面结构应达到 $Ra0.4\ \mu m$,管接头的密封面的表面结构应达到 $Ra3.2\ \mu m$,其螺纹与其贴合面之间垂直度允差为 $\phi 0.05\ mm$,O 型圈沟槽的表面结构为 $Ra3.2\ \mu m$,一般流道的表面结构为 $Ra12.5\ \mu m$,所有孔的定位允差为 0.1 mm,深度允差为 0.2 mm,所有孔与所在端面垂直度允差为 $\phi 0.05\ mm$,螺纹孔加工精度为 7H,各孔道之间的安全壁厚不得小于 3 mm,如果是深孔,还应考虑钻头在允许范围内的偏斜,应适当加大两孔的间距。

3)液压阀块的布局原则

阀块体外表面是阀类元件的安装基面,内部是孔道的布置空间。阀块的六个面构成一个安装面的集合。通常底面不安装元件,而是作为与油箱或其他阀块的叠加面。在工程实际中,出于安装和操作方便的考虑,液压阀的安装角度通常采用直角。

液压阀块上六个表面的功用(仅供参考)如下。

Ⅰ.顶面和底面

液压阀块块体的顶面和底面为叠加接合面,表面布有公用压力油口 P、公用回油口 O、泄漏油口 L 以及四个螺栓孔。

Ⅱ.前面、后面和右侧面

(1)右侧面:安装经常调整的元件,有压力控制阀类,如溢流阀、减压阀、顺序阀等;流量控制阀类,如节流阀、调速阀等。

(2)前面:安装方向阀类,如电磁换向阀、单向阀等;当压力阀类和流量阀类在右侧面安装不下时,应安装在前面,以便调整。

(3)后面:安装方向阀类等不调整的元件。

Ⅲ.左侧面

左侧面设有连接执行机构的输出油口,外测压点以及其他辅助油口,如蓄能器油孔、接备用压力继电器油孔等。

液压阀块块体的空间布局规划是根据液压系统原理图和布置图等的设计要求和设计人员的设计经验进行的。经常性的原则如下。

(1)安装于液压阀块上的液压元件的尺寸不得相互干涉。

(2)阀块的几何尺寸主要考虑安装在阀块上的各元件的外形尺寸,使各元件之间有足够的装配空间。液压元件之间的距离应大于 5 mm,换向阀上的电磁铁、压力阀上的先导阀以及压力表等可适当延伸到阀块安装平面以外,这样可减小阀块的体积。但要注意外伸部分不要与其他零件相碰。

(3)在布局时,应考虑阀体的安装方向是否合理,应该使阀芯处于水平方向,防止阀芯的自重影响阀的灵敏度,特别是换向阀一定要水平布置。

(4)阀块公共油孔的形状和位置尺寸要根据系统的设计要求来确定,而确定阀块上各元件的安装参数则应尽可能考虑使需要连通的孔道最好正交,使它们直接连通,减少不必要的工艺孔。

(5)由于每个元件都有两个以上的通油孔道,这些孔道又要与其他元件的孔道以及阀块体上的公共油孔相连通,有时直接连通是不可能的,为此必须设计必要的工艺孔。阀块的孔道设计就是确定孔道连通时所需增加工艺孔的数量、工艺孔的类型和位置尺寸以及阀块上孔道的孔径和孔深。

(6)不通孔道之间的最小壁厚必须进行强度校核。

(7)要注意液压元件在阀块上的固定螺孔不要与油道相碰,其最小壁厚也应进行强度校核等。

根据以上原则,液压阀块布局的优化方法如下。

(1)如果在液压阀块某面上的液压元件的数量不超过 4 个,则分别布置液压元件在四个角附近,不一定在角上,这样可以保证在两个边附近进行工艺孔设计。

(2)如果在液压阀块某面上的液压元件的数量不超过 8 个,则除了分别布置液压元件在四个角附近以外,其他液压元件可根据情况分别布置在四个边附近。这样可以保证在一个到两个边附近进行工艺孔设计。

(3)如果液压阀块某面上的液压元件的数量超过 8 个,可以考虑使用智能方法进行优化设计。

由于一般情况下,液压阀块包含的液压元件总和不会超过 10 个,所以分配到各个面上的液压元件数量不会超过 10 个,一般为 3~5 个。

由于在一般液压阀块设计中很少涉及大量的液压元件布置,所以根据前两条的规则可以满足系统设计的基本要求。

5.2　理论知识

图 5-21　几类液压控制阀

在液压传动系统中,用来对液流的方向、压力和流量进行控制和调节的液压元件称为控制阀,又称液压阀,简称阀。控制阀是液压系统中不可缺少的重要元件,图 5-21 为几类液压控制阀。

1. 对液压控制阀的基本要求

(1)动作准确、灵敏、可靠,工作平稳,无冲击和振动。

(2)密封性能好,泄漏少。

(3)结构简单,制造方便,通用性好。

2. 液压控制阀的分类

液压控制阀的分类见表 5-1。

表 5-1　液压控制阀的分类表

分类方法	种类	详细种类
按功能分类	压力控制阀	溢流阀、减压阀、顺序阀、压力继电器等
	流量控制阀	节流阀、调速阀、分流阀、集流阀、分流集流阀等
	方向控制阀	单向阀、液控单向阀、换向阀、行程减速阀、充液阀、梭阀等
按结构分类	滑阀	圆柱滑阀、转阀、平板滑阀
	座阀	锥阀、球阀、喷嘴挡板阀
按操纵方法分类	手动阀	手把及手轮、踏板、杠杆控制阀
	机动阀	挡块及碰块、弹簧控制阀
	电磁阀	电磁铁控制阀
	液动阀	压力油控制阀
	电液阀	主阀为液动阀,先导阀为电磁阀
按连接方式分类(图5-22)	管式连接阀	螺纹式连接阀、法兰式连接阀
	板式连接阀	单层板式连接阀、双层板式连接阀、整体板式连接阀
	叠加式连接阀	叠加阀
	插装式连接阀	螺纹式插装阀(二、三、四通插装阀)、法兰式插装阀(二通插装阀)
按控制方式分类	比例阀	比例压力阀、比例流量阀、比例换向阀、比例复合阀、比例多路阀
	伺服阀	单、两极(喷嘴挡板式、动圈式)电液流量伺服阀、三级电液流量伺服阀、电液压力伺服阀、气液伺服阀、机液伺服阀
	数字控制阀	数字控制压力阀、数字空制流量阀与方向阀

3. 液压控制阀的共同特点

各类液压控制阀虽然形式不同、控制功能各有所异,但都具有共性。首先,在结构上,所有的阀都由阀体、阀芯和驱动阀芯动作的操纵机构等组成;其次,在工作原理上,所有阀的阀口大小、阀口压力差、阀口流量之间的关系都符合孔口流量公式 $q = CA_{\mathrm{T}}\Delta p^{m}$,只是各类阀控制的参数不同而已。例如,压力阀控制的是压力,流量阀控制的是流量,方向阀控制的是方向等。

知识点 1　方向控制阀的原理与结构特点

方向控制阀是用于控制液压系统中油路的接通、切断或改变液流方向的液压阀(简称方向阀),主要用以实现对执行元件的启动、停止或运动方向的控制。常用的方向控制阀有单向阀和换向阀。

1. 单向阀

1)普通单向阀

Ⅰ.结构及工作原理

单向阀是保证通过阀的液流只向一个方向流动而不能反向流动的方向控制阀,一般由阀体、阀芯和弹簧等零件构成。如图 5-23(a)所示,当压力油从进油口 P_1 流入时,油液压力克服弹簧阻力和阀体 1 与阀芯 2 之间的摩擦力,顶开阀芯,从出油口 P_2 流出。当液流反向从 P_2 流入时,油液压力使阀芯紧密地压在阀座上,不能倒流。图 5-23(d)为普通单向阀的图形符号。

（a） 　　　　　　　　　　　　　　（b）

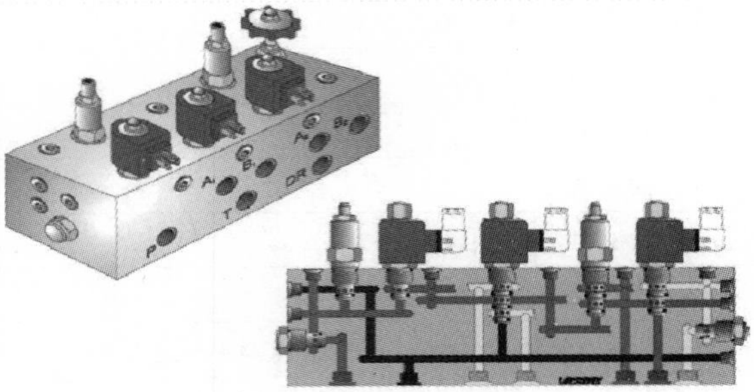

（c）

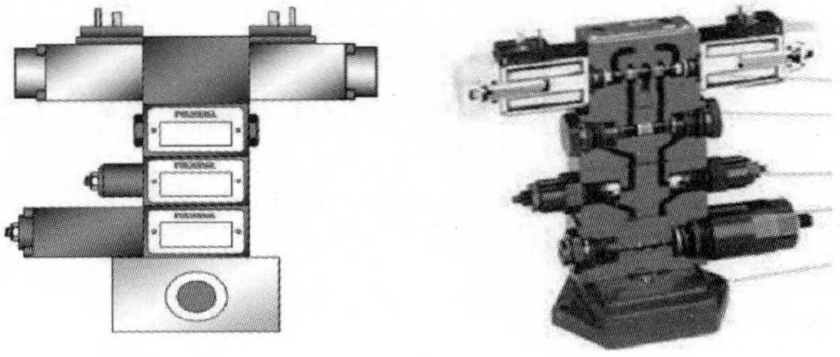

（d）

图 5-22　液压控制阀的连接方式
（a）管式连接　（b）板式连接　（c）插装式连接　（d）叠加式连接

管式连接的单向阀如图 5-23（a）、（b）所示，板式连接的单向阀如图 5-23（c）所示。单向
阀的阀芯分为钢球式（图 5-23（a））和锥式（图 5-23（b）、（c））两种。钢球式阀芯结构简单，
价格低，但密封性较差，一般仅用在低压、小流量的液压系统中。锥式阀芯阻力小，密封性
好，使用寿命长，所以应用较广，多用于高压、大流量的液压系统中。

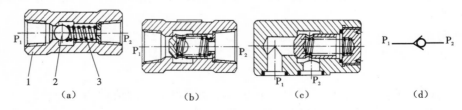

（a）　　　　　　（b）　　　　　　（c） 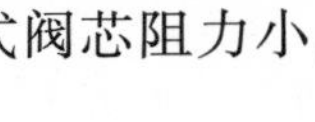　　　　　　（d）

图 5-23　单向阀
（a）管式连接 1　（b）管式连接 2　（c）板式连接　（d）图形符号
1—阀体　2—阀芯　3—弹簧

普通单向阀的弹簧仅用于使阀芯在阀座上就位,刚度较小,故开启压力很小(0.035 ~ 0.05 MPa)。普通单向阀作背压阀使用时,弹簧较硬,其背压力为0.2 ~ 0.6 MPa。

Ⅱ.应用

(1)单向阀常安装在液压泵的出油口,可防止泵停止时因受压力冲击而损坏,又可防止系统中的油液流失,避免空气进入系统。

(2)单向阀可起到保压的作用。

(3)对开启压力大的单向阀还可作背压阀用,使其产生一定的回油阻力,以满足控制油路使用要求或改善执行元件的工作性能。

(4)普通单向阀与其他阀制成组合阀,如单向减压阀、单向顺序阀、单向调速阀等(图5-24中单向阀1)。

(5)单向阀可起到隔开油路的作用,如图5-24中的单向阀2就起到把高低压泵隔开的作用。

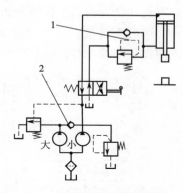

图5-24 普通单向阀的应用
1,2—单向阀

2)液控单向阀

Ⅰ.结构及工作原理

液控单向阀是一种通入控制压力油打开阀芯实现液流反向流通的单向阀。它由普通单向阀和液控装置两部分组成,如图5-25所示。当控制口 K 未通压力油时,其作用与普通单向阀一样,压力油只能从进油口 P_1 流向出油口 P_2,不能反向流动。当控制口 K 有控制压力油作用时,控制活塞1右侧 a 腔通泄油口(图中未画出)在控制口 K 的液压力的作用下,控制活塞向右移动,推动推杆2顶开阀芯3,使阀口打开,油口 P_1 和 P_2 接通,油液就可以从油口 P_2 流向 P_1 实现反向导通。在液控单向阀中,控制口 K 处通入的控制油液的压力最小应为主油路油液压力的30% ~ 50%。

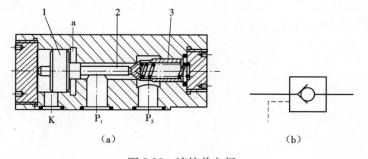

图5-25 液控单向阀
(a)结构原理图 (b)图形符号
1—活塞 2—推杆 3—阀芯

Ⅱ.应用

液控单向阀控制口 K 不通控制油时具有良好的反向密封性,常用于保压、锁紧和平衡回路(防止因自重下落),如图5-26所示。

2.换向阀

换向阀通过改变阀芯和阀体间的相对位置,控制油液流动方向,接通或关闭油路,从而改变液压系统的工作状态的方向。换向阀有滑阀式换向阀和转阀式换向阀两种。

1）滑阀式换向阀

Ⅰ.工作原理

滑阀式换向阀的工作原理如图 5-27 所示,换向阀由阀芯 1 和阀体 2 组成,阀体 2 内加工出多级沉割槽和油口,阀芯上加工出多段环形槽与阀体相配合。由图可以看出,当阀芯在阀体内做轴向滑动时,各油口间的连接关系发生改变。

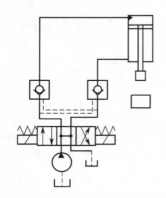

图 5-26　液控单向阀作双向液压锁

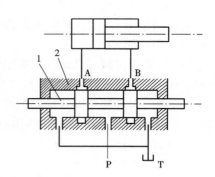

图 5-27　滑阀式换向阀的工作原理图
1—阀芯　2—阀体

图 5-27 所示位置阀芯 1 处于中间位置,此时 P、T、A、B 四个油口各不相通,液压缸两腔不通压力油,缸处于停止状态。当阀芯 1 左移时,阀体 2 上的油口 P 与 A 相通,B 与 T 相通,压力油经 P、A 两口进入液压缸左腔,活塞左移,右腔油液经 B、T 两口流回油箱。反之,当阀芯 1 右移时,则 P 与 B 相通,A 与 T 相通,活塞右移。

滑阀式换向阀的工作位置数称为"位",与液压系统中油路相连通的油口数称为"通"。常用的换向阀种类有:二位二通、二位三通、二位四通、二位五通、三位三通、三位四通、三位五通等。常用换向阀的图形符号见表 5-2。

表 5-2　常用换向阀图形符号

	二位二通		二位三通		二位四通	二位五通
二位阀	常闭式 (P,A)	常开式 (P-A)	常闭式 (P,A-T)	常开式 (P-A,T)	常开式 (P-B,A-T)	常开式 (P-A,B-T,R)

	三位三通	三位四通	三位五通	
三位阀	常闭式 (P,A,T)	常闭式 (P,A,T,B)	常闭式 (P,A,T,B,R)	常开式 (P-A-B,R,T)

Ⅱ.操纵方式

控制滑阀移动的方法常用的有人力、机械、电气、直接压力和先导控制等。常用控制方法的图形符号见表5-3。

表5-3　常用控制方法图形符号

操纵方式	分类	图形符号
人力控制	一般符号	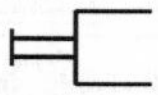
	按钮式	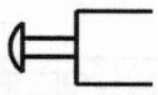
	手柄式	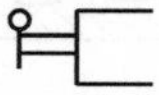
	踏板式,弹簧复位	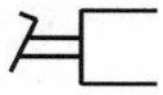
机械控制	推杆式,弹簧复位	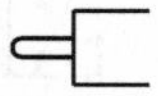
	滚轮式,弹簧复位	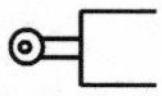
电磁控制	二位,弹簧复位	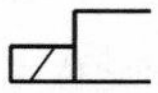
压力控制	二位,弹簧复位	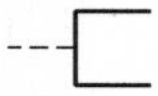
电液控制	三位,弹簧复位	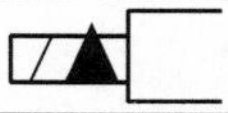

Ⅰ)手动换向阀

手动换向阀是用手动杠杆操纵阀芯,改变阀芯工作位置的换向阀,有弹簧复位(图5-28(a)、(c))和钢球定位(图5-8(b)、(d))两种形式。图5-28(a)为一种弹簧复位的三位四通手动换向阀,当手柄不动时,阀芯在弹簧力的作用下处于中位,如图示位置,此时P、T、A、B四油口互不相通;当向左扳动手柄时,阀芯右移,换向阀左位接通,此时P与B相通,A与T相通;反之,当向右扳动手柄时,P与A相通,B与T相通。

Ⅱ)机动换向阀

机动换向阀又称行程换向阀,是用机械控制方法改变阀芯工作位置的换向阀,常用的有二位二通(常闭和常通)、二位三通、二位四通和二位五通等多种。二位二通常闭式行程换向阀如图5-29所示。

Ⅲ)电磁换向阀

电磁换向阀简称电磁阀,是用电气控制方法改变阀芯工作位置的换向阀。

二位三通电磁换向阀如图5-30所示。当电磁铁通电时,衔铁通过推杆1将阀芯2推向右端,进油口P与油口B接通,油口A被关闭。当电磁铁断电时,弹簧3将阀芯推向左端,油口B被关闭,进油口P与油口A接通。

三位四通电磁换向阀如图5-31所示。该阀主要由阀体1、两个衔铁5、阀芯2和两个复位弹簧3组成。阀的两个弹簧腔由通路连通,当阀芯移动时,油液由一个腔流至另一个腔。当两侧电磁铁均不通电时,阀芯在弹簧力作用下处于图示位置,此时P、T、A、B四油口均不

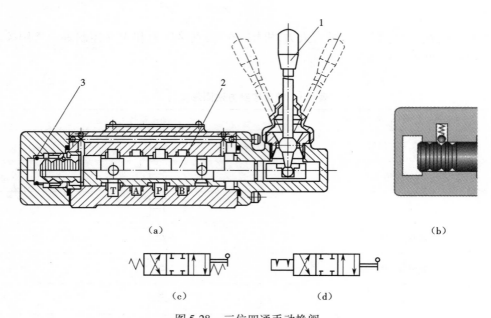

（a）

（b）

（c）　　　　　　　　（d）

图 5-28　三位四通手动换阀

（a）弹簧复位式　（b）钢球定位式　（c）弹簧复位式换向阀图形符号　（d）钢球定位式换向阀图形符号

1—手柄　2—滑阀（阀芯）　3—弹簧

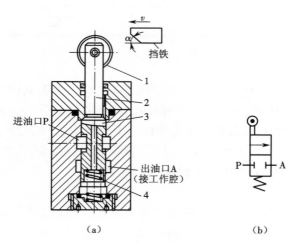

（a）　　　　　　　　（b）

图 5-29　二位二通常闭式行程换向阀

（a）结构原理图　（b）图形符号

1—滑轮　2—阀杆　3—阀芯　4—弹簧

相通；当左端电磁铁通电时，衔铁通过推杆将阀芯 2 推向右端，换向阀左位接通，进油口 P 与油口 A 接通，油口 B 与出油口 T 接通；反之，当右端电磁铁通电时，换向阀右位接通，进油口 P 与油口 B 接通，油口 A 与出油口 T 接通。

电磁换向阀的电磁铁可用按钮开关、行程开关、压力继电器等电气元件控制，无论位置远近，控制均很方便，且易于实现动作转换的自动化，因而得到广泛的应用。根据使用电源的不同，电磁换向阀分为交流和直流两种。电磁换向阀用于流量不超过 1.05×10^{-4} m³/s

的液压系统中。

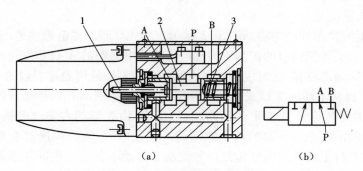

图 5-30　二位三通电磁换向阀
(a)结构原理图　(b)图形符号
1—推杆　2—阀芯　3—弹簧

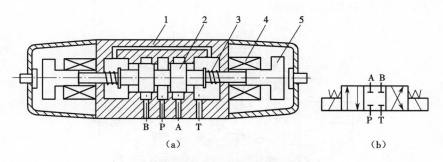

图 5-31　三位四通电磁换向阀
(a)结构原理图　(b)图形符号
1—阀体　2—控制阀芯　3—复位弹簧　4—电磁线圈　5—衔铁

Ⅳ)液动换向阀

液动换向阀是用直接压力控制方法改变阀芯工作位置的换向阀。三位四通液动换向阀
如图 5-32 所示。由于油液可以产生很大的推力,所以液动换向阀可用于高压大流量的液压
系统中。

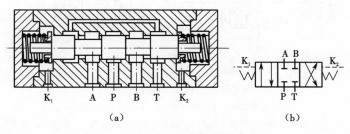

图 5-32　三位四通液动换向阀
(a)结构原理图　(b)图形符号

Ⅴ)电液换向阀

电液换向阀是用间接压力控制(又称先导控制)方法改变阀芯工作位置的换向阀。
电液换向阀由电磁换向阀和液动换向阀组合而成。电磁换向阀起先导作用,称先导阀,用来控制液流的流动方向,从而改变液动换向阀(称为主阀)的阀芯位置,实现用较小的电磁铁来控制较大的液流。

三位四通电液换向阀的结构如图5-33所示。当先导阀左端电磁铁通电后,先导阀芯右移,来自主阀P口或外接油口的控制压力油可经先导电磁阀的A′口和左边单向阀进入主阀左腔,并推动主阀阀芯右移,这时主阀阀芯右腔中的控制油液可通过右边的节流阀经先导阀的B′口和T口,再从主阀的T口或外接油口流回油箱(主阀阀芯的移动速度可由右边的节流阀调节),使主阀P与A、B和T的油路相通;反之,由先导阀右端电磁铁通电,可使P与B、A与T的油路相通;当先导阀的两个电磁铁均不通电时,先导阀阀芯在对中弹簧作用下回到中位,此时来自主阀P口或外接油口的控制压力油不再进入主阀阀芯的左、右两容腔,主阀阀芯左右两腔的油液通过先导阀中位的A′、B′两油口与先导阀T口相通,再从主阀的T口或外接油口流回油箱。主阀阀芯在两端对中弹簧的预压力的推动下,依靠阀体定位,准确地回到中位,此时主阀的P、A、B和T油口均不通。三位四通电液换向阀的图形符号及简化后的图形符号如图5-33(b)、(c)所示。

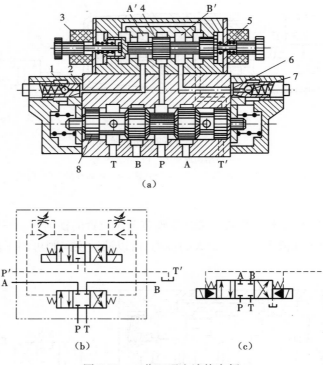

图5-33　三位四通电液换向阀

(a)结构原理图　(b)图形符号　(c)简化的图形符号

1,6—节流阀　2,7—单向阀　3,5—电磁铁　4—电磁阀阀芯　8—主阀阀芯

Ⅲ. 换向阀图形符号

一个换向阀的完整图形符号应具有表明工作位置数、油口数和在各工作位置上油口的连通关系、控制方法以及复位、定位方法的符号。换向阀图形符号的相关规定和含义如下。

(1)用方框表示阀的工作位置数,有几个方框就是几位阀。

（2）在一个方框内，箭头"↑"或堵塞符号"⊤"或"⊥"与方框相交的点数就是通路数，有几个交点就是几通阀，箭头"↑"表示阀芯处在这一位置时两油口相通，但不一定是油液的实际流向，"⊤"或"⊥"表示此油口被阀芯封闭（堵塞）不通流。

（3）三位阀中间的方框、两位阀画有复位弹簧的那个方框为常态位置（即未施加控制信号以前的原始位置）。在液压系统原理图中，换向阀的图形符号与油路的连接，一般应画在常态位置上。工作位置应按"左位"画在常态位的左面，"右位"画在常态位右面的规定。同时在常态位上应标出油口的代号。

（4）P口表示压力油的进油口，T表示与油箱相通的回油口，A和B表示连接液压缸左右两腔的油口。

（5）控制方式和复位弹簧的符号画在方框的两侧。

Ⅳ.三位四通换向阀的中位机能

三位四通换向阀在中间位置时油口的连接关系称为滑阀机能。三位四通换向阀中位滑阀机能的图形符号见表5-4。

表5-4　三位四通换向阀的中位机能

中位机能	中位时油口连通情况	图形符号	特点及应用
O	P,A,B,T		缸锁紧，泵不卸荷；液压缸充满油液，从静止到启动平稳，制动时冲击大；换向位置精度高
M	P-T,A,B		泵卸荷，液压缸两腔封闭；从静止到启动平稳，制动时冲击大；换向位置精度高
H	P-A-B-T		泵卸荷；缸成浮动状态；液压缸两腔接油箱，从静止到启动有冲击，制动时较O型平稳；换向精度低
Y	P,A-T-B		泵不卸荷，液压缸两腔通回油，缸处于浮动状态；缸两腔接油箱，从静止到启动有冲击，制动性能介于O型和H型之间
P	P-A-B,T		可组成液压缸的差动回路，回油口封闭；从静止到启动平稳，制动平稳；换向精度比H型高，应用广泛

Ⅰ）系统保压

P口堵住，油泵即可保持一定压力，如O型和Y型，可供控制油路使用。

Ⅱ）系统卸荷

P口回油箱，泵出口$p=0$，即P口与T口相通时系统卸荷。

Ⅲ）缸在任意位置的停止和浮动

A、B口堵死（锁闭），如O型和M型（P较特殊，差动连接），液压缸可实现任意位置浮动。

A、B两口互通时，卧式液压缸呈"浮动"状态，可利用其他机构移动工作台，调整其位置。

Ⅳ）换向平稳性和换向精度

A、B 两口各自堵塞，如 O 型和 M 型，换向时，一侧有油压，一侧负压，换向过程中容易产生液压冲击，换向不平稳，但位置精度好。

A、B 某口与 T 口相通，如 Y 型，换向过程中无液压冲击，但位置精度差。

Ⅴ）启动的平稳性

换向阀处于中位时，液压缸两腔有一腔与油箱相通，启动时无油液的缓冲作用，启动不平稳；反之，换向阀处于中位时，工作腔与油箱不接通，液压缸启动时有油液的缓冲作用，则启动平稳。

2）转阀式换向阀

转阀式换向阀的工作原理是通过阀芯在阀体中的旋转运动实现油路启闭和换向的方向控制阀。三位四通转阀式换向阀的工作原理如图 5-34 所示，阀芯处于图 5-34（a）位置时，P、A 两口相通，泵输出的油液经 P、A 两口进入液压缸左腔，活塞右移，液压缸右腔的油液经 B 口、阀芯中心孔、T 口流回油箱；当阀芯处于图 5-34（b）位置时，阀芯将 A、B 两口堵住，P、T、A、B 四口各不相通，液压缸静止；当阀芯处于图 5-34（c）位置时，P、B 两口相通，A、T 两口相通，液压缸活塞返回。三位四通转阀式换向阀图形符号如图 5-34（d）所示。

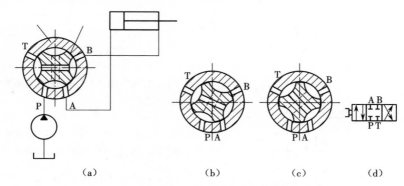

图 5-34　三位四通转阀式换向阀
（a）位置 1　（b）位置 2　（c）位置 3　（d）图形符号

转阀式换向阀有手动和机动两种操纵方法，转阀式换向阀的密封性差，径向力不平衡，一般用于压力较低和流量较小的场合。

知识点 2　压力控制阀的原理与结构特点

压力控制阀是用于控制液压系统压力或利用压力作为信号来控制其他元件动作的液压阀，它是利用作用在阀芯上的液压力与弹簧力相平衡的原理工作的。按功用不同，常用的压力控制阀可分为溢流阀、减压阀、顺序阀和压力继电器等。

1. 溢流阀

1）溢流阀的功用和分类

Ⅰ. 功用

溢流阀在液压系统中的功用主要有以下两个。

（1）在定量泵系统中起溢流稳压作用，保持液压系统的压力恒定。

（2）在变量泵系统中起限压保护作用，防止液压系统过载。溢流阀通常接在液压泵出口处的油路上。

Ⅱ. 分类

根据结构和工作原理的不同，溢流阀可分为直动式和先导式两类。

2）直动式溢流阀

锥阀式直动式溢流阀如图 5-35 所示，由阀体 1、阀芯 2、弹簧 3 和调节手柄 4 四部分组成。当进油口 P 通入油液压力不能克服弹簧 3 的弹簧力 F_k 时，阀口关闭；当进油口 P 的压力升高到能克服弹簧力 F_k 时，阀芯被顶开，油液由进油口 P 流入，再从回油口 T 流回油箱（溢流），当通过溢流阀的流量变化时，阀口开度发生变化，弹簧的压缩量也随之改变，经过一定时间后，阀口开度基本恒定，进油口处的压力基本稳定为一定的数值。转动调节手柄 4 可以调节弹簧的松紧度，从而可以调整进油口 P 处的压力。直动式溢流阀的图形符号如图 5-35（c）所示。

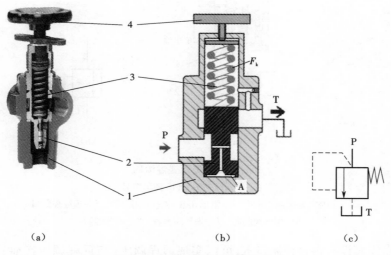

（a）　　　　　　　　　　　（b）　　　　　　　　　（c）

图 5-35　钳阀式直动式溢流阀

（a）实体剖视图　（b）结构简图　（c）直动式溢流阀图形符号

1—阀体　2—阀芯　3—弹簧　4—调节手柄

这种溢流阀因压力油直接作用于阀芯，所以称为直动式溢流阀。直动式溢流阀只用于低压小流量的液压系统中，原因是当系统压力高、流量大时，要求弹簧的刚度也较大，不但手调困难，且阀口开度略有变化，进口处的压力变化较大，因此不适于控制高压。当系统压力较高时常采用先导式溢流阀。

3）先导式溢流阀

先导式溢流阀如图 5-36（a）所示，由先导阀和主阀两部分组成。先导阀实际上是一个小流量的直动式溢流阀,阀芯6是锥阀,用来控制和调节溢流压力;主阀阀芯2是滑阀,用来控制溢流流量。压力油从P口进入,通过阻尼孔R后到达主阀弹簧腔,并作用在先导阀阀芯6右侧。当进油口压力较低时,先导阀阀芯右侧的液压作用力不足以克服的先导阀弹簧力时,先导阀阀口关闭,阀内油液不流动,所以主阀阀芯2上下两端压力相等,在主阀弹簧4的作用下主阀阀芯处于最下端位置,主阀阀芯关闭,溢流阀阀口P和T隔断,没有溢流;当进油口压力升高到作用在先导阀上的液压力大于先导阀弹簧作用力时,先导阀打开,压力油就可通过阻尼孔R、经先导阀流回油箱。由于油液流经阻尼孔R时会产生压力损失,使主阀阀芯2上下两端产生压差,上腔压力小于下腔压力,当这个压差作用在主阀阀芯上的力等于或超过主阀弹簧力时,主阀阀芯开启,油液从P口流入,经主阀阀口由T口流回油箱,实现溢流,进口压力稳定为一定数值。先导式溢流阀的图形符号如图5-36(b)所示。

主阀弹簧4只起复位作用,一般很软,相对于主阀弹簧4来说,先导阀弹簧7较硬,用来调定溢流阀进口处的压力。根据液流连续性原理可知,流出先导阀的流量即为流经阻尼孔的流量,通常称为泄油流量。一般泄油量只占全部溢流量极小的一部分,绝大部分油液均经主阀口流回油箱。

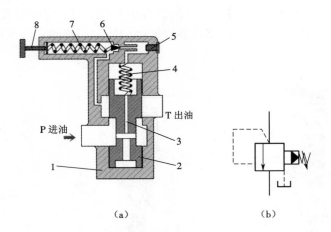

图5-36　先导式溢流阀

(a)结构原理图　(b)图形符号

1—阀体　2—主阀阀芯　3—阻尼孔R　4—主阀弹簧　5—远程控制口
6—先导阀阀芯　7—先导阀弹簧　8—调节螺钉

先导式溢流阀设有远程控制口K,可以实现远程调压(与远程调压接通)或卸荷(与油箱接通),不用时封闭。

先导式溢流阀压力稳定、波动小,主要用于中压液压系统中。

4)溢流阀的特点

(1)常态下阀口关闭。

(2)进口处压力控制阀芯的运动。

(3)进口压力达到调定值时,阀口开启,进口处压力稳定为一定数值。

5）溢流阀的应用

Ⅰ. 溢流稳压

溢流阀的溢流稳压应用如图5-37（a）所示。在定量泵进油或回油节流调速系统中,溢流阀和节流阀配合使用,液压缸所需流量由节流阀调节,泵输出的多余流量由溢流阀溢回油箱。在系统正常工作时,溢流阀阀口始终处于开启状态溢流,维持泵的输出压力恒定不变。调定压力应与负载相适应。

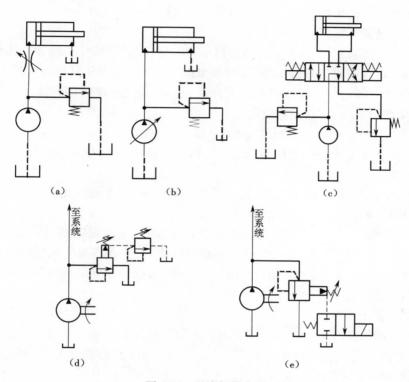

图 5-37 溢流阀的应用

（a）溢流稳压 （b）安全保护 （c）作背压阀 （d）远程调压 （e）系统卸荷

Ⅱ. 安全保护

溢流阀的安全保护应用如图5-37（b）所示。在变量泵液压系统中,系统正常工作时,其工作压力低于溢流阀的开启压力,阀口关闭不溢流。当系统工作压力超过溢流阀的开启压力时,溢流阀开启溢流,使系统工作压力不再升高（限压）,以保证系统的安全。这种情况溢流阀的开启压力,通常应比液压系统的最大工作压力高10%～20%。

Ⅲ. 作背压阀

将溢流阀连接在系统的回油路上,在回油路中形成一定的回油阻力（背压）,以改善液压执行元件运动的平稳性,如图5-37（c）所示。

Ⅳ. 远程调压

远程调压阀与先导式溢流阀的远程控制口相连,这相当于给先导式溢流阀又接了一个先导阀,如图5-37（d）所示。当该远程调压阀的调定压力小于先导式溢流阀自身先导阀的调定压力时,即可实现远程调压。为了获得较好的远程调压效果,接远程调压阀的油管不宜过长(最好不超过 3 m),要尽量减小管内的压力损失,并防止管道振动。

Ⅴ.系统卸荷

如图 5-37(e)所示,在溢流阀的远程控制口接一二位二通电磁换向阀,当电磁换向阀的电磁铁通电时,能实现系统卸荷。

6)溢流阀的静态特性

溢流阀的静态特性是指元件或系统在稳定工作状态下的工作性能。静态特性指标很多,主要是指压力 – 流量特性、压力调节范围和启闭特性。

Ⅰ.压力 – 流量特性(溢流特性)

溢流特性表征溢流量变化时溢流阀进口压力的变化情况,即稳压性能。任设一适当的弹簧预压缩量,可得一对应开启压力 p_k,可画出该压力下的压力 – 流量特性曲线,如图 5-38 所示。理想压力 – 流量特性曲线为一直线,实际上当溢流量(或阀口开度)变化时,溢流阀所控制的压力将随之变化,而不能恒定。

(1)开启压力 p_k:阀口将开未开时的压力为开启压力。

(2)调定压力 p_n:阀的进口压力随流量的增减而增减,溢流量为额定值 q_n 对应的压力为调定压力。

(3)调压偏差:调定压力与开启压力之差为调压偏差,它表示溢流量变化时控制压力的变化范围。调压偏差越小,稳压性能越好。

先导式溢流阀的压力 – 流量特性曲线如图 5-38 所示,由两段组成:AB 段由先导阀的压力 – 流量特性决定,BC 段由主阀的压力 – 流量特性决定,即 A 点对应先导阀的开启压力,B 点对应主阀的开启压力。先导阀的特性曲线较平缓,所以先导式溢流阀的稳压性能比直动式溢流阀要好。

Ⅱ.压力调节范围

调压弹簧在规定范围内调节时,系统压力平稳上升或下降最大和最小调定压力差值为溢流阀的压力调节范围。调定压力 p_n 不同时,压力 – 流量特性曲线上下平移,即可得一组溢流特性曲线,如图 5-39 所示。

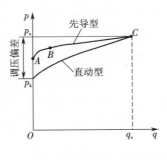

图 5-38　溢流阀压力 – 流量
特性曲线

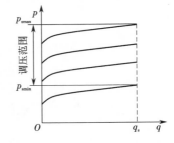

图 5-39　溢流阀压力调节范围

Ⅲ.启闭特性

溢流阀的启闭特性是指溢流阀开启和闭合全过程的压力 – 流量特性,溢流阀的启闭特性曲线如图 5-40 所示。

溢流阀阀口闭合时的压力为闭合压力 p_k。溢流阀阀口开启和关闭时,阀芯和阀体之间存在摩擦力,开启和闭合时,摩擦力的方向相反,导致开启过程的压力 – 流量特性曲线与闭合过程的不重合。在相同溢流量下, $p_0 > p_k$。开启压力 p_0 与调定压力 p_n 之比为开启比。闭合压力 p_k 与调定压力 p_n 之比称为闭合比。一般规定:开启比应不小于 90%,闭合比应不小于 85%,其静态特性较好。

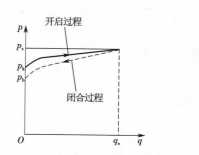

图 5-40　溢流阀启闭特性曲线

2. 减压阀

在液压系统中常由一个液压泵向几个执行元件供油。当某一执行元件需要比泵的供油压力低的稳定压力时,可在该执行元件所在的油路上串联一个减压阀来实现。使其出口压力降低且恒定的阀称为减压阀。根据减压阀所控制的压力不同,它可分为定值减压阀、定差减压阀和定比减压阀。

1)减压阀工作原理

减压阀是用来降低液压系统中某一分支油路的压力,使之低于液压泵的供油压力,以满足执行机构(如夹紧、定位油路,制动、离合油路,系统控制油路等)的需要,并保持基本恒定。

减压阀根据结构和工作原理不同,分为直动式减压阀和先导式减压阀两类,一般用先导式减压阀。

Ⅰ. 直动式减压阀

直动式减压阀的结构如图 5-41(a)所示。P_1 口是进油口,P_2 口是出油口,出油口与减压阀阀芯底部相通,阀进口处压力为 p_1,出口处压力为 p_2。阀不工作时,阀芯在弹簧作用下处于最下端位置,阀的进、出油口是相通的,亦即阀是常开的。若出口压力 p_2 增大,使作用在阀芯下端的压力大于弹簧力时,阀芯上移,阀口关小,这时阀处于工作状态。若忽略其他阻力,仅考虑作用在阀芯上的液压力和弹簧力相平衡的条件,出口压力基本上维持在某一定值上。因为如出口压力减小,阀芯就下移,开大阀口,阀口处阻力减小,压降减小,使出口压力回升到调定值;反之,若出口压力增大,则阀芯上移,关小阀口,阀口处阻力加大,压降增大,使出口压力下降到调定值。减压阀的图形符号如图 5-41(b)所示。

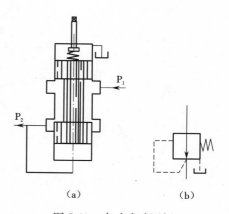

图 5-41　直动式减压阀
(a)结构原理图　(b)图形符号

Ⅱ. 先导式减压阀

先导式减压阀的结构如图 5-42(a)所示,其结构与先导式溢流阀的结构相似,也是由先导阀和主阀两部分组成,两阀的主要零件可互通用。其主要区别是:减压阀的进、出油口位置与溢流阀相反;减压阀的先导阀控制出口液压力,而溢流阀的先导阀控制进口油液压力;由于减压阀的进、出油液均有压力,所以先导阀的泄油不能像溢流阀一样流入回油口,而必须设有单独的泄油口;减压阀主阀芯结构上中间多一个凸肩,在正常情况下,减压阀阀口

123

开得很大(常开),而溢流阀阀口则关闭(常闭)。先导式减压阀的图形符号如图5-42(b)所示。

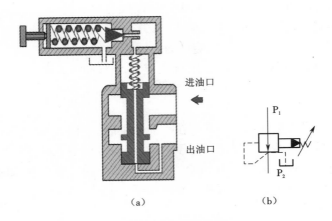

图 5-42　先导式减压阀
(a)结构原理图　(b)图形符号

2)减压阀的应用

减压阀的功用是减压、稳压。减压阀用于夹紧油路的原理如图5-43所示。液压泵输出的压力油由溢流阀1调定压力以满足主油路系统的要求。液压泵经减压阀2、单向阀3供给夹紧液压缸4压力油。夹紧工件所需夹紧力的大小,由减压阀2来调节。当工件夹紧后,换向阀换位,液压泵向主油路系统供油。单向阀的作用是当泵向主油路系统供油时,使夹紧缸的夹紧力不受液压系统中压力波动的影响。

为使减压阀的回路工作可靠,减压阀的最低调定压力不应小于0.5 MPa,最高压力至少比系统压力低0.5 MPa。当回路执行元件需要调速,调速元件应安装在减压阀的后面,以免减压阀的泄漏对执行元件的速度产生影响。

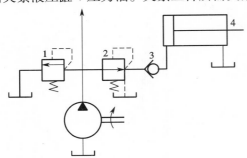

图 5-43　减压阀的应用
1—溢流阀　2—减压阀　3—单项阀　4—液压缸

3)减压阀特点

(1)常态下阀口开启。

(2)从出口引压力油控制阀口开度。

(3)进口压力小于调定值时,不起减压作用。

(4)进口压力高于调定值时,保持出口压力稳定。

3. 顺序阀

顺序阀是以压力作为控制信号,自动接通或切断某一油路的压力阀。由于它经常被用来控制执行元件动作的先后顺序,故称顺序阀。

1)顺序阀的工作原理

顺序阀是控制液压系统各执行元件先后顺序动作的压力控制阀。根据结构和工作原理不同,可以分为直动式顺序阀和先导式顺序阀两类,目前直动式应用较多。

直动式顺序阀用以实现多个执行元件顺序动作的原理如图 5-44 所示。压力油由进口 P₁ 经阀体上的小孔流到控制活塞下方,使阀芯受到一个向上的推力作用。当进油口压力较低时不能克服弹簧力时,阀芯不动,此时进、出油口不通,泵驱动缸 1 动作,当缸 1 运动到端位时,进口压力 p_2 升高,直到能克服弹簧力,使阀芯上移,进出油口相通,从而实现液压缸 1、2 的顺序动作。

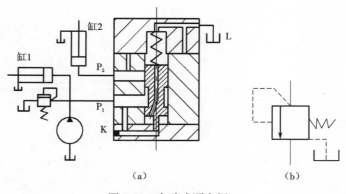

图 5-44　直动式顺序阀
（a)结构原理图　（b)图形符号

顺序阀可分为内控外泄式、内控内泄式、外控外泄式和外控内泄式四种。图 5-44 所示为内控外泄式,将下面阀体转动 180°,将 K 口打开,顺序阀即变为外控式;将上面阀体转动 180°,将 L 口堵塞,出油口 P₂ 接油箱,顺序阀即变为内泄式。

2）顺序阀图形符号

各类顺序阀的图形符号见表 5-5。

表 5-5　顺序阀图形符号

控制与泄 油方式	内控外泄	外控外泄	内控内泄	外控内泄
图形符号				

3）顺序阀特点

(1)常态下阀口关闭。

(2)外泄式顺序阀出口接执行元件,控制油压力达到调定值时,阀口开启。

(3)进出油口压力不能保证稳定,会随负载的变化发生变化。

4）溢流阀、减压阀、顺序阀比较

溢流阀、减压阀、顺序阀的区别见表 5-6。

表5-6　溢流阀、减压阀、顺序阀的区别

名称 项目	溢流阀	减压阀	顺序阀
出油口情况	出油口与油箱相连	与减压回路相连	与执行元件相连
泄油形式	内泄式	外泄式	外泄式
状态	常闭	常开	常闭
在系统中的连接方式	并联	串联	实现顺序动作时串联， 作泄荷阀时并联
功用	限压、保压、稳压	减压、稳压	不控制回路的压力， 只控制回路的通断
工作原理	利用控制压力与弹簧力相平衡的原理，通过改变滑阀开口量大小，来控制系统的压力		
结构	结构基本相同，只是泄油路不同		

4.压力继电器

1)工作原理

压力继电器(图5-45)是一种将油液的压力信号转换成电信号的液-电控制元件。当控制油压达到压力继电器的调定值时,触动开关发出电信号,控制电磁铁、继电器等元件动作,可实现液压系统的自动控制。

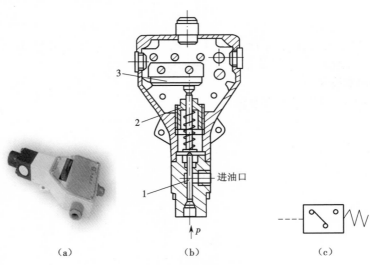

图5-45　压力继电器
(a)外观图　(b)结构原理图　(c)图形符号
1—柱塞　2—调节螺钉　3—微动开关

2)工作性能

Ⅰ.调压范围

压力继电器的调压范围是指发出电信号的最低和最高工作压力间的范围,由调压弹簧调定。

Ⅱ．通断调节区间

压力继电器发出电信号时的压力称为开启压力,切断电信号时的压力称为闭合压力。开启时,柱塞顶杆移动所受的摩擦力与压力方向相反,闭合时则相同。故开启压力比闭合压力大。两者之差称为通断调节区间。

3)应用

压力继电器的应用如图 5-46 所示,当系统不工作时,泵向蓄能器蓄能,当蓄能器的压力达到压力继电器的调定压力的上限值时,压力继电器给二位二通电磁换向阀的电磁铁发信号,使其通电,换向阀换到左位,泵卸荷,由蓄能器向系统补充泄漏掉的油液,当蓄能器压力低于压力继电器的下限值时,压力继电器向二位二通电磁换向阀的电磁铁发信号,使其断电,换向阀换到右位,由泵继续向系统和蓄能器供油。

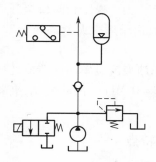

图 5-46　压力继电器的应用

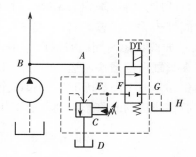

图 5-47　利用先导式溢流阀
进行卸荷的回路图

【案例分析 5-1】　利用先导式溢流阀进行卸荷的回路如图 5-47 所示。溢流阀调定压力 $p_y = 30 \times 10^5$ Pa。要求考虑阀芯阻尼孔的压力损失,回答下列问题:

(1)在溢流阀开启或关闭时,控制油路 E、F 段与泵出口处 B 点的油路是否始终是连通的?

(2)在电磁铁 DT 断电时,若泵的工作压力 $p_B = 30 \times 10^5$ Pa,B 点和 E 点压力哪个压力大? 若泵的工作压力 $p_B = 15 \times 10^5$ Pa,B 点和 E 点哪个压力大?

(3)在电磁铁 DT 吸合时,泵的流量是如何流到油箱中去的?

解　(1)在溢流阀开启或关闭时,控制油路 E、F 段与泵出口处 B 点的油路始终得保持连通。

(2)当泵的工作压力 $p_B = 30 \times 10^5$ Pa 时,先导阀打开,油流通过阻尼孔流出,这时在溢流阀主阀阀芯的两端产生压降,使主阀阀芯打开进行溢流,先导阀入口处的压力即为远程控制口 E 点的压力,故 $p_B > p_E$;当泵的工作压力 $p_B = 15 \times 10^5$ Pa 时,先导阀关闭,阻尼孔内无油液流动,$p_B = p_E$。

(3)二位二通阀的开启或关闭,对控制油液是否通过阻尼孔(即控制主阀阀芯的启闭)有关,但这部分的流量很小,溢流量主要是通过 CD 油管流回油箱。

【案例分析 5-2】　在图 5-48 所示回路中,溢流阀的调整压力为 5 MPa,减压阀的调整压力为 2.5 MPa,试分析下列情况,并说明减压阀阀口处于什么状态?

(1)当泵压力等于溢流阀调整压力时,夹紧缸使工件夹紧后,A、C 点的压力各为多少?

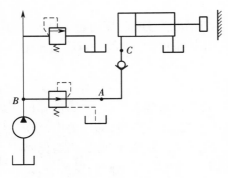

图 5-48　回路

（2）当泵压力由于工作缸快进压力降到 1.5 MPa 时（工作原先处于夹紧状态）A、C 点的压力各为多少？

（3）夹紧缸在夹紧工件前作空载运动时，A、B、C 三点的压力各为多少？

解　工件夹紧时，夹紧缸压力即为减压阀调整压力，$p_A = p_C = 2.5$ MPa。减压阀开口很小，这时仍有一部分油通过减压阀阀芯的小开口（或三角槽），将先导阀打开而流出，减压阀阀口始终处在工作状态。

泵的压力突然降到 1.5 MPa 时，减压阀的进口压力小于调整压力，减压阀阀口全开而先导阀处于关闭状态，阀口不起减压作用。单向阀后的 C 点压力，由于原来夹紧缸处于 2.5 MPa，单向阀在短时间内有保压作用，以免夹紧的工件松动。

夹紧缸做空载快速运动时，$p_C = 0$ MPa。A 点的压力如不考虑油液流过单向阀造成的压力损失，$p_A = 0$ MPa。因减压阀阀口全开，若压力损失不计，则 $p_B = 0$ MPa。由此可见，夹紧缸空载快速运动时将影响到泵的工作压力。

知识点 3　流量控制阀的原理与结构特点

液压系统中，控制工作液体流量的阀称为流量控制阀，简称流量阀。常用的流量控制阀有节流阀、调速阀、分流阀等。其中节流阀是最基本的流量控制阀。流量控制阀通过改变节流口的开口大小调节通过阀口的流量，从而改变执行元件的运动速度，通常用于定量液压泵液压系统中。

1. 节流阀

1）流量控制工作原理

油液流经小孔、狭缝或毛细管时，会产生较大的液阻，通流面积越小，油液受到的液阻越大，通过阀口的流量就越小。所以，改变节流口的通流面积，使液阻发生变化，就可以调节流量的大小，这就是流量控制的工作原理。大量实验证明，节流口的流量特性可以用下式表示：

$$q = CA_T (\Delta p)^m$$

式中：q——通过节流口的流量；

　　A_T——节流口的通流面积；

　　Δp——节流口前后的压力差；

　　C——流量系数，随节流口的形式和油液的黏度而变化；

　　m——节流口形式参数，一般为 0.5～1，薄壁孔取 0.5，细长孔取 1。

三种节流口的流量特性曲线如图 5-49 所示，由图可知，节流口为薄壁孔时流量稳定性较好。

节流口的形式很多，常用的几种如图 5-50 所示。图 5-50（a）为针阀式节流口，针阀芯做轴向移动时，改变环形通流截面积的大小，从而调节了流量。图 5-50（b）为偏心式节流口，在阀芯上开有一个截面为三角形（或矩形）的偏心槽，当转动阀芯时，就可以调节通流截面面积大小来调节流量。这两种形式的节流口结构简单、制造容易,但节流口容易堵塞,流量不稳定,适用于性能要求不高的场合。图 5-50(c)为轴向三角槽式节流口,在阀芯端部开有一个或两个斜的三角沟槽,轴向移动阀芯时,就可以改变三角沟槽通流截面面积的大小,从而调节流量。图 5-50(d)为周向缝隙式节流口,阀芯上开有狭缝,油液可以通过狭缝流入阀芯内孔,然后由左侧孔流出,转动阀芯就可以改变缝隙的通流截面面积。图 5-50(e)为轴向缝隙式节流口,在套筒上开有轴向缝隙,轴向移动阀芯即可改变缝隙的通流面积大小,以调节流量。

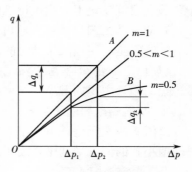

图 5-49 节流阀特性曲线

这三种节流口性能较好,尤其是轴向缝隙式节流口,其节流通道厚度可薄到 0.07 ~ 0.09 mm,可以得到较小的稳定流量。

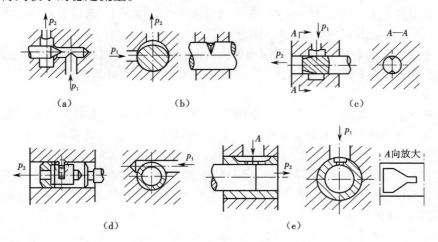

图 5-50 节流口的形式
(a)针阀式 (b)偏心式 (c)轴向三角槽式 (d)周向缝隙式 (e)轴向缝隙式

2)普通节流阀的结构原理

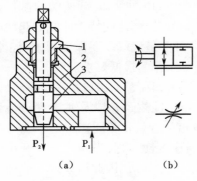

图 5-51 节流阀
(a)结构原理图 (b)图形符号
1—螺纹调节机构 2—阀体 3—阀芯

节流阀是一种最简单、最基本的流量控制阀。一种典型的节流阀结构如图 5-51(a)所示,它主要由螺纹调节机构 1、阀体 2、阀芯 3 等零件组成。

如图 5-51(a)所示,节流通道呈轴向三角槽式。压力油从进油口 P_1 流入,经阀芯 3 下端的三角槽,再从出油口 P_2 流出。调节螺纹调节机构 1,可使阀芯 3 做轴向移动,以改变节流口的通流截面面积来调节流量。节流阀的进出油口可互换。节流阀的图形符号如图 5-51(b)所示。

这种节流阀结构简单、制造容易、体积小,但负载和温度的变化对流量的稳定性影响较大,因此只适用于负载和温度变化不大或执行机构速度稳定性要求较低的液压系统。

3）影响节流阀流量稳定的因素

节流阀是利用油液流动时的液阻来调节阀的流量的。一般希望在节流口通流面积调好后，流量稳定不变，但实际上流量会发生变化，尤其是流量较小时变化更大。影响节流阀流量稳定的因素主要如下。

Ⅰ.节流阀前后的压力差

节流阀两端压差 Δp 变化时，通过它的流量要发生变化，三种结构形式的节流口中，通过薄壁小孔的流量受到压差改变的影响最小。

Ⅱ.油液的温度

压力损失的能量通常转换为热能，油液的发热会使油液黏度发生变化，导致流量系数 K 变化，而使流量变化。

Ⅲ.节流口的堵塞

当节流口的通流截面面积很小时，在其他因素不变的情况下，通过节流口的流量不稳定（周期性脉动），甚至出现断流的现象，称为堵塞。

由于上述因素的影响，使用节流阀调节执行元件运动速度，其速度将随负载和温度的变化而波动。在速度稳定性要求高的场合，则要使用流量稳定性好的调速阀。

2. 调速阀

压力补偿调速阀是由一个定差减压阀和一个节流阀串联而成的组合阀，如图 5-52 所示。用定差减压阀来保证节流阀前后的压力差 Δp 不受负载变化的影响，从而使通过节流阀的流量保持稳定。

调速阀的工作原理如图 5-52 所示，定差减压阀 1 与节流阀 2 串联，定差减压阀左右两腔分别与节流阀进出口相通。减压阀进口压力 p_3 由溢流阀调定，油液经减压阀后出口压力为 p_2，此为节流阀进口压力，节流阀出口压力 p_3 由液压缸负载 F 决定。当负载 F 变化时，调速阀两端压差 $p_1 - p_2$ 随之变化，但节流阀两端压差 $\Delta p' = p_2 - p_3$ 基本不变，为一常量。当负载 F 变化时，例如负载 F 增大，使 p_3 增大，减压阀阀芯弹簧腔液压力也增大，阀芯左移，阀口开度 x 增大，使 p_2 增大，结果压力差 $\Delta p' = p_2 - p_3$ 基本保持不变，从而保证通过调速阀的流量保持恒定。调速阀的图形符号如图 5-52（b）所示。

调速阀与节流阀的流量与压差的关系比较如图 5-53 所示，由图可知，调速阀的流量稳定性要比节流阀好，基本可达到流量不随压差变化而变化。但是，调速阀特性曲线的起始阶段与节流阀重合，这是因为此时减压阀没有正常工作，阀芯处于最底端。要保证调速阀正常工作，必须达到 0.4～0.5 MPa 的压力差，这是减压阀能正常工作的最低要求。

【案例分析5-3】 图 5-54 中定量泵输出流量为恒定值 q_p，如在泵的出口接一节流阀，并将阀的开口调节小一些，试分析回路中活塞运动的速度 v 和流过截面 P 以及 A、B 两点流量应满足什么样的关系（活塞两腔的面积为 A_1 和 A_2，所有管道的直径 d 相同）。

解 图示系统为定量泵，表示输出流量 q_p 不变。根据连续性方程，当阀的开口开小一些，通过阀口的流速增加，但通过节流阀的流量并不发生改变，$q_A = q_p$，因此该系统不能调节活塞运动速度 v，如果要实现调速就需在节流阀的进口并联一溢流阀，实现泵的流量分流。连续性方程只适合于同一管道，活塞将液压缸分成两腔，因此求 q_B 不能直接使用连续性方程。根据连续性方程，活塞运动速度 $v = q_A / A_1$，$q_B = q_A / A_1 = (A_2 / A_1) q_p$。

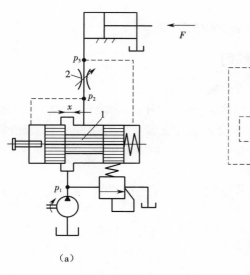

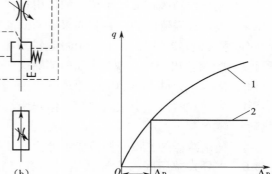

图 5-52　压力补偿调速阀
（a）工作原理　（b）图形符号
1—定差减压阀　2—节流阀

图 5-53　调速阀与节流阀的流量
与压差的关系
1—节流阀的流量与压差的关系
2—调速阀的流量与压差的关系

【案例分析 5-4】　图 5-55 所示节流阀调速系统中，节流阀为薄壁小孔，流量系数 $C =$ 0.67，油的密度 $\rho = 900$ kg/cm^3，先导式溢流阀调定压力 $p_y = 12 \times 10^5$ Pa，泵流量 $q = 20$ L/min，活塞面积 $A_1 = 30$ cm^2，载荷 $F = 2\,400$ N。试分析节流阀开口（面积为 A_T）在从全开到逐渐调小过程中，活塞运动速度如何变化及溢流阀的工作状态。

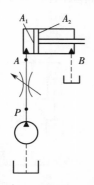

图 5-54　定量泵输出回路

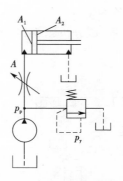

图 5-55　节流阀调速系统

131

解　节流阀开口面积有一临界值 A_{T0}。当 $A_T > A_{T0}$ 时，虽然节流开口调小，但活塞运动速度保持不变，溢流阀阀口关闭起安全阀作用；当 $A_T < A_{T0}$ 时，活塞运动速度随开口变小而下降，溢流阀阀口打开起定压阀作用。

液压缸工作压力

$$p_1 = \frac{F}{A_1} = \frac{2\,400}{30 \times 10^{-4}} = 8 \times 10^5 \text{ Pa}$$

液压泵工作压力

$$p_p = p_1 + \Delta p$$

式中：Δp——节流阀前后压力差，其大小与通过的流量有关。

思考与练习

5-1　液压控制阀在液压系统中的作用是什么？通常分为几大类？

5-2　直动式溢流阀的弹簧腔如果不和回油腔接通，将出现什么现象？如果把先导式溢流阀的远程控制口当成泄油口接回油箱，液压系统会产生什么现象？如果先导式溢流阀的阻尼孔被堵，将会出现什么现象？如何消除这一故障？

5-3　简述压力继电器的工作原理及作用。

5-4　先导式溢流阀中主阀弹簧起何作用？若装配时漏装了主阀弹簧，使用时会出现什么故障？

5-5　何谓减压阀？按其调节要求分为哪几种？哪一种又简称为减压阀且应用最广？

5-6　先导式减压阀与先导式溢流阀有何异同？保证减压阀出口压力稳定的条件是什么？

5-7　何谓顺序阀？按其控制及泄油方式不同分为哪几种？各用在什么场合？

5-8　从结构原理图和图形符号，说明溢流阀、顺序阀、减压阀的不同特点。

5-9　何谓流量控制阀？它是利用什么原理工作的？

5-10　写出节流阀的通用流量特性方程。为什么一般选用薄刃型孔口作为节流阀口？

5-11　简述溢流阀和顺序阀的区别和相似处。

5-12　画出顺序阀和减压阀的图形符号，分析二者在结构和应用上的异同。

5-13　如题 5-13 图所示液压系统，各溢流阀的调整压力分别为 $p_1 = 7$ MPa，$p_2 = 5$ MPa，$p_3 = 3$ MPa，$p_4 = 2$ MPa，问当系统的负载趋于无穷大时，电磁铁通电和断电的情况下，油泵出口压力各为多少？

5-14　试分析题 5-14 图所示液控单向阀的作用。

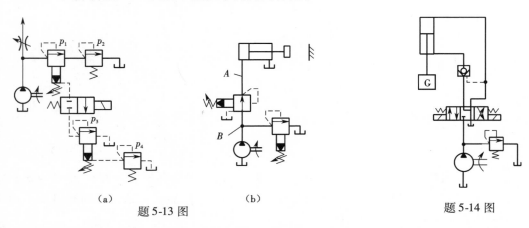

（a）	（b）	
题 5-13 图		题 5-14 图

5-15　如题 5-15 图所示，先导式溢流阀的调定压力为 2.4 MPa，远程控制口和二位二通电磁阀之间的管路上接一个压力表，试确定在下列不同工况时，压力表所指示的压力：

（1）二位二通电磁阀断电，溢流阀无溢流；

（2）二位二通电磁阀断电，溢流阀有溢流；

（3）二位二通电磁阀通电。

5-16　试确定题 5-16 图所示回路（各阀的调定压力在阀的一侧）在下列情况下，液压泵的最高出口压力：

（1）全部电磁铁断电；

（2）电磁铁 2DT 通电；

（3）电磁铁 2DT 断电,1DT 通电。

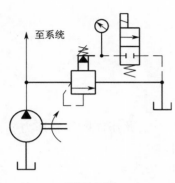

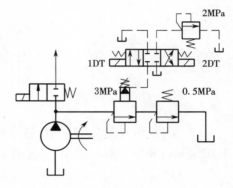

题 5-15 图　　　　　　　　　　　　　题 5-16 图

5-17　题 5-17 图两个系统中,各溢流阀的调定压力分别为 $p_A = 4$ MPa, $p_B = 3$ MPa, $p_C = 2$ MPa,如果系统的外负载趋于无穷大,泵的工作压力各为多少？对图（a）系统,请说明溢流量是如何分配的？

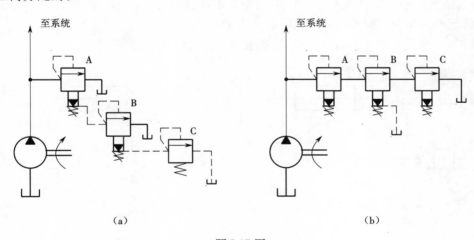

（a）　　　　　　　　　　　　　　　（b）

题 5-17 图

5-18　题 5-18 图所示系统中各溢流阀的调整压力分别是 $p_A = 3$ MPa, $p_B = 1.4$ MPa, $p_C = 1$ MPa。试求当系统外载为无穷大时,泵的出口压力为多少？如果溢流阀 B 的远程控制口堵住,泵的出口压力又为多少？

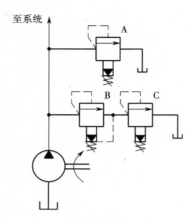

题 5-18 图

5-19　题 5-19 图所示回路中,溢流阀的调整压力 $p_Y = 5$ MPa,减压阀的调整压力 $p_J = 2.5$ MPa,试分析下列各种情况,并说明减压阀阀口处于什么状态?

（1）当泵压力 $p_B = p_Y$ 时,夹紧缸使工件夹紧后,A、C 点的压力为多少?

（2）当泵压力由于工作缸快进,压力降到 $p_B = 1.5$ MPa 时（工件原先处于夹紧状态）,A、C 点的压力为多少?

（3）夹紧缸在未夹紧工件前作空载运动时,A、B、C 三点的压力各为多少?

5-20　题 5-20 图所示回路中,溢流阀的调整压力 $p_Y = 5$ MPa,减压阀的调整压力 $p_J = 1.5$ MPa,活塞运动时负载压力为 1 MPa,其损失不计,试求:

（1）活塞在运动期间和碰到死挡铁后 A、B 点压力;

（2）如果减压阀的外泄油口堵死,活塞碰到死挡铁后 A、B 点压力。

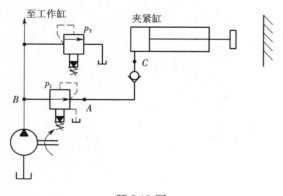

题 5-19 图

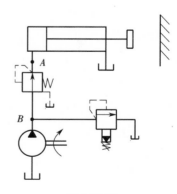

题 5-20 图

5-21　题 5-21 图两个回路的参数相同,液压缸无杆腔面积 $A = 50$ cm^2,负载 $F = 10\ 000$ N,各阀的调整压力如图所示,试分别确定此两回路在活塞运动时和活塞运动到终端停止时 A、B 点的压力。

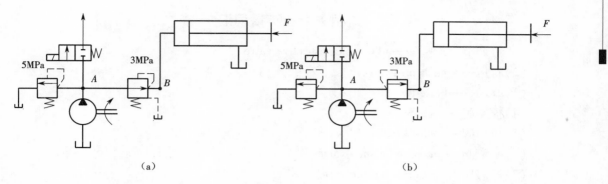

（a）　　　　　　　　　　　（b）

题 5-21 图

5-22　题 5-22 图所示回路中,液压缸的有效面积 $A_1 = A_2 = 50\ \mathrm{cm}^2$,缸 1 负载 $F = 10\ 000$ N,缸 2 运动时负载为零,不计摩擦阻力、惯性力和管路损失。溢流阀、顺序阀和减压阀的调整压力分别为 4 MPa、3 MPa 和 2 MPa。求在下列三种工况下 A、B 和 C 点的压力:

（1）液压泵启动后,两换向阀处于中位;

（2）1DT 有电,液压缸 1 运动时及到终点停止运动时;

（3）1DT 断电,2DT 通电,液压缸 2 运动时及碰到固定挡块停止运动时。

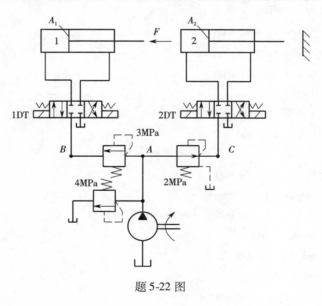

题 5-22 图

相关专业英语词汇

(1)可调节节流阀——adjustable restrictive valve

(2)背压——back pressure

(3)蝶阀——butterfly valve

(4)插装阀——charge valve

(5)单向阀——check valve

(6)平衡阀——counterbalance valve

(7)开启压力——cracking pressure

(8)电磁铁释放——de-energizing of solenoid

(9)膜片阀——diaphragm valve

(10)压差计——differential pressure instrument

(11)直动式——directly operated type

(12)单向节流阀——one-way restrictive valve

(13)泄油管路——drain line

(14)集流阀——flow-combining valve

(15)流量控制阀——flow control valve

(16)分流阀——flow divider valve

(17)流量阀——flow valve

(18)球阀——global(ball)valve

(19)流量——flow rate

(20)流量系数——flower factor

(21)四通阀——four-way valve

(22)流量计——flow meter

(23)液压锁紧——hydraulic lock

(24)手动式——manually operated type

(25)机械控制式——mechanically controlled type

(26)针阀——needle valve

(27)中位——neutral positon

(28)开口——opening

(29)出口压力——outlet pressure

(30)调压偏差——override pressure

(31)峰值压力——peak pressure

(32)液控单向阀——pilot operated check valve

(33)先导式——pilot operated type

(34)先导阀——pilot valve

(35)锥阀——poppet valve

(36)油口——port

(37)压降——pressure drop/ differential pressure

(37)压力表——pressure gauge

(38)压力开关——pressure switch

(39)压力控制阀——pressure relief valve

(40)溢流阀——pressure relief valve

(41)减压阀——pressure reducing valve

(42)比例阀——proportional valve

(43)叠加阀——sandwich valve/sandwich plate valve

(44)旋钮——rotary knob

(45)顺序阀——sequence valve

(46)伺服阀——servo-valve

(47)截止阀——shut-off valve

(48)梭阀——shuttle valve

(49)滑阀——slide valve

(50)电磁阀——solenoid valve

(51)调速阀——speed regulator valve

(52)板式阀——sub-plate valve

(53)板式安装——sub-plate mount

(54)供给流量——supply flow

(55)阈值——threshold

(56)节流阀——throttle valve

(57)卸荷阀——unloading valve

(58)阀芯——valve element

(59)阀芯位置——valve element position

(60)阀压降——valve pressure drop

项目 6　液压基本回路的安装与调试

【教学要求】

(1)掌握液压基本回路的类型、作用、工作原理。

(2)掌握压力控制回路和速度控制回路的工作原理及应用。

(3)掌握速度控制回路的工作原理及应用。

(4)掌握顺序动作回路的工作原理及应用。

(5)了解容积调速回路的调节方法及应用。

(6)能对压力、速度、方向控制回路进行组装。

(7)能独立对压力、速度、方向控制回路进行调试。

(8)能解决在压力、速度、方向控制回路的组装和调试中出现的各类问题,排除故障。

(9)会分析各类压力、速度、方向控制回路的工作原理。

【重点与难点】

(1)压力控制回路的工作原理及应用。

(2)节流调速回路的速度负载特性。

(3)运动回路和速度换接回路的工作原理及应用。

(4)互不干扰回路的工作原理。

【问题引领】

前面已经学习了液压系统的五大组成部分——工作介质(液压油)、动力元件(液压泵)、执行元件(液压缸和液压马达)、控制调节元件(液压阀)、辅助元件(蓄能器、过滤器、油箱、油管及管接头、热交换器、压力表等),由这些基本元件构成了各液压基本回路,本项目学习液压基本回路的安装与调试。

6.1　做中学

任务 1　输送带方向校正装置液压回路的设计、安装与调试

？任务导入

◇液控单向阀的工作原理是怎样的?

◇液控单向阀一般应用在什么地方? 其主要作用是什么?

◇M 型中位机能的三位四通换向阀有什么工作特点?

任务实施

用一输送带传送工件,使工件经过一个烘箱,如图 6-1 所示。为了使输送带不脱离滚

轴,必须借助一个输送带方向校正装置
将偏移的输送带移正。此装置包括一个
钢质滚筒,滚筒一端固定,另一端通过双
作用液压缸将其调节到所希望的位置。
液压源必须是一直处于工作状态。为了
节约能源,在换向阀不动作时,液压系统
必须处于油泵低压卸荷状态。用一个绷
紧装置对输送带不断施加一个反作用
力。用一个液控单向阀来防止阀门泄漏
而引起的油缸活塞杆的来回蠕动。

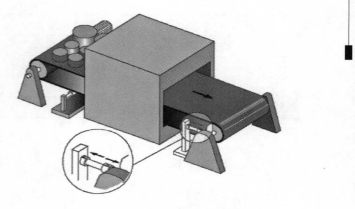

图 6-1　输送带方向校正装置

　　为了比较,首先计算应用 M 型中位
机能的三位四通换向阀的系统,中位时
的功率平衡,然后计算在 O 型中位机能三位四通换向阀的系统中,中位时的功率平衡。

　　具体任务要求如下。

　　(1)确定所需液压元件,设计并绘制输送带方向校正装置的液压回路图。

　　(2)应用 Fluidsim 软件对所设计的液压回路进行仿真。

　　(3)在 FESTO 液压实训台(图 6-2)上对液压回路进行安装和调试,分别测量换向阀在左、中、右三个位置时在行程中和行程终端的工作压力、背压力和系统压力,填写表 6-1。

　　(4)计算三位四通换向阀 O 型和 M 型中位机能的三位四通换向阀在中位时的功率。

139

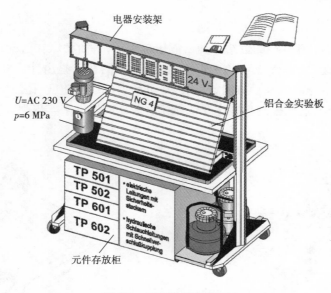

图 6-2　FESTO 液压实训台

表 6-1　输送带方向校正装置数据测量

方向	阀的位置	系统压力	工作压力	背压
前进行程中				

续表

方向	阀的位置	系统压力	工作压力	背压
前进行程终端				
中位				
返回行程中				
返回行程终端				

 **思考一下**

(1)卸荷回路的优点是什么？实现卸荷的方法有哪些？

(2)本回路中溢流阀所起的作用是什么？

 小结

(1)普通单向阀和液控单向阀的原理和区别。

(2)换向阀的类型及原理。

(3)三位换向阀的中位机能的应用。

(4)锁紧回路的工作原理及应用。

任务2　平面磨床液压回路的设计、安装与调试

任务导入

平面磨床工作台(图6-3)的进给运动由液压缸驱动,平面磨床在磨削加工的过程中,进给运动为直线往复运动,那么与工作台相连接的液压缸的运动是由什么样的液压控制回路来实现的呢？改变液压缸的运动方向、控制液压缸活塞的运动速度、让液压缸活塞在任意位置停止及防止其窜动,这些控制功能主要依靠哪些液压元器件来实现呢？

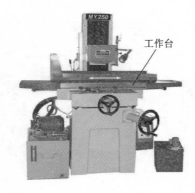

图6-3　平面磨床工作台实物图

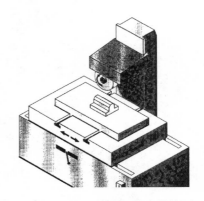

图6-4　平面磨床工作台结构图

任务实施

平面磨床的工作台是由一个液压缸驱动的,如图6-4所示。要求工作台往返速度相同,需要设计一个液压回路为油缸两个不同体积的活塞腔提供不同流量,以达到速度相同。建议前进采用差动连接,为使往返速度相等,回路中需使用调速阀。

具体任务要求如下。

(1)确定所需液压元件,设计并绘制输送带方向校正装置的液压回路图。

(2)应用Fluidsim软件对所设计的液压回路进行仿真。

(3)在FESTO液压实训台上对液压回路进行安装和调试,分别测量液压缸前进及返回行程时间、工作压力和背压,填写表6-2。

表6-2 平面磨床液压回路数据测量

方向	p	p_1	p_2	t
前进行程				
返回行程				

注:p_1为油缸无杆腔的压力;p_2为油缸有杆腔的压力;p为系统压力调至20 bar;t为油缸的行程时间,调至大约4 s;活塞无杆腔面积A_{PN}为2.0 cm²;活塞有杆腔面积A_{PR}为0.8 cm²;油缸的行程s为0.2 m。

思考一下

(1)在前进行程时,实测有可能出现油缸两腔的压力是不同的,为什么尽管行程压力低于背压,活塞还是前进呢?

(2)如不使用调速阀,则活塞和活塞杆可以选择什么样的面积比可以使前进行程速度和返回行程速度相同(前进采用差动回路)?

(3)什么因素决定了差动回路的前进速度?

(4)可以实现液压缸快速运动的方法除了差动连接外,还有哪几种方法?

任务3 钻床夹紧装置液压回路的设计、安装与调试

任务导入

数控机床上用于工件夹紧的液压夹紧装置,如图6-5所示。液压夹紧装置要求保持持续、稳定的夹紧力,直到工件加工完毕,主轴和刀具退回初始位置。液压夹紧装置的油路属于液压系统的分支,其油压低于液压系统主油路,这需要利用具有减压功能的控制元件来实现。而且,一旦分支油路的压力超过夹紧装置所需压力时,液压夹紧装置的液压回路应该可以通过某个特定控制元件将超出的压力卸下来,恢复稳定的压力。

本项目要掌握能实现减压和稳压两种功能的控制元件的结构和工作原理,了解液压夹紧装置的液压回路是如何工作的。

图6-5　液压夹紧装置

任务实施

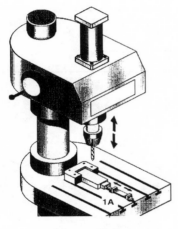

图6-6　钻床

钻床被用于加工各种空心体的零件,如图6-6所示。工件在切削加工前采用液压虎钳夹紧,虎钳运动由液压缸1A驱动,根据空心体的壁厚不同,必须能够调整夹紧力,同时要求虎钳夹紧速度可以调节。

具体任务要求如下。

(1)设计并绘制钻床液压夹紧回路图。

(2)利用Fluidsim软件对设计的液压回路进行仿真。

(3)在FESTO液压实训台上组装回路并进行调试。

思考一下

(1)什么场合适合使用减压阀?

(2)减压阀若装在液压缸的回油路上能起到减压作用吗?

(3)减压阀的压力调定应考虑哪些因素?

任务4　装配设备液压回路的设计、安装与调试

任务导入

在自动化机械设备中,有许多动作需按一定顺序自动完成,那么思考如下问题。

◇当一个回路中有两个执行元件时,两执行元件间的运动关系有哪几种情况?

◇两执行元件的液压回路中,有几种方法可以实现执行元件的顺序动作?

◇如何采用压力控制实现两执行元件的顺序动作?

任务实施

现在想用装配设备将两工件压在一起进行钻孔,如图6-7所示。油缸1A1将工件压紧在工位上,这个动作要求速度缓慢且平稳。当油缸1A1中的压力达到20 bar(工件被压入位)后,钻头在油缸1A2驱动下前伸,完成钻孔。当钻削的动作完成之后,钻头停止钻削并在油缸1A2的驱动下缩回,然后油缸1A1缩回,释放工件。

具体任务要求如下。

(1)设计并绘制装配设备液压回路图。

(2)利用 Fluidsim 软件对设计的液压回路进行仿真。

(3)在 FESTO 液压实训台上组装回路并进行调试。

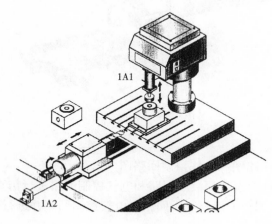

图6-7　装配设备

思考一下

(1)可以实现两缸顺序动作的方法有几种？

(2)利用顺序阀实现两缸顺序动作时,顺序阀应该安装在什么位置？压力如何调定？

(3)顺序阀可以用于调定系统的压力吗？它和溢流阀的异同点是什么？

任务5　自卸料斗液压回路的设计、安装与调试

任务导入

◇如何实现采用电气控制实现液压缸的换向？

◇双电控的电磁换向阀在设计电气控制回路时有什么要求？

作为一名从事液压与气动工作的现代技术人员,一定要能设计电气控制回路。本项目要求设计液压保压回路及其电气控制回路。

任务实施

用一条传送带将金属切屑传送到一个自卸料斗,当料斗装满后,便倒入一辆货车,如图6-8所示。用一个三位四通电磁阀控制一个双作用液压缸,在装料时,油缸的活塞杆伸出,为使液压缸的活塞杆保持伸出,必须通过液压保压以避免意外地收回。

液压控制阀的电气控制应该是按照人的意愿进行的,就是说,只有在按下向前行程或退回行程按钮时,油缸才允许动作。

图 6-8　自卸料斗

具体任务要求如下。

(1)设计并绘制液压回路图和电气控制回路图。

(2)利用 Fluidsim 软件对设计的液压回路和电气控制回路进行仿真。

(3)在 FESTO 液压实训台上组装液压回路和电气控制回路并进行调试。

思考一下

(1)什么措施能够保证"伸出"或"缩回"按钮偶尔被同时按下时,油缸仍能够保持其位置不动作?

(2)实现液压保压的方法有哪几种?

6.2　理论知识

知识点 1　压力控制回路

利用各种压力阀控制系统或系统某一部分油液压力的回路称为压力控制回路。在系统中用来实现调压、减压、增压、卸荷、保压等控制,满足执行元件对力或转矩的要求。

1.调压回路

调压回路的作用是定量泵系统中根据负载大小来调定系统工作压力为恒定值,在变量泵系统中限定系统的最高压力,保护液压元件。调压回路主要元件是溢流阀。

1)单级调压回路

由溢流阀组成的单级调压回路,用于定量泵液压泵系统中,如图 6-9 所示。在液压泵出口处并联设置的溢流阀,可以控制液压系统的最高压力值。必须指出,为了使系统压力近于恒定,液压泵输出油液的流量除满足系统工作用油量和补偿系统泄漏外,还必须保证有油液经溢流阀流回油箱。所以,这种回路效率较低,一般用于流量不大的场合。

2)多级调压回路

有些液压设备的液压系统需要在不同的工作阶段获得不同的压力。二级调压回路如图 6-10 所示,可实现两种不同的系统压力控制,图示状态下,泵出口处的压力由溢流阀1调定,当电磁换向阀2的电磁铁通电时,换向阀2右位接通,先导式溢流阀1远程控制口与溢流阀3接通,泵出口处的压力由溢流阀3调定,但溢流阀3的调定压力必须低于溢流阀1的调定压力。

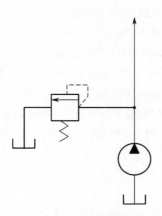

图6-9　单级调压回路

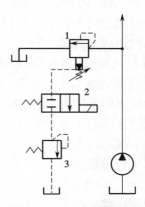

图6-10　二级调压回路

1,3—溢流阀　2—二位二通电磁换向阀

三级调压回路如图6-11所示。在图示状态下,泵出口压力由溢流阀1调定;当电磁铁1YA通电时,泵出口压力由溢流阀2调定;当电磁铁2YA通电时,泵出口压力由溢流阀3调定。溢流阀2和溢流阀3的调定压力必须小于溢流阀1的调定压力。

3)双向调压回路

执行元件正反行程所需供油压力不同时,可采用双向调压回路,如图6-12所示。图中当换向阀右位工作时,活塞为工作行程,泵出口压力由溢流阀1调定为较高的压力,缸右腔油液通过换向阀回油箱,溢流阀2此时不起作用;当换向阀左位工作时,缸作空行程返回,泵出口压力由溢流阀2调定为较低的压力,溢流阀1不起作用。缸退回到终点后,泵在低压下回油,功率损耗小。

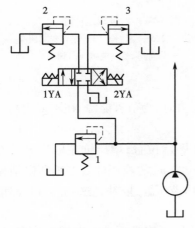

图6-11　多级调压回路

1,2,3—溢流阀

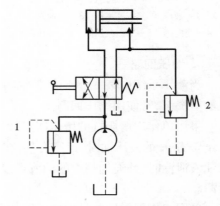

图6-12　双向调压回路

1,2—溢流阀

145

2. 减压回路

在定量液压泵供油的液压系统中,溢流阀按主系统的工作压力进行调定。若系统中某个执行元件或某个支路所需要的工作压力低于溢流阀所调定的主系统压力(如控制系统、润滑系统等)。这时就要采用减压回路,减压回路主要通过减压阀来完成。

采用单向减压阀组成的减压回路用于夹紧系统如图 6-13 所示。单向减压阀 5 安装在液压缸 6 与换向阀 4 之间,当 1YA 通电时,三位四通换向阀左位工作,液压泵输出压力油液通过单向阀 3、换向阀 4,经单向减压阀 5 减压后输入液压缸左腔,推动活塞右移,夹紧工件,右腔的油液经换向阀 4 流回油箱;当工件加工完后,2YA 通电,换向阀 4 右位工作,液压缸 6 左腔的油液经单向减压阀 5、换向阀 4 流回油箱,回程时减压阀不起作用。单向阀 3 在回路中的作用是当主油路压力低于减压油路的压力时,利用锥阀关闭时的严密性,保证减压油路的压力不变。减压阀 5 的调整压力应低于溢流阀 2 的调整压力,才能保证减压阀减压。为使减压回路工作可靠,减压阀的最低调定压力不应小于 0.5 MPa,最高调定压力应比溢流阀的调定压力小 0.5 MPa。

利用先导式减压阀 3 远程控制口接一电磁换向阀 5 和溢流阀 6 可以实现二级减压,如图 6-14 所示。

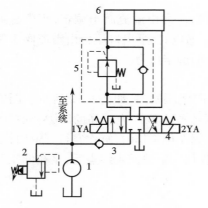

图 6-13 单向减压回路

1—液压泵 2—溢流阀 3—单向阀
4—换向阀 5—单向减压阀 6—液压缸

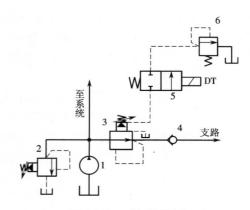

图 6-14 二级减压回路

1—液压泵 2,6—溢流阀 3—先导式减压阀
4—单向阀 5—电磁换向阀

3. 增压回路

当液压系统中某一分支油路所需的压力高于主油路压力时,为节省能源,在不采用高压泵的前提下,常使用增压回路。

采用单作用增压缸的增压回路如图 6-15(a)所示。在图示位置,增压缸左腔进入具有一定压力 p_1 的液压油时,活塞右移,在右腔输出具有较高压力 p_2 的液压油。当增压缸活塞有油液泄漏时,补充油箱中的油液可以通过单向阀进入增压液压缸,以补充这一部分管路的泄漏。

采用双作用增压缸的增压回路如图 6-15(b)所示,能连续输出高压油。在图示位置,液压泵输出的压力油经换向阀 5 和单向阀 1 进入增压缸左端大、小活塞腔,右端大活塞腔的回油通油箱,右端小活塞腔增压后的高压油经单向阀 4 输出,此时单向阀 2、3 被关闭。当增压缸活塞移到右端时,换向阀得电换向,增压缸活塞向左移动。同理,左端小活塞腔输出的高压油经单向阀 3 输出,这样增压缸的活塞不断往复运动,两端便交替输出高压油,从而实现了连续增压。

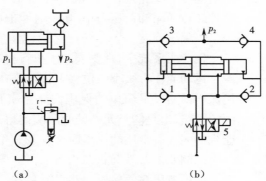

图 6-15　采用增压液压缸的增压回路

（a）采用单作用增压缸的增压回路　（b）采用双作用增压缸的增压回路

1,2,3,4—单向阀　5—电磁换向阀

4. 卸荷回路

当液压系统中的执行元件停止运动或需要长时间保持压力时,卸荷回路的功用是在液压泵驱动电动机不频繁启闭的情况下,使液压泵在功率损耗接近于零的情况下运转,即输出的油液以最小的压力直接流回油箱,以减小功率损耗,降低系统发热,延长液压泵和电动机的使用寿命。下面介绍两种常用的卸荷回路。

1）采用二位二通换向阀的卸荷回路

当执行元件停止运动时,使二位二通换向阀电磁铁通电,其右位接入系统,这时液压泵输出的油液通过该阀流回油箱,使液压泵卸荷,如图 6-16 所示。应用这种卸荷回路,二位二通换向阀的流量规格应能流过液压泵的最大流量。

2）采用三位四通换向阀中位机能的卸荷回路

采用三位四通换向阀的中位滑阀机能实现卸荷的回路如图 6-17（a）所示。图示换向阀的滑阀机能为 H 型中位机能,油口 A、B、P、O 全部连通。液压泵输出的油液经换向阀中间通道直接流回油箱,实现液压泵卸荷。此外滑阀中位机能为 K 型或 M 型时也可实现液压泵卸荷,如图 6-17（b）、（c）所示。

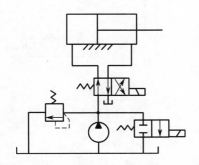

图 6-16　采用二位二通换向阀的卸荷回路

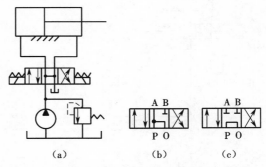

图 6-17　采用三位四通换向阀的卸荷回路

（a）H 型中位机能　（b）K 型中位机能　（c）M 型中位机能

3）采用先导式溢流阀远程控制口的卸荷回路

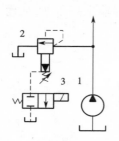

图 6-18　采用先导式溢
流阀远程控制口的卸荷回路
1—液压泵　2—先导式溢流阀
3—二位二通电磁阀

在图 6-18 中使先导型溢流阀 2 的远程控制口直接与二位二通电磁阀 3 相连,便构成一种用先导式溢流阀的卸荷回路,这种卸荷回路卸荷压力小,切换时冲击也小。

5.保压回路

在液压系统中,常要求液压执行机构在一定的行程位置上停止运动或在有微小的位移下稳定维持一定的压力,这就要采用保压回路。最简单的保压回路是密封性能较好的液控单向阀的回路,但是阀类元件处的泄漏使得这种回路的保压时间不能维持太久。常用的保压回路有以下几种。

1）利用液压泵的保压回路

利用液压泵的保压回路也就是在保压过程中,液压泵仍以较高的压力(保压所需压力)工作,此时若采用定量泵则压力油几乎全经溢流阀流回油箱,系统功率损失大,易发热,故只在小功率的系统且保压时间较短的场合下才使用;若采用变量泵,在保压时泵的压力较高,但输出流量几乎等于零,因而液压系统的功率损失小,这种保压方法能随泄漏量的变化而自动调整输出流量,因而其效率也较高。

2）利用蓄能器的保压回路

在如图 6-19 所示的回路中,当主换向阀在左位工作时,液压缸活塞右移且压紧工件,进油路压力升高至调定值,压力继电器动作使二位二通换向阀电磁铁通电,泵即卸荷,单向阀自动关闭,液压缸则由蓄能器保压。液压缸因泄漏造成缸压不足时,压力继电器复位使泵重新工作。保压时间的长短取决于蓄能器容量,调节压力继电器的工作区间即可调节缸中压力的最大值和最小值。

3）自动补油的保压回路

采用液控单向阀和电接触式压力表的自动补油式保压回路如图 6-20 所示。其工作原理为:当 1YA 得电时,换向阀右位接入回路,液压泵输出的油液顶开液控单向阀进入液压缸上腔,液压缸上腔压力上升至电接触式压力表的上限值时,上触点接通,使电磁铁 1YA 失电,换向阀处于中位,液压泵卸荷,液压缸由液控单向阀保压。当液压缸上腔压力下降到预

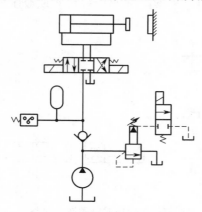

图 6-19　采用蓄能器的保压回路

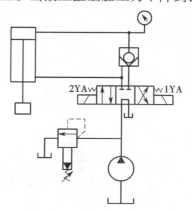

图 6-20　自动补油的保压回路

定下限值时,电接触式压力表又发出信号,使1YA得电,液压泵再次向系统供油,使压力上升。当压力达到上限值时,上触点又发出信号,使1YA失电。因此,这一回路能自动地使液压缸补充压力油,使其压力能长期保持在一定范围内。

6. 平衡回路

平衡回路的功用在于防止垂直或倾斜放置的液压缸和与之相连的工作部件因自重而自行下落。采用单向顺序阀的平衡回路如图6-21所示,当1YA得电后活塞下行时,回油路上就存在着一定的背压,只要将这个背压调得能支撑住活塞和与之相连的工作部件自重,活塞就可以平稳地下落。当换向阀处于中位时,活塞就停止运动,不再继续下移。这种回路当活塞向下快速运动时功率损失大,锁住时活塞和与之相连的工作部件会因单向顺序阀和换向阀的泄漏而缓慢下落,因此它只适用于工作部件重量不大、活塞锁住时定位要求不高的场合。

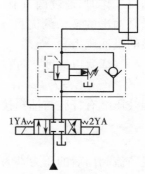

图6-21　采用单向顺序阀的平衡回路

知识点2　速度控制回路

1. 调速回路

在不考虑油液压缩性和泄漏的情况下,液压缸的速度

$$v = q/A$$

液压马达的转速

$$n = q/V_m$$

式中:q——输入液压缸或液压马达的流量;

　A——液压缸的有效面积;

　V_m——马达排量。

对于确定的液压缸来说,通过改变有效面积A来调速是不现实的,一般只能用改变输入流量q的方法来调速。

对液压马达来说,既可以用改变输入流量q的办法来调速,也可以通过改变马达排量V_m的方法来调速。

目前常用的调速回路主要有以下几种。

(1)节流调速回路:由定量泵供油,用流量阀调节进入或流出执行机构的流量来实现调速。

(2)容积调速回路:用调节变量泵或变量马达的排量来调速。

(3)容积节流调速回路:用限压变量泵供油,由流量阀调节进入执行机构的流量,并使变量泵的流量与调节阀的流量相适应来实现调速。

1)节流调速回路

节流调速是在定量液压泵供油的液压系统中安装节流阀来调节进入液压缸的油液流量,从而调节执行元件工作行程速度。根据节流阀在油路中安装位置的不同,可分为进油节流调速、回油节流调速、旁路节流调速三种形式。常用的是进油节流调速与回油节流调速两种回路。

Ⅰ. 进油节流调速回路

这种调速回路是采用定量泵供油,节流阀装在执行元件的进油路上,如图 6-22 所示。回路工作时,通过调节节流阀开口 A_T 的大小改变进入液压缸的流量 q_1,达到调速的目的,定量泵输出的多余的流量 q_y 经溢流阀溢流回油箱,溢流阀在回路中起溢流稳压的作用,调定泵的供油压力。

当活塞以速度 v 向右做匀速运动时,作用在活塞两个方向上的力互相平衡,即

$$p_1 A_1 = F + p_2 A_2$$

因液压缸有杆腔与油箱接通,所以 $p_2 = 0$,上式整理得

$$p_1 = \frac{F}{A_1}$$

设节流阀前后的压力差为 Δp,则

$$\Delta p = p_p - p_1 = p_p - \frac{F}{A_1}$$

可得经节流阀流入液压缸左腔的流量

$$q_1 = CA_T \Delta p^m = CA_T \left(p_p - \frac{F}{A_1} \right)^m$$

所以活塞的运动速度

$$v = \frac{q_1}{A_1} = \frac{CA_T}{A_1} \Delta p^m = \frac{CA_T}{A_1} \left(p_p - \frac{F}{A_1} \right)^m$$

Ⅰ)速度 – 负载特性

在回路中调速元件的调定值不变的情况下,负载变化所引起速度变化的性能称为速度 – 负载特性,进油节流调速回路的速度 – 负载特性曲线如图 6-23 所示。

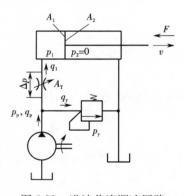

图 6-22　进油节流调速回路

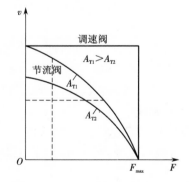

图 6-23　进油节流调速回路
速度 – 负载特性曲线

（1）节流阀开口面积 A_T 一定时,负载 F 越大,速度 v 越小。

（2）节流阀开口面积 A_T 一定时,负载 F 越大,速度刚性越差。

（3）负载 F 一定时,节流口面积 A_T 越大,速度刚性越差。

（4）当速度 $v = 0$ 时,承受的负载最大,最大负载 $F_{max} = p_p A_1$,即承载能力不随节流口面积 A_T 的变化而变化,此时液压泵的全部流量经溢流阀流回油箱。

Ⅱ）功率特性

功率特性是指功率随速度的变化而变化的情况。

液压泵输出功率即为该回路的输入功率，即

$$P_i = p_p q_p$$

液压缸输出的有效功率为

$$P_o = F \cdot v = p_1 q_1$$

回路的功率损失为

$$\Delta P = P_i - P_o = p_p q_p - p_1 q_1 = p_p(q_y + q_1) - (p_p - \Delta p)q_1 = p_p q_y + q_1 \Delta p$$

即

$$\Delta P = p_p q_y + q_1 \Delta p = \Delta p_溢 + \Delta p_节$$

可见，该调速回路的功率损失由两部分组成：溢流损失 $\Delta p_溢$ 和节流损失 $\Delta p_节$。由于存在两部分功率损失，在工进时泵的大部分流量溢流，因此进油节流调速回路的效率较低，尤其在低速轻载时，效率更低。低效率导致温升和泄漏增加，进一步影响了速度的稳定性。

可见，进油节流调速回路适用于轻载、低速、负载变化不大和对速度稳定性要求不高的小功率液压系统。

Ⅱ. 回油节流调速回路

把流量控制阀装在执行元件的回油路上的调速回路称为回油节流调速回路，如图6-24所示。和前面分析相同，当活塞匀速运动时，活塞上的作用力平衡方程式为

$$p_1 A_1 = F + p_2 A_2$$

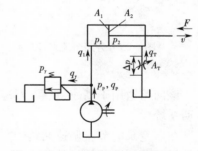

p_1 为由溢流阀调定的液压泵出口压力，即

$$p_1 = p_y$$

所以

$$p_2 = \frac{p_1 A_1 - F}{A_2}$$

图6-24　回油节流调速回路

可调节流阀前后的压力差为

$$\Delta p = p_2$$

活塞运动速度为

$$v = \frac{q_2}{A_2} = \frac{CA_T}{A_2}\Delta p^m = \frac{CA_T}{A_2}\left(\frac{p_1 A_1 - F}{A_2}\right)^m = \frac{CA_T}{A_2^{m+1}}(p_1 A_1 - F)^m$$

此式与进油节流调速回路所得的公式形式完全相同，因此两种回路具有相似的速度－负载特性，功率特性也与进油节流调速回路相似。但回油节流调速回路有以下几个明显的特点。

（1）回油节流调速回路中具有背压，能承受负的负载。进油节流调速回路要想承受负的负载，需在回油腔加背压阀。

（2）回油节流调速回路进油腔的压力变化小，不易实现压力控制。而进油节流调速回路容易实现压力控制，如当工作部件在行程终点碰到死挡块后，缸进油腔压力升高，当压力达到此处的压力继电器的调定压力时，压力继电器会发出信号，控制系统的下一步动作。

151

（3）进油节流调速回路易实现更低的稳定的工作速度。

（4）回油节流调速回路中,经节流阀发热后的液压油直接流回油箱,容易散热,而进油节流调速回路中发热后的油液进入液压缸,导致泄漏增加。

Ⅲ. 旁路节流调速回路

这种回路节流阀安装在与液压缸并联的旁油路上,其调速原理如图 6-25 所示。通过调节节流阀开口大小,调节进入液压缸的流量,阀口开大,缸速减小。溢流阀常态时关闭,过载时打开,起安全阀的作用,其调定压力为回路最大工作压力的 1.1 ~ 1.2 倍。泵压 p_p 随负载而变化,其速度 – 负载特性曲线如图 6-26 所示。由于回路中只有节流损失,而无溢流损失,本回路效率较高,但调速范围小。

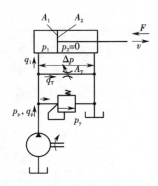

图 6-25　旁路节流调速回路

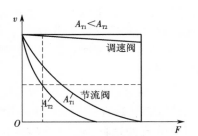

图 6-26　旁路节流调速回路
速度 – 负载特性曲线

该回路适用于高速、重载、对速度平稳性要求很低的较大功率液压系统,如牛头刨床主运动系统。

在定量泵的节流调速回路中负载 F 变化时,节流阀前后的压差 Δp 随之变化,缸运动平稳性差。若用调速阀代替节流阀,当负载 F 变化时,调速阀前后的压差 Δp 基本不变,通过调速阀的流量也基本不变,这样缸运动速度随负载的增加而下降的现象大大减轻,其速度 – 负载特性曲线如图 6-23 和图 6-26 所示,承载能力低及调速范围小的问题也随之解决。

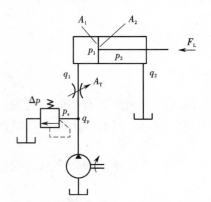

图 6-27　进油路节流调速回路

（2）$p_1 = F_L/A_1 = [\,10\,000/(50 \times 10^{-4})\,]\,\text{Pa} = 2\text{ MPa}$。

【案例分析 6-1】　图 6-27 进油路节流调速回路中,液压缸有效面积 $A_1 = 50\text{ cm}^2$, $A_2 = 25\text{ cm}^2$, $q_p = 20$ L/min,负载 $F_L = 10\,000$ N,溢流阀的调定压力 $p_s = 40 \times 10^5$ Pa,节流阀为薄壁小孔,节流面积 $A_T = 0.01\text{ cm}^2$,取流量系数 $C = 0.03$,只考虑液流通过节流阀的压力损失,其他压力损失和泄漏损失忽略不计。小孔流量公式为 $q = CA_T \Delta p^m$。计算:

（1）泵的输出压力 p_p;

（2）液压缸的运动速度（m/s）。

解　（1）溢流阀在进油节流调速回路中为稳压阀,所以泵输出压力即为溢流阀的调定压力 4 MPa。

节流阀前后压差为

$$\Delta p = 4 - 2 = 2 \text{ MPa}$$

流过节流阀流量为

$$q = CA_T \Delta p^m = 0.03 \times 0.01 \times 10^{-4} \times (2 \times 10^6)^{0.5}$$
$$= 4.2 \times 10^{-5} \text{ m}^3/\text{s} = 2.55 \text{ L/min}$$

液压缸的运动速度为

$$v = \frac{q}{A_1} = \frac{4.2 \times 10^{-5}}{50 \times 10^{-4}} = 0.0084 \text{ m/s} = 8.4 \text{ mm/s}$$

2)容积调速回路

容积调速回路是通过改变回路中液压泵或液压马达的排量来实现调速的。其主要优点是功率损失小(没有溢流损失和节流损失)且其工作压力随负载变化,所以效率高、油的温度低,适用于高速、大功率系统。按油路循环方式不同,容积调速回路有开式回路和闭式回路两种。

开式回路中,泵从油箱吸油,执行机构的回油直接回到油箱,油箱容积大,油液能得到较充分冷却,但空气和脏物易进入回路。闭式回路中,液压泵将油输出进入执行机构的进油腔,又从执行机构的回油腔吸油。闭式回路结构紧凑,只需很小的补油箱,但冷却条件差。为了补偿工作中油液的泄漏,一般设补油泵,补油泵的流量为主泵流量的 10% ~ 15%,压力调节为 0.3 ~ 1 MPa。

容积调速回路通常有下面几种基本形式:变量泵 – 缸式、变量泵 – 定量马达式、定量泵 – 变量马达式、变量泵 – 变量马达式容积调速回路。

Ⅰ. 变量泵 – 缸式

变量泵 – 缸式容积调速回路如图 6-28 所示,该回路为开式回路。回路中活塞 5 的运动速度 v 由变量泵 1 调节,溢流阀 2 为安全阀,系统正常工作时,变量液压泵输出的压力油液全部进入液压缸,推动活塞运动,溢流阀 2 起安全保护作用,正常工作时常闭,当系统过载时才打开溢流,因此溢流阀限定了系统的最高压力。阀 4 为换向阀,溢流阀 6 为背压阀,提高系统随负载变化时的稳定性。改变泵的输出流量,就可以改变活塞的运动速度,实现调速。这种回路适用于工程机械、矿山机械和大型机床等大功率液压系统,如推土机、插床、拉床等。

Ⅱ. 变量泵 – 定量马达式

变量泵 – 定量马达式容积调速回路如图 6-29 所示,回路中采用变量泵 3 来调节液压马达 5 的转速,安全阀 4 用以防止过载,低压辅助泵 1 用以补油,其补油压力由低压溢流阀 6 来调节。

变量泵 – 缸式和变量泵 – 定量马达式容积调速回路调速范围较大,适用于调速范围较大,要求恒扭矩输出的场合,如大型机床的主运动或进给系统中。

Ⅲ. 定量泵 – 变量马达式

定量泵 – 变量马达式容积调速回路如图 6-30 所示,该回路为闭式回路。此回路是由调节变量马达的排量 V_m 来实现调速的。

定量泵 – 变量马达式容积调速回路,调速范围比较小(一般为 3 ~ 4),因而较少单独应用。

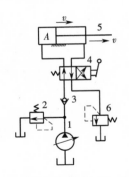

图6-28　变量泵－缸式
容积调速回路
1—变量泵　2,6—溢流阀　3—单向阀
4—换向阀　5—液压缸

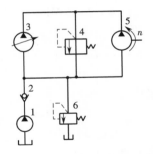

图6-29　变量泵－定量
马达式容积调速回路
1—定量泵　2—单向阀
3—变量泵　4—安全阀
5—定量马达　6—溢流阀

Ⅳ.变量泵－变量马达式

变量泵－变量马达式容积调速回路如图6-31所示,该回路是前面两种调速回路的组合,其调速特性也具有两者之特点。

回路中调节变量泵1的排量和变量马达2的排量,都可调节马达的转速;补油泵3通过单向阀4和5向低压腔补油,其补油压力由溢流阀9来调节;安全阀8用以防止正反两个方向的高压过载。为合理地利用变量泵和变量马达调速中各自的优点,克服其缺点,在实际应用时,一般采用分段调速的方法。

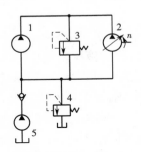

图6-30　定量泵－变量
马达式容积调速回路
1—定量泵　2—变量马达
3—溢流阀　4—低压溢流阀
5—补油泵

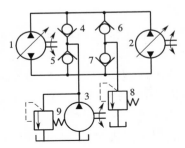

图6-31　变量泵－变量
马达式容积调速回路
1—变量泵　2—变量马达　3—补油泵
4,5,6,7—单向阀 8—安全阀　9—溢流阀

第一阶段将变量马达的排量调到最大值并使之恒定,然后调节变量泵的排量从最小逐渐加大到最大值,则马达的转速便从最小逐渐升高到相应的最大值,这一阶段相当于变量泵定量马达的容积调速回路;第二阶段将已调到最大值的变量泵的排量固定不变,然后调节变量马达的排量,使之从最大逐渐调到最小,此时马达的转速便进一步逐渐升高到最高值,这一阶段相当于定量泵变量马达的容积调速回路。

这种容积调速回路的调速范围是变量泵调节范围和变量马达调节范围之乘积,其调速范围大,并且有较高的效率,它适用于大功率的场合,如矿山机械、起重机械以及大型机床的主运动液压系统。

3）容积节流调速回路

容积节流调速回路的基本工作原理是采用压力补偿式变量泵供油、调速阀（或节流阀）调节进入液压缸的流量，并使泵的输出流量自动地与液压缸所需流量相适应。

常用的容积节流调速回路为限压式变量泵与调速阀组成的容积节流调速回路，如图6-32所示。在图示位置，活塞快速向右运动，液压泵1按快速运动要求调节其输出流量q_{max}，同时调节限压式变量泵的压力调节螺钉，使泵的限定压力p_C大于快速运动所需压力。当换向阀3通电，泵输出的压力油经调速阀2进入液压缸4，其回油经背压阀5回油箱。调节调速阀2的流量q_1就可调节活塞的运动速度v，由于$q_1 < q_B$，压力油迫使泵的出口与调速阀进口之间的油压升高，即泵的供油压力升高，泵的流量便自动减小到$q_B \approx q_1$为止。

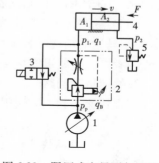

图6-32 限压式变量泵与调速阀组成的容积节流调速回路
1—液压泵 2—调速阀
3—换向阀 4—液压缸 5—背压阀

这种回路中，泵的输出流量能自动与调速阀调节的流量相适应，只有节流损失，没有溢流损失，因此效率高、发热量小。同时，采用调速阀，液压缸的运动速度基本不受负载变化的影响，即使在较低的运动速度下工作，运动也较稳定。这种调速回路不宜用于负载变化大且大部分时间在低负载下工作的场合。

限压式变量泵与调速阀等组成的容积节流调速回路，具有效率较高、调速较稳定、结构较简单等优点。目前已广泛应用于负载变化不大的中、小功率组合机床的液压系统中。

4）调速回路的比较和选用

调速回路的比较见表6-3。

表6-3 调速回路的比较

主要性能		回路类型						
		节流调速回路				容积调速回路	容积节流调速回路	
		用节流阀		用调速阀				
		进回油	旁路	进回油	旁路		限压式	稳流式
机械特性	速度稳定性	较差	差	好		较好	好	
	承载能力	较好	较差	好		较好	好	
调速范围		较大	小	较大		大	较大	
功率特性	效率	低	较高	低	较高	最高	较高	高
	发热	大	较小	大	较小	最小	较小	小
适用范围		小功率、轻载的中低压系统				大功率、重载、高速的中高压系统	中小功率的中压系统	

调速回路的选用主要考虑以下问题。

（1）执行机构的负载性质、运动速度、速度稳定性等要求：负载小，且工作中负载变化也小的系统可采用节流阀节流调速；在工作中负载变化较大且要求低速稳定性好的系统，宜采用调速阀的节流调速或容积节流调速；负载大、运动速度高、油的温升要求小的系统，宜采用容积调速回路。一般来说，功率在 3 kW 以下的液压系统宜采用节流调速；3～5 kW 范围宜采用容积节流调速；功率在 5 kW 以上的宜采用容积调速回路。

（2）工作环境要求：处于温度较高的环境下工作，且要求整个液压装置体积小、质量轻的情况，宜采用闭式回路的容积调速。

（3）经济性要求：节流调速回路的成本低，功率损失大，效率也低；容积调速回路因变量泵、变量马达的结构较复杂，所以价钱高，但其效率高、功率损失小；而容积节流调速回路则介于两者之间。所以需综合分析选用哪种回路。

2. 快速运动回路

实现快速运动的方法很多，下面主要介绍差动连接回路、双泵供油回路和采用蓄油器回路。

1）差动连接的快速运动回路

利用二位三通电磁换向阀实现液压缸差动连接的快速运动回路如图 6-33 所示。

液压缸的差动连接也可用 P 型中位机能的三位换向阀来实现。

2）双泵供油的快速运动回路

双泵供油快速运动回路如图 6-34 所示。在快速运动时，泵 1 输出的油液经单向阀 4 与泵 2 输出的油液共同向系统供油；工作行程时，系统压力升高，打开液控顺序阀 3 使泵 1 卸荷，由泵 2 单独向系统供油，系统的工作压力由溢流阀 5 调定，单向阀 4 在系统工作进给运动（简称工进）时关闭。

双泵供油快速运动回路功率利用合理、效率高，并且速度换接较平稳，在快、慢速度相差较大的机床中应用很广泛。

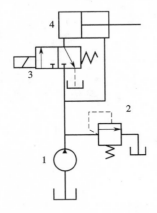

图 6-33　差动连接的快速运动回路
1—液压泵　2—溢流阀
3—换向阀　4—液压缸

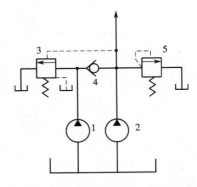

图 6-34　双泵供油的快速运动回路
1—大流量泵　2—小流量泵　3—顺序阀
4—单向阀　5—溢流阀

3）采用蓄能器的快速运动回路

采用蓄能器的快速运动回路如图 6-35 所示。当三位四通换向阀 5 处于中位时，液压缸 6 停止运动，泵向蓄能器 4 充液；当 1YA 通电时，蓄能器 4 和液压泵 1 一起向液压缸 6 供油，实现缸的快速运动。

3. 速度换接回路

速度换接回路用来实现运动速度的变换,即在原来设计或调节好的几种运动速度中,从一种速度换成另一种速度。对这种回路的要求是速度换接要平稳,即不允许在速度变换的过程中有前冲(速度突然增加)现象。

1)慢速与快速的换接回路

采用行程阀的速度换接回路如图6-36所示。在图示位置液压缸3右腔的回油可经行程阀4和换向阀2流回油箱,使活塞快速向右运动。当快速运动到达所需位置时,活塞上挡块压下行程阀4,将其通路关闭,这时液压缸3右腔的回油就必须经过调速阀6流回油箱,活塞的运动转换为工作进给运动。当操纵换向阀2使活塞换向后,压力油可经换向阀2和单向阀5进入液压缸3右腔,使活塞快速向左退回。

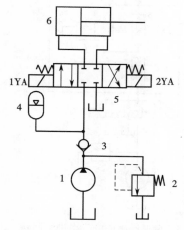

图6-35 采用蓄能器的快速运动回路
1—液压泵 2—溢流阀 3—单向阀
4—蓄能器 5—换向阀 6—液压缸

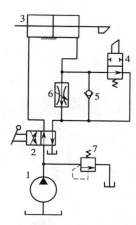

图6-36 采用行程阀的速度换接回路
1—液压泵 2—换向阀 3—液压缸
4—行程阀 5—单向阀 6—调速阀
7——溢流阀

在这种速度换接回路中,因为行程阀的通油路是由液压缸活塞的行程控制阀芯移动而逐渐关闭的,所以换接时的位置精度高,前冲量小,运动速度的变换也比较平稳。这种回路在机床液压系统中应用较多,它的缺点是行程阀的安装位置受一定限制(要由挡铁压下),所以有时管路连接稍复杂。行程阀也可以用电磁换向阀来代替,这时电磁阀的安装位置不受限制(挡铁只需要压下行程开关),但其换接精度及速度变换的平稳性较差。

采用差动连接的速度换接回路如图6-37所示,可实现"快进→工进→快退"的工作循环。电磁铁1YA通电、DT断电时,液压缸6处于差动连接状态,实现液压缸的快进;1YA通电、DT通电时,由于单向节流阀4的节流阀的调节作用,实现缸的工作进给;当2YA通电、DT通电时,缸实现快退。

2)二次进给回路

二次进给回路可以实现"快进→一工进→二工进→快退"的工作循环。回路中调速元件的连接方式有两种:调速阀串联和调速阀并联。

157

Ⅰ.调速阀串联的二次进给回路

两调速阀串联组成的二次进给回路如图 6-38 所示。回路中调速阀 4 和 5 串联,当三位四通电磁换向阀 3 的电磁铁 1YA 通电、DT1 断电、DT2 断电时,液压泵 1 输出的油液经换向阀 3、换向阀 7 进入液压缸 8 左腔,右腔油液经换向阀 3 回油箱,实现缸快进;当 1YA 通电、DT2 通电、DT1 断电时,调速阀 4 用于第一次进给节流,实现缸一工进;当 1YA 通电、DT2 通电、DT1 通电时,调速阀 5 用于第二次进给节流,实现缸二工进;当 2YA 通电、DT2 断电时,泵 1 输出的油液经换向阀 3 进入缸 8 右腔,左腔油液经换向阀 7、换向阀 3 回油箱,实现缸的快退。

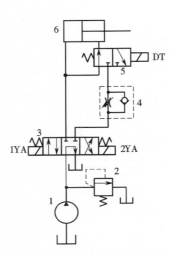

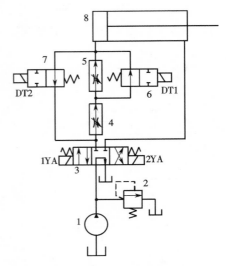

图 6-37　采用差动连接的速度换接回路
1—液压泵　2—溢流阀　3,5—换向阀
4—单向节流阀　6—液压缸

图 6-38　调速阀串联的二次进给回路
1—液压泵　2—溢流阀　3—三位四通电磁换向阀
6,7—二位二通电磁换向阀　4,5—调速阀　8—液压缸

采用两调速阀串联的二次进给回路,调速阀 5 只能控制更低的工作进给速度,使调节受到一定限制。

Ⅱ.调速阀并联的二次进给回路

两调速阀并联的二次进给回路如图 6-39 所示,两工作进给速度分别由调速阀 5 和调速阀 7 调节,速度转换由二位二通电磁阀 6 控制。

知识点 3　方向控制回路

液压系统中,通过控制进入执行元件的液流的通、断和流动方向的回路,来实现执行元件的启动、停止或改变运动方向的回路称为方向控制回路。常用的方向控制回路有换向回路、锁紧回路两种。

1.换向回路

换向回路的作用是改变执行元件的运动方向。液压系统中执行元件运动方向的变换一般由换向阀实现。不同操纵方式的换向阀具有不同的换向性能要求。

手动换向的精度和平稳性不高,适用于间歇换向且无须自动化的场合,如一般机床夹具、工程机械等。

电磁换向易于实现自动化,但换向时间短,换向冲击大,换向力小,只适用于小流量、平稳性要求不高的场合。

机动换向位置精度较高,作用于换向阀阀芯上的力大,常用于速度和惯性力较大的场合,但要设置合适的挡块迎角或轮廓曲线,以减小换向冲击。

液动或电液动换向常用于流量超过63 L/min、对换向精度和平稳性有较高要求的场合。

采用二位四通电磁换向阀的换向回路如图6-40所示。电磁铁通电时,阀芯左移,压力油进入液压缸右腔,推动活塞杆向左移动(工作进给);电磁铁断电时,弹簧力使阀芯右移复位,压力油进入液压缸左腔,推动活塞杆向右移动(快速退回)。

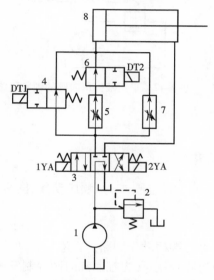

图6-39　调速阀并联的二次进给回路
1—液压泵　2—溢流阀　3—三位四通电磁换向阀
4,6—二位二通电磁换向阀　5,7—调速阀
8—液压缸

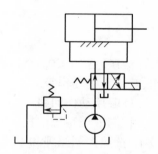

图6-40　采用二位四通电磁
换向阀的换向回路

2. 锁紧回路

能使液压缸实现在任意位置上停留,且停留后不会在外力作用下移动位置的回路称为锁紧回路。常用的锁紧回路有采用三位换向阀的中位机能锁紧和采用液控单向阀的锁紧两种方法。

1)采用O型和M型中位机能的换向阀实现锁紧

采用三位四通换向阀O型中位机能的锁紧回路如图6-41(a)所示,将图6-41(a)中的三位四通换向阀的O型中位机能换成图6-41(b)所示的M型中位机能,也可以实现液压缸的锁紧。不同的是前者液压泵不卸荷,并联的其他执行元件运动不受影响;后者液压泵卸荷。这种锁紧回路结构简单,但由于换向阀密封性差,泄漏较大,所以当执行元件长时间停止时,会出现松动,从而影响锁紧精度 。

2)采用液控单向阀的锁紧回路

采用液控单向阀的锁紧回路如图6-42所示。当换向阀处于中位时,阀的中位机能为H型,两个液控单向阀的控制油直接接油箱,即控制压力为零,液控单向阀不能反向导通,液压缸因两腔油液封闭而被锁紧,因液控单向阀有良好的反向密封性,故锁紧可靠。

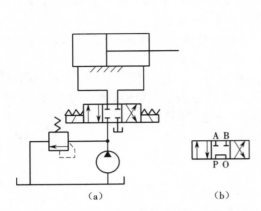

图 6-41　采用锁紧功能的换向阀组成的换向回路
(a)采用三位四通换向阀 O 型中位机能的锁紧回路
(b)M 型中位机能换向阀

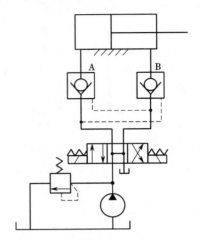

图 6-42　采用液控单向阀的锁紧回路

知识点 4　动作回路

液压系统中有多个执行元件时,各工种过程常有不同的动作要求,如顺序动作、同步动作、互不干扰动作等。

1.顺序动作回路

控制液压系统中执行元件动作的先后次序的回路称为顺序动作回路。在液压传动的机械中,按照控制原理和方法不同,顺序动作的方式分成行程控制、压力控制和时间控制三种。这里只介绍压力控制和行程控制两种。

1)行程控制的顺序动作回路

Ⅰ.采用行程阀控制的顺序动作回路

采用行程阀控制的顺序动作回路如图 6-43 所示。当二位四通电磁换向阀的电磁铁通电时,换向阀左位工作,缸 B 左腔进油,右腔回油,活塞左移,实现动作①;当缸 B 的活塞压下行程阀的阀芯后,行程阀的上位工作,缸 A 右腔进油,左腔回油,活塞左移,实现动作②;动作②完成后,让二位四通电磁换向阀的电磁铁断电,电磁阀右位工作,缸 B 左腔进油,右腔回油,活塞右移,完成动作③;缸 B 活塞右移后,缸 B 活塞杆上的挡铁松开行程阀的阀芯,行程阀阀芯在弹簧力作用下上移,阀下位工作,缸 A 左腔进油,右腔回油,活塞右移,完成动作④。如此循环往复。

这种回路工作可靠,其缺点是行程阀只能安装在执行机构(如工作台)的附近,此外改变动作顺序也较为困难。

Ⅱ.采用行程开关控制的顺序动作回路

采用行程开关控制的顺序动作回路如图 6-44 所示。其动作顺序是:按启动按钮,二位四通电磁换向阀 1 的电磁铁通电,缸 A 活塞右移完成动作①;当缸 A 活塞杆上的挡铁触动行程开关 SQ1,SQ1 发信号给电磁换向阀 2,使其电磁铁通电,阀 2 左位接通,缸 B 活塞右移,完成动作②;缸 B 活塞右行至行程终点,触动行程开关 SQ2,使换向阀 1 电磁铁断电,阀 1 右位接通,缸 A 活塞左移,完成动作③;而后触动 SQ3,使换向阀 2 的电磁铁断电,阀 2 右位接通,缸 B 活塞左移,完成动作④。至此完成了缸 A、缸 B 的全部顺序动作的自动循环。采用电气行程开关控制的顺序动作回路,各液压缸动作的顺序由电气线路保证,改变控制电气线路就能方便地改变动作顺序,调整行程也较方便,但电气线路比较复杂,回路的可靠性取决于电气元件的质量。

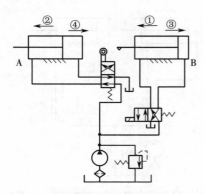

图 6-43 采用行程阀控制的顺序动作回路

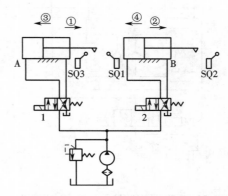

图 6-44 采用行程开关控制的顺序动作回路
1,2—二位四通电磁换向阀 A,B—液压缸
SQ1,SQ2,SQ3—行程开关

2) 压力控制的顺序动作回路

压力控制是利用油路本身压力的变化来控制阀口的启闭,实现执行元件顺序动作的一种控制方式。它主要通过顺序阀或压力继电器线路来实现。

Ⅰ. 采用顺序阀控制的顺序动作回路

采用顺序阀控制的顺序动作回路如图 6-45 所示。其中单向顺序阀 4 控制两液压缸前进时的先后顺序,单向顺序阀 3 控制两液压缸后退时的先后顺序。当电磁换向阀电磁铁 1YA 通电时,压力油进入缸 A 的左腔,右腔经单向顺序阀 3 的单向阀回油,此时由于压力较低,单向顺序阀 4 的顺序阀关闭,缸 A 的活塞先右移,实现动作①;当液压缸 A 的活塞运动至终点时,油压升高,达到单向顺序阀 4 的调定压力时,顺序阀开启,压力油进入液压缸 B 的左腔,右腔回油,缸 B 的活塞右移,实现动作②;当液压缸 B 的活塞右移达到终点后,电磁换向阀 2YA 通电,压力油进入液压缸 B 的右腔,左腔经阀 4 中的单向阀回油,使缸 B 的活塞向左返回,实现动作③;到达终点时,压力油升高打开单向顺序阀 3 的顺序阀,使液压缸 A 的活塞返回,实现动作④。

这种顺序动作回路的可靠性在很大程度上取决于顺序阀的性能及其压力调整值。顺序阀的调整压力应比先动作的液压缸的最高工作压力高 0.8 ~ 1 MPa,以免在系统压力波动时使顺序阀先行开启,发生误动作。

这种顺序动作回路适用于液压缸数量不多、负载阻力变化不大的液压系统。

Ⅱ. 采用压力继电器控制的顺序动作回路

采用压力继电器控制的顺序动作回路如图 6-46 所示。使三位四通电磁换向阀 1 的 1YA 电磁铁通电,左位接入系统,压力油液进入液压缸 A 左腔,推动活塞向右运动,回油经换向阀 1 流回油箱,完成动作①。当活塞碰上定位挡铁时(图中未画出),系统压力升高,使安装在液压缸 A 进油腔附近的压力继电器 1KP 动作,发出电信号,使二位四通电磁换向阀 2 电磁铁通电,左位接入系统,压力油液进入液压缸 B 左腔,推动活塞向右运动,完成动作②。这样实现了 A、B 两液压缸顺序动作。

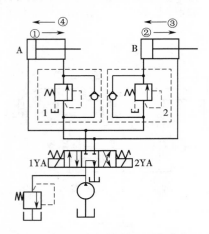

图 6-45　采用顺序阀控制的顺序动作回路
1,2—单向顺序阀

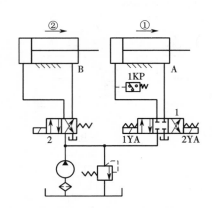

图 6-46　采用压力继电器控制的顺序动作回路
1—三位四通电磁换向阀　2—二位四通电磁换向阀

　　采用压力继电器控制的顺序回路,简单易行,应用较普遍。使用时应注意,压力继电器的压力调定值应比先动作的液压缸 A 的最高工作压力高,同时应比溢流阀调定压力低 0.3 ~0.5 MPa,以防止压力继电器误发信号。

　　2. 同步动作回路

　　使两个或两个以上的液压缸,在运动中保持相同位移或相同速度的回路称为同步回路。在一泵多缸的系统中,尽管液压缸的有效工作面积相等,但是由于运动中所受负载不均衡,摩擦阻力也不相等,泄漏量的不同以及制造上的误差等,不能使液压缸同步动作。同步回路的作用就是为了克服这些影响,补偿它们在流量上所造成的变化。

　　串联液压缸的同步回路如图 6-47 所示。图中第一个液压缸回油腔排出的油液,被送入第二个液压缸的进油腔。如果串联油腔活塞的有效面积相等,便可实现同步运动。这种回路两缸能承受不同的负载,但泵的供油压力要大于两缸工作压力之和。

　　由于泄漏和制造误差,影响了串联液压缸的同步精度,当活塞往复多次后,会产生严重的失调现象,为此要采取补偿措施。两个单作用缸串联,并带有补偿装置的同步回路如图 6-48 所示。为了达到同步运动,缸 1 有杆腔 A 的有效面积应与缸 2 无杆腔 B 的有效面积相等。在活塞下行的过程中,如液压缸 1 的活塞先运动到底,触动行程开关 1XK,使电磁铁 1DT 通电,此时压力油便经过二位三通电磁换向阀 3、液控单向阀 5,向液压缸 2 的 B 腔补油,使缸 2 的活塞继续运动到底。如果液压缸 2 的活塞先运动到底,触动行程开关 2XK,使电磁铁 2DT 通电,此时压力油便经二位三通电磁换向阀 4 进入液控单向阀 5 的控制油口,液控单向阀 5 反向导通,使缸 1 能通过液控单向阀 5 和二位三通电磁换向阀 3 回油,使缸 1 的活塞继续运动到底,对失调现象进行补偿。

　　3. 互不干扰动作回路

　　在一泵多缸的液压系统中,往往由于其中一个液压缸快速运动时,会造成系统的压力下降,影响其他液压缸工作进给的稳定性。因此,在工作进给要求比较稳定的多缸液压系统中,必须采用快慢速互不干扰回路。

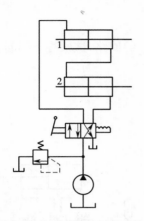

图 6-47　串联液压缸的同步动作回路

1,2—液压缸

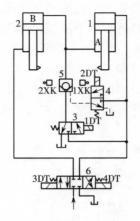

图 6-48　带补偿装置的

串联液压缸同步动作回路

1,2—液压缸　3,4—二位三通电磁换向阀

5—液控单向阀　6—三位四通电磁换向阀

在图 6-49 所示的回路中,双泵供油实现的两缸快慢速互不干扰回路。液压缸 A、B 各自完成"快进→工进→快退"的工作循环。图示状态下各缸原位停止,当 3YA、4YA 都通电时,换向阀 5、6 左位工作,各缸均由大流量泵 2 供油作差动快进。小流量泵 1 不供油。设 A 缸先完成快进,由挡块作用于行程开关使阀 6 断电,阀 7 通电,切断大流量泵 2 对 A 缸的供油,小泵开始对 A 缸供油,且由调速阀 8 调速工进,此时 B 缸仍作快进,两缸互不影响。当两缸转为工进后,全由小泵供油。之后,如果 A 缸先完成工进时,挡块和行程开关又使阀 6、7 都通电,A 缸由泵 2 供油,实现快退。当电磁铁都断电时,各缸停止运动,并被锁于所在位置。

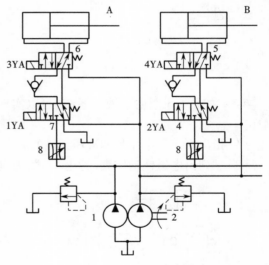

图 6-49　互不干扰动作回路

1—小流量泵　2—大流量泵　3,8—调速阀

4,5,6,7—二位五通电磁换向阀　A,B—液压缸

163

思考与练习

6-1　请用一定量泵、一个油箱、一个先导式溢流阀、两个调速阀、一个二位二通阀和一个中位机能 O 型三位四通电磁换向阀组成调速回路,实现"工进 1→工进 2 → 快退 → 停止"的工作要求。

6-2　试用两个液控单向阀绘出锁紧回路(其他元件自定)。

6-3　如题 6-3 图所示,该液压系统能实现"快进→工进→快退→停止→泵卸荷"的工作要求,完成以下要求:

(1)完成电磁铁动作顺序表(通电用"＋",断电用"－");

(2)标出每个液压元件的名称。

6-4　如题 6-4 图所示液压系统是采用蓄能器实现快速运动的回路,试回答下列问题:

(1)顺序阀 2 何时开启,何时关闭?

(2)单向阀 3 的作用是什么?

(3)分析活塞向右运动时的进油路线和回油路线。

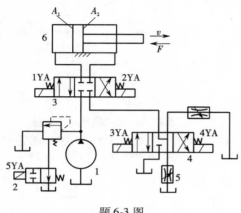

题 6-3 图

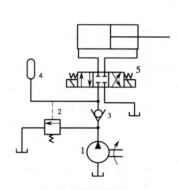

题 6-4 图

1—液压泵　2—顺序阀　3—单向阀

4—蓄能器　5—三位四通电磁换向阀

6-5　如题 6-5 图所示液压系统,可以实现"快进→工进→快退→停止(卸荷)"的工作循环。

(1)指出标出数字序号的液压元件的名称;

(2)试列出电磁铁动作表(通电"＋",失电"－")。

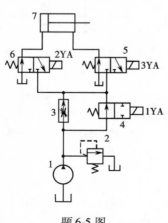

题 6-5 图

题 6-5 表

电磁铁 动作	1YA	2YA	3YA
快进			
工进			
快退			
停止			

6-6　如题 6-6 图所示的液压系统,可以实现"快进→工进→快退→停止"的工作循环。

（1）说出图中标有序号的液压元件的名称；

（2）写出电磁铁动作顺序表。

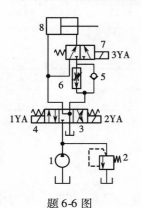

题 6-6 图

题 6-6 表

电磁铁\动作	1YA	2YA	3YA
快进			
工进			
快退			
停止			

6-7   如题 6-7 图所示回路，若阀 PY 的调定压力为 4 MPa，阀 PJ 的调定压力为 2 MPa，回答下列问题：

（1）阀 PY 是（   ）阀，阀 PJ 是（   ）阀；

（2）当液压缸运动时（无负载），A 点的压力值为（   ）、B 点的压力值为（   ）；

（3）当液压缸运动至终点碰到挡块时，A 点的压力值为（   ）、B 点的压力值为（   ）。

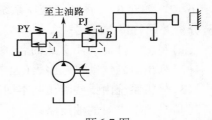

题 6-7 图

6-8   如题 6-8 图所示系统，可以实现"快进→工进→快退→停止（卸荷）"的工作循环。

（1）指出液压元件 1~4 的名称；

（2）试列出电磁铁动作表（通电"＋"，失电"－"）。

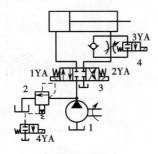

题 6-8 图

题 6-8 表

电磁铁\动作	1YA	2YA	3YA	4YA
快进				
工进				
快退				
停止				

6-9   如题 6-9 图所示的液压回路，要求先夹紧、后进给，进给缸需实现"快进→工进→快退→停止"这四个工作循环，而后夹紧缸松开。

（1）指出标出数字序号的液压元件名称；

（2）指出液压元件 6 的中位机能；

（3）列出电磁铁动作顺序表（通电"＋"，失电"－"）。

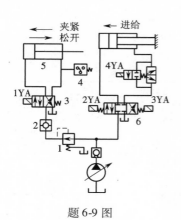

题 6-9 图

题 6-9 表

电磁铁 动作	1YA	2YA	3YA	4YA
快进				
工进				
快退				
停止				

6-10 如题 6-10 图所示液压系统,可以实现"快进→工进→快退→停止、卸荷",试写出动作循环表,并评述系统的特点。

6-11 如题 6-11 图所示液压系统,可以实现"快进→一工进→二工进→快退→停止"的工作循环,试写出电磁铁动作顺序表。

6-12 如题 6-12 图所示液压系统,可以实现"快进→工进→快退→原位停止"的工作循环,分析并回答以下问题:

(1)写出元件 2、3、4、7、8 的名称及在系统中的作用;

(2)列出电磁铁动作顺序表(通电"＋",断电"－");

(3)分析系统由哪些液压基本回路组成;

(4)写出快进时的油流路线。

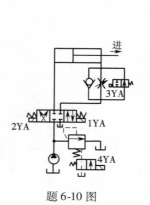

题 6-10 图

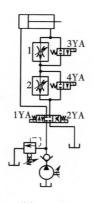

题 6-11 图

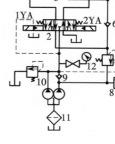

题 6-12 图

6-13 阅读题 6-13 图所示液压系统,完成如下任务:

(1)写出元件 2、3、4、6、9 的名称及在系统中的作用;

(2)填写电磁铁动作顺序表(通电"＋",断电"－");

(3)分析系统由哪些液压基本回路组成;

(4)写出快进时的油流路线。

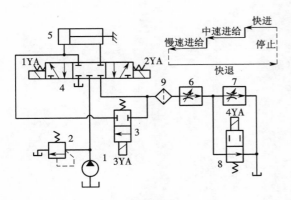

题 6-13 图

题 6-13 表

工作过程	电磁铁动态			
	1YA	2YA	3YA	4YA
快速进给				
中速进给				
慢速进给				
快速退回				
停止				

6-14 写出题 6-14 图所示回路有序号元件名称。

6-15 用一个单向定向泵、溢流阀、节流阀、三位四通电磁换向阀组成一个进油节流调速回路。

6-16 写出题 6-16 图所示回路有序号元件的名称。

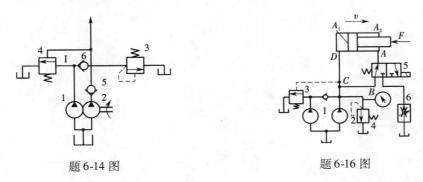

题 6-14 图   题 6-16 图

6-17 试用一个先导式溢流阀、两个远程调压阀组成一个三级调压且能卸载的多级调压回路,绘出回路图并简述工作原理。

6-18 绘出三种不同的卸荷回路,说明卸荷的方法。

6-19 绘出一种液压缸快速运动回路。

相关专业英语词汇

(1)回路图——circuit diagram

(2)闭式回路——closed circuit

(3)差动回路——differential circuit

(4)管路——flow line

(5)液压锁紧——hydraulic lock

(6)进口节流回路——meter-in circuit

(7)出口节流回路——meter-out circuit

(8)中位——neutral position

167

液压与气动系统安装与调试

（9）运行压力——operating pressure

（10）控制管路——pilot line

（11）回油管路——return line

项目 7　液压系统的安装调试与故障分析

【教学要求】

（1）了解液压设备的功用和液压系统的工作循环、动作要求。

（2）能够读懂液压系统图，会分析系统中各液压元件的功用和相互关系、系统的基本回路组成及油液路线。

（3）能够对液压系统进行规范安装调试。

（4）能够进行液压系统的维护保养与故障诊断。

（5）了解一般液压系统的设计方法与步骤。

【重点与难点】

（1）液压系统原理图的分析，液压系统的安装调试，液压系统的维护与故障诊断。

（2）液压系统的故障诊断，液压系统的设计。

【问题引领】

前面已经学习了液压系统的 5 大组成部分——工作介质（液压油）、动力元件（液压泵）、执行元件（液压缸和液压马达）、控制调节元件（液压阀）和辅助元件（蓄能器、过滤器、油箱、油管及管接头、热交换器、压力表等），由这些基本元件构成了各液压基本回路。本项目学习的液压系统是根据机电设备的工作要求，选用适当的液压基本回路有机组合而成。分析和阅读较复杂的液压系统图，可以按以下步骤进行。

（1）了解设备的功用及对液压系统动作和性能的要求。

（2）初步分析液压系统图，以执行元件为中心，将系统分解为若干个子系统。

（3）对每个子系统进行分析：分析组成子系统的基本回路及各液压元件的作用，按执行元件的工作循环分析实现每步动作的进油和回油路线。

（4）根据系统中对各执行元件之间的顺序、同步、互锁、防干扰或联动等要求分析各子系统之间的联系，弄懂整个液压系统的工作原理。

（5）归纳出设备液压系统的特点和使设备正常工作的要领，加深对整个液压系统的理解。

7.1　做中学

任务 1　液压比例综合控制系统的安装与调试

图 7-1 所示液压比例综合控制系统由动力配电箱、电气控制柜、电气操作台、液压站及液压执行装置等几部分组成。

图7-1 液压比例综合控制系统实物图

任务导入

◇该液压控制系统中包含哪些液压基本元件,作用是什么,包含哪些基本回路?

◇该液压控制系统中各执行元件的动作过程?

◇该电气控制系统的工作过程分析?

◇系统的安装调试注意事项有哪些?

任务实施

1. 液压系统技术参数

(1)液压系统参数:额定压力为 10 MPa,额定流量为 14 L/min。

(2)系统油泵主参数:额定压力为 14 MPa,排量为 15 mL/r。

(3)电动机参数(主系统):三相交流 380 V、50 Hz,960 r/min,3 kW。

(4)电磁阀控制电压为 DC 24 V。

(5)推荐使用介质为 N32/N46 抗磨液压油,污染度等级不低于 NAS9 级。

(6)油箱容积为 120 L。

2. 液压系统工作过程分析

液压比例综合控制系统原理如图7-2所示。电动机 8 带动柱塞泵 7 启动时,叠加电磁溢流阀(叠加式溢流阀 10 和电磁换向阀 11)的电磁铁不通电,系统处于卸荷状态,当执行机构需要动作时,叠加电磁溢流阀(叠加式溢流阀 10 和电磁换向阀 11)电磁铁通电,系统切换至工作状态,系统压力为油泵溢流阀调定压力,压力值需通过调节比例压力阀 13 来实现,调节压力的同时通过压力表读取调定压力,各分系统压力通过减压阀调定。

1)执行元件动作过程分析

(1)液压缸 24 带外置式位移传感器,可通过叠加式单向节流阀 18 调整油缸速度,通过液控单向阀 17 实现油缸定位,控制电磁换向阀 16 实现油缸的换向,此油缸还可通过比例节流阀 15 与位移传感器 19 构成的闭环回路,能够实现油缸速度无级变化和位移的任意控制。

油缸 24 前进油液流经路线如下。

①进油路:油箱 2→吸油滤油器 5→柱塞泵 7→高压过滤器 9→电磁换向阀 16 左位→液控单向阀 17→单向节流阀 18 的单向阀→液压缸 24 左腔。

②回油路:液压缸 24 右腔→单向节流阀 18 的节流阀→液控单向阀 17→电磁换向阀 16 左位→比例节流阀 15→回油滤油器 28→油箱 2

 **思考一下** 液压缸 24 返回油液流经路线如何?

(2)液压缸 25 工作压力为 1.5~10 MPa(通过调节减压阀 14 获得),控制电磁换向阀 21 实现油缸的换向。

(3)液压缸 26 工作压力为系统压力,可通过调节单向节流阀 18 调整油缸速度,通过液控单向阀 17 实现油缸定位,控制电磁换向阀 22 实现油缸的换向(此阀带机械定位)。

（4）液压缸 27 工作压力为 1.5～10 MPa（通过叠加式减压阀 14 获得），控制手动换向阀 23 实现油缸的换向（此阀带球头定位）。

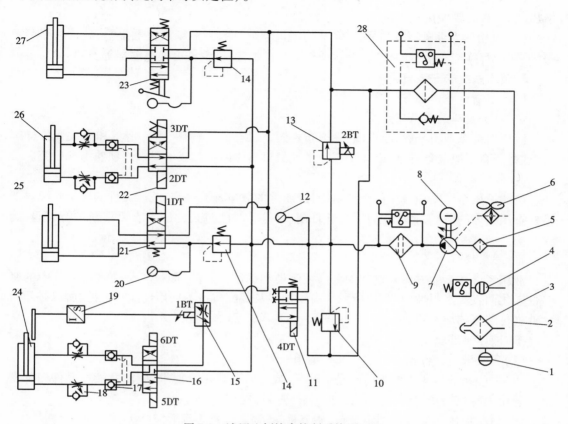

图 7-2　液压比例综合控制系统原理图

1—液位液温计　2—油箱　3—空气滤清器　4—液位控制器　5—吸油滤油器　6—风冷却器　7—柱塞泵
8—电动机　9—高压过滤器　10—叠加式溢流阀　11—电磁换向阀　12,20—耐震压力表　13—比例压力阀
14—叠加式减压阀　15—比例节流阀　16—电磁换向阀　17—叠加式液控单向阀　18—叠加式单向节流阀
19—位移传感器　21,22—电磁换向阀　23—手动换向阀　24,25,26,27—液压缸　28—回油滤油器

 思考一下　油缸 25、26、27 往复运动油液流经路线如何？

2）液压系统的特点

（1）采用了电磁换向阀的换向回路，易于实现自动化控制。

（2）液压缸 24 通过比例节流阀 15 与位移传感器 19 构成闭环回路控制，能够实现油缸速度的无级变化和油缸位移的任意控制。

（3）采用比例溢流阀，使系统的压力值可以通过比例溢流阀无级调节。

（4）采用叠加电磁溢流阀（叠加式溢流阀 10 和电磁换向阀 11），电磁铁断电可以使系统不工作时油泵处于低压卸荷状态，节约能源。

（5）采用减压阀，液压缸 25 和 27 工作压力低于系统工作压力，故采用减压阀可以获得所需的低压稳定压力。

（6）采用单向节流阀，可以实现油缸运动的双向速度控制。

（7）采用液压锁，可对油缸进油腔的压力实现保压；换向阀23采用O型中位机能，可使液压缸27在需要停止时定位准确。

（8）采用压力继电器发信号，三个压力继电器分别起到油箱液位低报警、高压管路堵塞报警、回油管路堵塞报警的作用，提示操作人员添加油液、清洗更换过滤器等。

3. 液压系统的安装与调试

1）安装前的技术准备工作

Ⅰ. 技术资料的准备与熟悉

液压系统原理图，电气原理图，管道布置图，液压元件、辅件、管件清单和有关元件样本等，这些资料都应准备齐全，以便工程技术人员对具体内容和技术要求逐项熟悉和研究。

Ⅱ. 物资准备

按照液压系统图和液压件清单，核对液压件的数量，确认所有液压元件的质量状况。严格检查压力表的质量，查明压力表交验日期，对检验时间过长的压力表要重新进行校验，确保准确。

Ⅲ. 质量检查

液压元件在运输或库存过程中极易被污染和锈蚀，库存时间过长会使液压元件中的密封件老化而丧失密封性，有些液压元件由于加工及装配质量不良使性能不可控，所以必须对元件进行严格的质量检查。

Ⅰ）液压元件质量检查

（1）各类液压元件型号必须与元件清单一致。

（2）要查明液压元件保管时间是否过长，或保管环境不合要求，应注意液压元件内部密封件老化程度，必要时要进行拆洗、更换，并进行性能测试。

（3）每个液压元件上的调整螺钉、调节手轮、锁紧螺母等都要完整无损。

（4）液压元件所附带的密封件表面质量应符合要求，否则应予更换。

（5）板式连接元件连接面不准有缺陷，安装密封件的沟槽尺寸加工精度要符合有关标准。

（6）管式连接元件的连接螺纹口不准有破损和活扣现象。

（7）板式阀安装底板的连接平面不准有凹凸不平缺陷，连接螺纹不准有破损和活扣现象。

（8）将通油口堵塞取下，检查元件内部是否清洁。

（9）检查电磁阀中的电磁铁芯及外表质量，若有异常不准使用。

（10）各液压元件上的附件必须齐全。

Ⅱ）液压辅件质量检查

（1）油箱要达到规定的质量要求，油箱上附件必须齐全，箱内部不准有锈蚀，装油前油箱内部一定要清洗干净。

（2）滤油器型号规格与设计要求必须一致，确认滤芯精度等级，滤芯不得有缺陷，连接螺口不准有破损，所带附件必须齐全。

（3）各种密封件外观质量要符合要求，并查明所领密封件保管期限，有异常或保管期限过长的密封件不准使用。

（4）蓄能器质量要符合要求,所带附件要齐全。查明保管期限,对存放过长的蓄能器要严格检查质量,不符合技术指标和使用要求的蓄能器不准使用。

（5）空气滤清器用于过滤空气中的粉尘,通气阻力不能太大,保证箱内压力为大气压。所以空气滤清器要有足够大的通过空气的能力。

Ⅲ）管子和接头质量检查,管接头压力等级应符合设计要求

（1）管子的材料、通径、壁厚和接头的型号规格及加工质量都要符合设计要求。

（2）所用管子不准有缺陷。有下列异常,不准使用：

①管子内、外壁表面已腐蚀或有显著变色;

②管子表面伤口裂痕深度为管子壁厚的10%以上;

③管子壁内有小孔;

④管子表面凹入程度达到管子直径的10%以上。

（3）使用弯曲的管子时,有下列异常,不准使用：

①管子弯曲部位内、外壁表面曲线不规则或有锯齿形;

②管子弯曲部位其椭圆度大于10%以上;

③扁平弯曲部位的最小外径为原管子外径的70%以下。

（4）所用接头不准有缺陷。若有下列异常,不准使用：

①接头体或螺母的螺纹有伤痕、毛刺或断扣等现象;

②接头体各结合面加工精度未达到技术要求;

③接头体与螺母配合不良,有松动或卡涩现象;

④安装密封圈的沟槽尺寸和加工精度未达到规定的技术要求。

（5）软管和接头有下列缺陷,不准使用：

①软管表面有伤皮或老化现象;

②接头体有锈蚀现象;

③螺纹有伤痕、毛刺、断扣或配合有松动、卡涩现象。

（6）法兰件有下列缺陷,不准使用：

①法兰密封面有气孔、裂缝、毛刺、径向沟槽;

②法兰密封沟槽尺寸、加工精度不符合设计要求;

③法兰上的密封金属垫片不准有各种缺陷,材料硬度应低于法兰硬度。

2）液压件安装要求

Ⅰ.泵的安装

在安装时,液压泵、支架和电动机两轴之间的同轴度允差,平行度允差应符合规定,或者不大于泵与电动机。直角支架安装时,泵支架的支口中心允许比电动机的中心略高 $0 \sim 0.8$ mm,这样在安装中,调整泵与电动机的同轴度时,可只在高电动机与底座的接触面之间垫入图样未规定的金属垫片（垫片数量不得超过三个,总厚度不大于 0.8 mm）。一旦调整好后,电动机调整完毕后,在泵支架与底板之间钻、铰定位销孔;再装入联轴器的弹性耦合件;然后用手转动联轴器,看是否转动灵活。

Ⅱ.集成块的安装

阀块所有各油流通道内,尤其是孔与孔贯穿交叉处,都必须仔细去净毛刺,用探灯伸入到孔中仔细清除、检查。阀块外周及各周棱边必须倒角去毛刺。加工完毕的阀块与液压阀、

管接头、法兰相贴合的平面上不得留有伤痕,也不得留有划线的痕迹。

阀块加工完毕后必须用防锈清洗液反复用加压清洗。各孔流道,尤其是对盲孔应特别注意洗净。清洗槽应分粗洗和精洗。清洗后的阀块,如暂不装配,应立即将各孔口盖住,可用大幅的胶纸封在孔口上。

往阀块上安装液压阀时,要核对它们的型号、规格。各阀都必须有产品合格证,并确认其清洁度合格。

核对所有密封件的规格、型号、材质及出厂日期(应在使用期内),装配前再一次检查阀块上所有的孔道是否与设计图一致、正确。

检查所用的连接螺栓的材质及强度是否达到设计要求以及液压件生产厂规定的要求。阀块上各液压阀的连接螺栓都必须用测力扳手拧紧。拧紧力矩应符合液压阀制造厂的规定。

凡有定位销的液压阀,必须装上定位销。

阀块上应钉上金属制的小标牌,标明各液压阀在设计图上的序号、各回路名称、各外接口的作用。

阀块装配完毕后,在装到阀架或液压系统上之前,应将阀块单独先进行耐压试验和功能试验。

3)液压系统清洗

液压系统安装完毕后,在试车前必须对管道、流道等进行循环清洗。使系统清洁度达到设计要求,清洗液要选用低黏度的专用清洗油,或本系统同牌号的液压油。清洗工作以主管道系统为主。清洗前将溢流阀压力调到 0.3 ~ 0.5 MPa,对其他液压阀的排油回路要在阀的入口处临时切断,将主管路连接临时管路,并使换向阀换向到某一位置,使油路循环。在主回路的回油管处临时接一个回油过滤器。滤油器的过滤精度,一般液压系统的不同清洗循环阶段,分别使用 30 μm、20 μm、10 μm 的滤芯;伺服系统用 20 μm、10 μm、5 μm 滤芯,分阶段分次清洗。清洗后液压系统必须达到净化标准,不达净化标准的系统不准运行。清洗后,将清洗油排尽,确认清洗油排尽后,才算清洗完毕。确认液压系统净化达到标准后,将临时管路拆掉,恢复系统,按要求加油。

(1)确认液压系统净化符合标准后,向油箱加入规定的介质。加入介质时一定要过滤,滤芯的精度要符合要求,并要经过检测确认。

(2)检查液压系统各部,确认安装合理无误。向油箱灌油,当油液充满液压泵后,用手转动联轴节,直至泵的出油口出油并不见气泡时为止。有泄油口的泵,要向泵壳体中灌满油。

(3)放松并调整液压阀的调节螺钉,使调节压力值能维持空转即可。调整好执行机构的极限位置,并维持在无负载状态。如有必要,伺服阀、比例阀、蓄能器、压力传感器等重要元件应临时与循环回路脱离。节流阀、调速阀、减压阀等应调到最大开度。接通电源、点动液压泵电动机,在空运转正常的前提下,进行加载试验,即压力调试。加载可以利用执行机构移到终点位置,也可用节流阀加载,使系统建立起压力。压力升高要逐级进行,每一级为 1 MPa,并稳压 5 min 左右。最高试验调整压力应按设计要求的系统额定压力或按实际工作对象所需的压力进行调节。

(4)压力试验过程中出现的故障应及时排除。排除故障必须在泄压后进行。若焊缝需要重焊,必须将该件拆下,除净油污后方可焊接。

(5)调试过程应详细记录,整理后纳入设备档案。注意:不准在执行元件运动状态下调节系统压力;调压前应先检查压力表,无压力表的系统不准调压;压力调节后应将调节螺钉锁住,防止松动。保养:按设计规定和工作要求,合理调节液压系统的工作压力与工作速度。压力阀、调速阀调到所要求的数值时,应将调节螺钉紧固,防止松动。

(6)液压系统生产运行过程中,注意油质的变化状况,定期取样化验,若发现油质不符合要求,进行净化处理或更换新油液。

(7)液压系统油液工作温度不得过高。

(8)为保证电磁阀正常工作,应保持电压稳定,其波动值不应超过额定电压的 5% ~10%。

(9)电气柜、电气盒、操作台和指令控制箱等应有盖子或门,不得敞开使用。

(10)当系统某部位产生异常时,要及时分析原因进行处理,不要勉强运转。

(11)定期检查冷却器和加热器工作性能。

(12)经常观察蓄能器工作性能,若发现气压不足或油气混合,要及时充气和修理。

(13)高压软管、密封件要定期更换。

(14)主要液压元件定期进行性能测定,实行定期更换维修制。

(15)定期检查润滑管路是否完好,润滑元件是否运行良好,润滑油脂量是否达标。

(16)检查所有液压阀、液压缸、管件是否有泄漏。

(17)检查液压泵或马达运转是否有异常噪声。

(18)检查液压缸运动全行程是否正常平稳。

(19)检查系统中各测压点压力是否在允许范围内,压力是否稳定。

(20)检查系统各部位有无高频振动。

(21)检查换向阀工作是否灵敏。

(22)检查各限位装置是否变动,蓄能器检验时壳体要按照压力容器标准验收。

4)液压系统制造安装中的污染控制

Ⅰ.液压零件加工的污染控制

液压零件的加工一般要求采用湿加工法,即所有加工工序都要滴加润滑液或清洗液,以确保表面加工质量。

Ⅱ.液压元件、零件的清洗

新的液压元件组装前、旧的液压元件受到污染后都必须经过清洗方可使用,清洗过程中应做到以下几点。

(1)液压元件拆装、清洗应在符合国家标准的净化室中进行,如有条件操作室最好能充压,使室内压力高于室外,防止大气灰尘污染。若受条件限制,也应将操作间单独隔离,一般不允许液压元件的装配间和机械加工间或钳工间处于同一室内,绝对禁止在露天、棚子、杂物间或仓库中分解和装配液压元件。

(2)拆装液压元件时,操作人员应穿戴纤维不易脱落的工作服、工作帽,以防纤维、灰尘、头发、皮屑等散落入液压系统造成人为污染。

(3)液压元件清洗应在专用清洗台上进行,若受条件限制,也要确保临时工作台的清洁度。

（4）清洗液允许使用煤油、汽油以及和液压系统工作用油牌号相同的液压油。

（5）清洗后的零件不准用棉、麻、丝和化纤织品擦拭，防止脱落的纤维污染系统；也不准用皮老虎向零件鼓风（皮老虎内部带有灰尘颗粒），必要时可用洁净干燥的压缩空气吹干零件。

（6）清洗后的零件不准直接放在土地、水泥地、地板、钳工台和装配工作台上，而应该放入带盖子的容器内，并注入液压油。

（7）已清洗过但暂不装配的零件应放入防锈油中保存，潮湿的地区和季节尤其要注意防锈。

Ⅲ. 液压件装配中的污染控制

液压件装配应采用干装配法，即清洗后的零件，为不使清洗液留在零件表面而影响装配质量，应在零件表面干燥后再进行装配。

液压件装配时，如需打击，禁止使用铁锤头敲打，可以使用木槌、橡皮锤、铜锤和铜棒；装配时不准戴手套，不准用纤维织品擦拭安装面，防止纤维类脏物侵入阀内；已装配完的液压元件、组件暂不进行组装时，应将所有油口用塑料塞子堵住。

Ⅳ. 液压件运输中的污染控制

液压元件、组件运输中，应注意防尘、防雨，对长途运输特别是海上运输的液压件一定要用防雨纸或塑料包装纸打好包装，放入适量的干燥剂，不允许雨水、海水接触液压件。装箱前和开箱后，应仔细检查所有油口是否用塞子堵住、堵牢，对受到轻度污染的油口及时采取补救措施，对污染严重的液压件必须再次分解、清洗。

Ⅴ. 液压系统总装的污染控制

软管必须在管道酸洗、冲洗后方可接到执行器上，安装前要用洁净的压缩空气吹净。中途若拆卸软管，要及时包扎好软管接头。

接头体安装前用煤油清洗干净，并用洁净压缩空气吹干。对需要生料带密封的接头体，缠生料带时要注意以下两点。

（1）顺螺纹方向缠绕。

（2）生料带不宜超过螺纹端部，否则超出部分在拧紧过程中会被螺纹切断进入系统。

Ⅵ. 液压管道安装的污染控制

液压管道是液压系统的重要组成部分，也是工作量较大的现场施工项目，马钢热轧 H 型钢液压管线长 2 万多米，而管道安装又是较易受到污染的工作，因此液压管道污染控制是液压系统保洁的一个重要内容。

管道安装前要清理出内部大的颗粒杂质，绝对禁止管内留有石块、破布等杂物。管道安装过程中若有较长时间的中断，必须及时封好管口防止杂物侵入。为防止焊渣、氧化铁皮侵入系统，建议管道焊接采用气体保护焊（如氩弧焊）。

管道安装完毕后，必须经过管道酸洗、系统冲洗后方可作为系统的一部分并入系统。

绝对禁止管道在处理前就将系统连成回路，以防管内污染物侵入执行器、控制件。

管道酸洗分为槽式酸洗和循环酸洗两种，系统冲洗在酸洗工作结束后进行，是液压系统投入使用前的最后一项保洁措施，必须确保所有管道和控制元件冲洗达到要求精度。系统冲洗应分两步进行。首先将现场安装的管道连成回路，冲洗达到要求精度后，再将阀台、分流器等控制部件接入冲洗回路，达到要求精度后方为冲洗合格。

Ⅶ.油箱注油

油箱注油前必须检查其内部的清洁度,不合格的要进行清理;油液加入前要检验它的清洁度;注油时必须经过过滤,不允许将油直接注入油箱。

Ⅷ.系统恢复

系统酸洗、冲洗后,即可将所有元件、管道按要求连成工作回路。此过程要特别注意管接头保洁,连接完毕后,尽量避免拆卸,必要时要注意用干净的布包扎。

4.液压系统的使用注意事项

(1)使用前应检查系统中各类元件、附件的调节手轮是否在正确位置,油面是否在正确位置,各管道、紧固螺钉等有无松动。

(2)使用过程中应随时检查电动机、油泵的温升,随时观察系统的工作压力,随时检查各高压连接处是否有松动,以免发生异常事故。

(3)本液压系统在运行过程中应对油液的更换情况、附件更换情况、故障处理情况做出详细记录,以便于以后的维修、保养及故障分析。

5.液压系统的维护与保养

液压系统的使用寿命及维修频度和操作准则取决于设备的工作条件。

1)维护常识

(1)本液压系统调试完后更换液压油,初次使用一个月内应更换一次液压油,以后每满半年更换一次,以保证系统的正常运行,所使用的液压油应适应当时的环境温度,N32 抗磨液压油适用于 5 ~15 ℃,N46 抗磨液压油适用于 15 ~35 ℃。

(2)本系统在运行过程中,应随时检查液位是否在正常位置及液压油温度,滤油器是否阻塞并及时清洗或更换滤芯。

(3)检查所有接头是否松动,保证空气不能进入系统,并且没有泄漏情况。

2)操作者职责

Ⅰ.定期维护

定期维护检查项目见表7-1。

表 7-1　定期维护检查项目

定　期　维　护　检　查	
第一项	检查系统中接头、管路、密封件、密封填料等的泄漏情况
第二项	观察油箱液位和液压油状况
第三项	检查工作压力和过滤器指示灯状态
第四项	检查系统的一般行为——听系统的不正常噪声、观察油温等

Ⅱ.周期性维护

周期性维护检查项目见表7-2。

表 7-2　周期性维护检查项目

周 期 性 维 护（每周或每月，视工作情况而定）	
第一项	检查所有元件的螺栓是否拧紧
第二项	检查系统所有测试点的压力
第三项	检查泵的情况——噪声等级、工作温度等
第四项	检查所有执行元件的损坏情况、输出速度、输出力、工作温度等
第五项	检查蓄能器的充气压力
第六项	检查系统中互锁装置是否正常

Ⅲ.每年维护

（1）排干油箱，检查液压油状态。

（2）清洗油箱的内外表面，检查是否有锈蚀。

（3）检查滤网和滤芯。

（4）检查热交换器。

（5）检查所有管路及接头的磨损和泄漏情况。

（6）更换需要更换的零件。

（7）检查电动机，清理风扇空气通道。

（8）检查泵、马达间的软管及其接头。

（9）检查所有滤芯，更换服务时间超过 12 个月的滤芯。

（10）检查过滤器指示灯的工作状态，必要时进行维修。

（11）检查正常工作状态下泵、马达的泄漏情况，并与说明书上的参数比较。如果泄漏过大，应进行检修。

（12）检查液压缸活塞的泄漏，必要时更换密封件。

任务 2　液压系统的故障诊断与排除

正确分析故障是排除故障的前提，系统故障大部分并非突然发生，发生前总有预兆，当预兆发展到一定程度即产生故障。引起故障的原因是多种多样的，并无固定规律可循。统计表明，液压系统发生的故障约 90% 是由于使用管理不善所致，为了快速、准确、方便地诊断故障，必须充分认识液压故障的特征和规律，这是故障诊断的基础。

任务导入

◇液压系统的常见故障有哪些？

◇故障排除的方法是什么？

任务实施

1.故障诊断中值得遵循的原则

（1）首先判明液压系统的工作条件和外围环境是否正常，然后搞清是设备机械部分或电气控制部分故障，还是液压系统本身的故障，同时查清液压系统的各种条件是否符合正常运行的要求。

（2）根据故障现象和特征确定与该故障有关的区域，逐步缩小发生故障的范围，检测此区域内的元件情况，分析发生原因，最终找出故障的具体所在。

（3）掌握故障种类进行综合分析。根据故障最终的现象，逐步深入找出多种直接的或间接的可能原因，为避免盲目性，必须根据系统基本原理，进行综合分析、逻辑判断、减少怀疑对象、逐步逼近，最终找出故障部位。

（4）故障诊断是建立在运行记录及某些系统参数基础之上的。建立系统运行记录，这是预防、发现和处理故障的科学依据；建立设备运行故障分析表，它是使用经验的高度概括总结，有助于对故障现象迅速做出判断；具备一定检测手段，可对故障做出准确的定量分析。

（5）验证可能故障原因时，一般从最可能的故障原因或最易检验的地方开始，这样可减少装拆工作量，提高诊断速度。

2. 液压系统故障诊断的方法

目前查找液压系统故障的传统方法是逻辑分析逐步逼近诊断。此法的基本思路是综合分析、条件判断，即维修人员通过观察、听、触摸和简单的测试以及对液压系统的理解，凭经验来判断故障发生的原因。当液压系统出现故障时，故障根源有许多种可能。采用逻辑代数方法，将可能故障原因列表，然后根据先易后难原则逐一进行逻辑判断，逐项逼近，最终找出故障原因和引起故障的具体条件。

此法在故障诊断过程中要求维修人员具有液压系统基础知识和较强的分析能力，方可保证诊断的效率和准确性。但诊断过程较烦琐，需经过大量的检查、验证工作，而且只能是定性地分析，诊断的故障原因不够准确。

液压系统所发生的故障，在故障的早期，系统都有一些问题症状表现出来，及时发现处理这些小的问题，从而预防事故的发生，应是设备管理人员、操作人员、维护人员的主要工作。液压装置维护次数的确定，是根据经验来确定的，所以找出它们的规律非常重要。液压系统的日常维护与检查，是发现问题的主要手段和方法。定期检查的主要内容有：液压油、油过滤器、油箱、油泵、阀类、液压缸、蓄能器、配管、橡胶软管和塑料管松动、检测元件、电气方面。而现场与维修工作是实现和保障液压系统正常运行的重要方法，现场与维修工作的要点如下。

（1）清扫（排除杂质）、防锈、防止损伤及保持清洁度十分重要。

（2）正确的使用工具，必要时准备特殊工具。

（3）拆卸、组装、修理及调整方法与次序必须正确执行。

（4）对故障零件不仅仅是更换，而且要研究故障原因，力求改进。

3. 常见的液压系统故障

通过正确合理的维护保养，找出液压装置故障发生的规律，并不断的改进工作方法，以降低故障率和维修费用，掌握协调按计划检修的要领，力争实现故障为零的指标。液压系统的故障主要有以下几个方面。

1）系统噪声、振动大

系统噪声、振动大的原因及消除方法见表7-3。

179

表7-3　系统噪声、振动大的原因及消除方法

故障现象及原因	消除方法
泵中噪声、振动,引起管路、油箱共振	1. 在泵的进、出油口用软管连接 2. 泵不要装在油箱上,应将电动机和泵单独装在底座上,和油箱分开 3. 加大液压泵,降低电动机转数 4. 在泵的底座和油箱下面塞进防振材料 5. 选择低噪声泵,采用立式电动机将液压泵浸在油液中
阀弹簧所引起的系统共振	1. 改变弹簧的安装位置 2. 改变弹簧的刚度 3. 把溢流阀改成外部泄油形式 4. 采用遥控的溢流阀 5. 完全排出回路中的空气 6. 改变管道的长短、粗细、材质、厚度等 7. 增加管夹使管道不致振动 8. 在管道的某一部位装上节流阀
空气进入液压缸引起的振动	1. 很好地排出空气 2. 可对液压缸活塞、密封衬垫涂上二硫化钼润滑脂即可
管道内油流激烈流动的噪声	1. 加粗管道,使流速控制在允许范围内 2. 少用弯头多采用曲率小的弯管 3. 采用胶管 4. 油流紊乱处不采用直角弯头或三通 5. 采用消声器、蓄能器等
油箱有共鸣声	1. 增厚箱板 2. 在侧板、底板上增设筋板 3. 改变回油管末端的形状或位置
阀换向产生的冲击噪声	1. 降低电液阀换向的控制压力 2. 在控制管路或回油管路上增设节流阀 3. 选用带先导卸荷功能的元件 4. 采用电气控制方法,使两个以上的阀不能同时换向
溢流阀、卸荷阀、液控单向阀、平衡阀等工作不良,引起的管道振动和噪声	1. 适当处装上节流阀 2. 改变外泄形式 3. 对回路进行改造 4. 增设管夹

2）系统压力不正常

系统压力不正常的原因及消除方法见表7-4。

表7-4　系统压力不正常的原因及消除方法

故障现象及原因		消除方法
压力不足	溢流阀旁通阀损坏	修理或更换
	减压阀设定值太低	重新设定
	集成通道块设计有误	重新设计
	减压阀损坏	修理或更换
	泵、马达或缸损坏、内泄大	修理或更换

故障现象及原因		消除方法
压力不稳定	油中混有空气	堵漏、加油、排气
	溢流阀磨损、弹簧刚性差	修理或更换
	油液污染、堵塞阀阻尼孔	清洗、换油
	蓄能器或充气阀失效	修理或更换
	泵、马达或缸磨损	修理或更换
压力过高	减压阀、溢流阀或卸荷阀设定值不对	重新设定
	变量机构不工作	修理或更换
	减压阀、溢流阀或卸荷阀堵塞或损坏	清洗或更换

3）系统动作不正常

系统动作不正常的原因及消除方法见表 7-5。

表 7-5　系统动作不正常的原因及消除方法

故障现象及原因		消除方法
系统压力正常执行元件无动作	电磁阀中电磁铁有故障	排除或更换
	限位或顺序装置（机械式、电气式或液动式）不工作或调得不对	调整、修复或更换
	机械故障	排除
	没有指令信号	查找、修复
	放大器不工作或调得不对	调整、修复或更换
	阀不工作	调整、修复或更换
	缸或马达损坏	修复或更换
执行元件动作太慢	泵输出流量不足或系统泄漏太大	检查、修复或更换
	油液黏度太高或太低	检查、调整或更换
	阀的控制压力不够或阀内阻尼孔堵塞	清洗、调整
	外负载过大	检查、调整
	放大器失灵或调得不对	调整、修复或更换
	阀芯卡涩	清洗、过滤或换油
	缸或马达磨损严重	修理或更换
	油中混有空气	加油、排气
	指令信号不稳定	查找、修复
	放大器失灵或调得不对	调整、修复或更换
	传感器反馈失灵	修理或更换
	阀芯卡涩	清洗、滤油
	缸或马达磨损或损坏	修理或更换

4）系统液压冲击大的消除方法

系统液压冲击大的原因及消除方法见表7-6。

表7-6　系统液压冲击大的原因及消除方法

故障现象及原因		消除方法
换向时产生冲击	换向时瞬时关闭、开启，造成动能或势能相互转换时产生的液压冲击	1. 延长换向时间 2. 设计带缓冲的阀芯 3. 加粗管径、缩短管路
液压缸在运动中突然被制动所产生的液压冲击	液压缸运动时，具有很大的动量和惯性，突然被制动，引起较大的压力增值故产生液压冲击	1. 液压缸进出油口处分别设置反应快、灵敏度高的小型安全阀 2. 在满足驱动力时尽量减少系统工作压力，或适当提高系统背压 3. 液压缸附近安装囊式蓄能器
液压缸到达终点时产生的液压冲击	液压缸运动时产生的动量和惯性与缸体发生碰撞，引起的冲击	1. 在液压缸两端设缓冲装置 2. 液压缸进出油口处分别设置反应快、灵敏度高的小型溢流阀 3. 设置行程（开关）阀

5）系统油温过高

系统油温过高的原因及消除方法见表7-7。

表7-7　系统油温过高的原因及消除方法

故障现象及原因	消除方法
设定压力过高	适当调整压力
溢流阀、卸荷阀、压力继电器等卸荷回路的元件工作不良	改正各元件工作不正常状况
卸荷回路的元件调定值不适当，卸压时间短	重新调定，延长卸压时间
阀的漏损大，卸荷时间短	修理漏损大的阀，考虑不采用大规格阀
高压小流量、低压大流量时不要由溢流阀溢流	变更回路，采用卸荷阀、变量泵
因黏度低或泵有故障，增大了泵的内泄漏量，使泵壳温度升高	换油、修理、更换液压泵
油箱内油量不足	加油，加大油箱
油箱结构不合理	改进结构，使油箱周围温升均匀
蓄能器容量不足或有故障	换大蓄能器，修理蓄能器
需要安装冷却器，冷却器容量不足，冷却器有故障，进水阀门工作不良，水量不足，油温自动调节装置有故障	安装冷却器，加大冷却器，修理冷却器的故障，修理阀门，增加水量，修理调温装置
溢流阀遥控口节流过量，卸荷的剩余压力高	进行适当调整
管路的阻力大	采用适当的管径
附近热源影响，辐射热大	采用隔热材料反射板或变更布置场所；设置通风、冷却装置等，选用合适的工作油液

7.2 理论知识

知识点1 电液比例阀

电液比例阀简称比例阀,能够将输入的电气信号按比例转换成力或位移,从而对油液的流量和压力进行连续控制的一种液压阀。

电液比例阀由液压阀本体和电–机械比例转换装置两部分组成。后者将电信号按比例连续地转换为机械力和位移输出,前者接受这种机械力和位移按比例地连续地输出流量和压力。

电液比例阀按其用途分为比例压力阀、比例流量阀、比例方向阀三大类。

1. 电–机械比例转换装置

常用的电–机械比例转换装置之一是比例电磁铁,与普通电磁铁不同,普通电磁铁要求有吸合和断开两个位置,而比例电磁铁则要求吸力或位移与给定的电流成比例。

2. 比例溢流阀

电液比例压力先导阀如图7-3所示。它与普通溢流阀、减压阀、顺序阀的主阀组合可构成电液比例溢流阀、电液比例减压阀和电液比例顺序阀。与普通压力先导阀不同,与阀芯上的液压力进行比较的是比例电磁铁的电磁吸引力,不是弹簧力,弹簧无压缩量,只起传递电磁吸力的作用(称之为传力弹簧),因此电液比例压力先导阀工作时无附加弹簧力,相对而言调压偏差小。调节电磁铁输入电流的大小,即可改变电磁吸力,从而改变先导阀的前腔压力,即主阀上腔压力,对主阀的进口或出口压力实现控制。在电磁吸力相同的情况下,比例压力阀是通过改变先导锥阀座孔直径 d 来实现压力分级的。

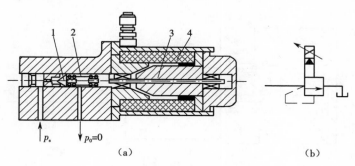

p_s $p_0=0$

(a)   (b)

图7-3 电液比例压力先导阀

(a)结构原理图 (b)图形符号

1—阀芯 2—传动弹簧 3—推杆 4—比例电磁铁

用比例电磁铁与直动式溢流阀阀体组成直动式比例溢流阀,如图7-4所示。当输入电信号时,比例电磁铁产生电磁力,作用于阀芯上,得到一控制力控制溢流阀的压力。随着输入电信号强度的变化,比例电磁铁的电磁力将随之变化,从而改变压力的大小,使阀芯的开启压力随输入信号的变化而变化。若输入信号连续的、按比例的或按一定程序变化,则比例溢流阀所调节的系统压力也连续的、按比例的或按一定的程序进行变化。因此,比例溢流阀多用于系统的多级调压或实现连续的压力控制。直动式比例溢流阀作先导阀与其他普通压力阀的主阀相配,便可组成先导式比例溢流阀、比例顺序阀和比例减压阀。

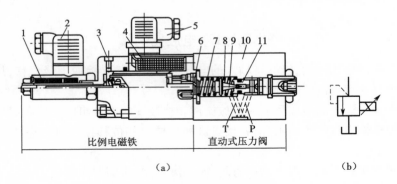

图 7-4　直动式比例溢流阀

(a)工作原理图　(b)图形符号

1—位移传感器　2—传感器插头　3—放气螺钉　4—线圈　5—线圈插头
6—弹簧座　7—传力弹簧　8—防振弹簧　9—阀芯　10—阀体　11—阀座

3. 比例调速阀

用比例电磁铁取代节流阀或调速阀的手调装置,以输入电信号控制节流口开度,便可连续地或按比例地远程控制其输出流量,实现执行部件的速度调节。电液比例调速阀的结构原理和图形符号如图 7-5 所示。图中的节流阀阀芯由比例电磁铁的推杆操纵,输入的电信号不同,则电磁力不同,推杆受力不同,与阀芯左端弹簧力平衡后,便有不同的节流口开度。由于定差减压阀已保证了节流口前后压差为定值,所以一定的输入电流就对应一定的输入流量,不同的输入信号变化,就对应不同的输出流量变化。

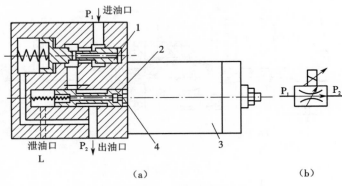

图 7-5　电液比例调速阀

(a)工作原理图　(b)图形符号

1—定差减压阀　2—节流阀阀芯　3—比例电磁铁　4—推杆

4. 比例换向阀

用比例电磁铁取代电磁换向阀中的普通电磁铁,便构成比例换向阀,如图 7-6 所示。由于使用了比例电磁铁,阀芯不仅可以换位,而且换位的行程可以连续地或按比例地变化,因而连通油口间的通流面积也可以连续地或按比例地变化,所以比例方向阀不仅能控制执行元件的运动方向,而且能控制其速度。

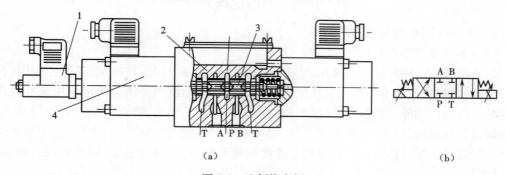

图 7-6　比例换向阀

(a)工作原理图　(b)图形符号

1—位移传感器　2—阀体　3—阀芯　4—比例电磁铁

部分比例电磁铁前端还附有位移传感器(或称差动变压器),这种比例电磁铁称为行程控制比例电磁铁。位移传感器能准确地测定电磁铁的行程,并向放大器发出电反馈信号。电放大器将输入信号和反馈信号加以比较后,再向电磁铁发出纠正信号以补偿误差,因此阀芯位置的控制更加精确。

知识点 2　位移传感器

图 7-2 所示液压比例综合控制系统中 24 号液压缸采用的位移传感器是磁致伸缩位移传感器,通过内部非接触式的测控技术精确地检测活动磁环的绝对位置来测量被检测产品的实际位移值,该传感器的高精度和高可靠性已被广泛应用于成千上万的实际案例中。

由于作为确定位置的活动磁环和敏感元件并无直接接触,因此传感器可应用在极恶劣的工业环境中,不易受油渍、溶液、尘埃或其他污染的影响。此外,传感器采用了高科技材料和先进的电子处理技术,因而它能用在高温、高压和高振荡的环境中。传感器输出信号为绝对位移值,即使电源中断、重接,数据也不会丢失,更无须重新归零。由于敏感元件是非接触的,就算不断重复检查,也不会对传感器造成任何磨损,却可以大大地提高检测的可靠性和使用寿命。

工作原理介绍如下。

磁致伸缩位移传感器,是利用磁致伸缩原理,通过两个不同磁场相交产生一个应变脉冲信号来准确地测量位置的。测量元件是一根波导管,波导管内的敏感元件由特殊的磁致伸缩材料制成。测量过程是由传感器的电子室内产生电流脉冲,该电流脉冲在波导管内传输,从而在波导管外产生一个圆周磁场,当该磁场和套在波导管上作为位置变化的活动磁环产生的磁场相交时,由于磁致伸缩的作用,波导管内会产生一个应变机械波脉冲信号,这个应变机械波脉冲信号以固定的声音速度传输,并很快被电子室所检测到。

由于这个应变机械波脉冲信号在波导管内的传输时间和活动磁环与电子室之间的距离成正比,通过测量时间,就可以高度精确地确定这个距离。由于输出信号是一个真正的绝对值,而不是比例的或者放大处理的信号,所以不存在信号漂移或变值的情况,更无须定期重标。

185

知识拓展　典型液压系统分析

1. YT4543 型动力滑台液压系统

1）组合机床动力滑台概述

组合机床是一种高效专用机床,它由通用部件和部分专用部件组成,工艺范围广,自动化程度高,在成批大量生产中得到广泛的应用。液压动力滑台是组合机床中用来实现进给运动的一种通用部件,其运动是靠液压驱动的。根据加工要求,滑台台面上可设置动力箱、多轴箱或各种用途的切削头等工作部件,以完成钻、扩、铰、镗、刮端面、倒角、铣削和攻丝等工序。它对液压系统性能的主要要求是速度换接平稳、进给速度稳定、功率利用合理、效率高、发热少。

YT4543 型动力滑台如图 7-7 所示。YT4543 型动力滑台最大进给力为 45 kN,快进速度为 6.5 m/min,进给速度范围为 6.6 ~ 600 mm/min,它完成的典型工作循环为"快进→一工进→二工进→停留→快退→原位停止",工作循环如图 7-8 所示。

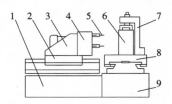

图 7-7　YT4543 型动力滑台

1—床身　2—动力滑台　3—动力头
4—主轴箱　5—刀具　6—工件
7—夹具　8—工作台　9—底座

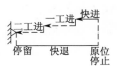

图 7-8　工作循环

2）YT4543 型动力滑台液压系统的工作原理

YT4543 型动力滑台液压系统如图 7-9 所示。

Ⅰ. 快进

按下启动按钮,电磁铁 1YA 通电,电液换向阀的先导阀 11 左位工作,液压泵 14 输出的压力油经先导阀 11 进入电液换向阀主阀 12 的左侧,使其在控制压力油的作用下左位工作,此时的控制油路和主油路工况如下。

Ⅰ）控制油路

（1）进油路:油箱→过滤器→液压泵 14→电液换向阀先导阀 11（左位）→左上单向阀→换向阀 12 主阀芯的左端。

（2）回油路:电液换向阀主阀 12 主阀芯的右端→右上的节流阀→电液换向阀先导阀 11（左位）→油箱。

Ⅱ）主油路

（1）进油路:油箱→过滤器→液压泵 14 →单向阀 13 →电液换向阀主阀 12（左位）→行程阀 8（右位）→液压缸 7 左腔（无杆腔）。

（2）回油路:液压缸 7 右腔→电液换向阀主阀 12（左位）→单向阀 3 →行程阀 8（右位）→液压缸 7 左腔（形成差动连接）。

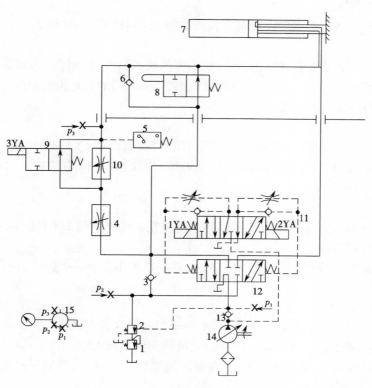

图 7-9 YT4543 型动力滑台液压系统

1—背压阀 2—顺序阀 3,6,13—单向阀 4,10—调速阀

5—压力继电器 7—液压缸 8—行程阀 9—电磁阀

11—电液换向阀的先导阀 12—电液换向阀主阀 14—液压泵

由于快进时负载小,系统压力低,液压泵 14 输出最大流量。

Ⅱ. 一工进

一工进时,电磁铁 1YA 继续通电,液动换向阀仍处于左位工作,因此一工进时控制油路与快进时相同。

快进终了时,挡块压下行程阀 8,切断快进通路,此时液压油只能经调速阀 4 和二位二通电磁换向阀 9 进入液压缸左腔,由于工进时压力升高,液压泵 14 输出的油液流量自动减小,且与调速阀 4 的开口相适应,此时外控顺序阀 2 打开,单向阀 3 关闭。液压缸 7 右腔的油液经顺序阀 2、背压阀 1 回油箱,此时主油路工况如下。

（1）进油路:油箱→过滤器→液压泵 14 →单向阀 13 →电液换向阀主阀 12（左位）→调速阀 4→电磁阀 9（右位）→液压缸 7 左腔。

（2）回油路:液压缸 7 右腔→电液换向阀主阀 12（左位）→顺序阀 2→背压阀 1→油箱。

Ⅲ. 二工进

一工进终了时,挡块压下电气行程开关,3YA 通电,二位二通电磁换向阀 9 断开,这时进油路须经过调速阀 4 和调速阀 10,由于调速阀 10 的通流面积小于调速阀 4,进给量大小由调速阀 10 调节,此时主油路工况如下。

（1）进油路:油箱→过滤器→液压泵 14 →单向阀 3 →电液换向阀主阀 12（左位）→调速

187

阀4→调速阀10→液压缸7左腔。

（2）回油路：液压缸7右腔→电液换向阀主阀12（左位）→顺序阀2→背压阀1→油箱。

Ⅳ. 停留

动力滑台二工进给终了碰到止挡块时，不再前进，停留一段时间，等到其系统压力进一步升高，使压力继电器5发出信号给时间继电器，停留时间的长短由时间继电器决定。设置停留是为了提高加工位置精度。

Ⅴ. 快退

当滑台停留时间结束后，时间继电器发出信号，使电磁铁1YA、3YA断电，2YA通电，电液换向阀的先导阀11右位接入控制油路，电液换向阀的主阀12右位接入主油路，这时流量大，快退。

Ⅰ）控制油路

（1）进油路：油箱→过滤器→液压泵14→电液换向阀先导阀11（右位）→右上单向阀→电液换向阀主阀12的阀芯右端。

（2）回油路：电液换向阀主阀12阀芯左端→左上节流阀→电液换向阀先导阀11→油箱。

Ⅱ）主油路

（1）进油路：油箱→过滤器→液压泵14→单向阀3→换向阀12（右位）→液压缸右腔。

（2）回油路：液压缸左腔→单向阀6→电液换向阀主阀12（右位）→油箱。

滑台返回时负载小，系统压力下降，变量泵流量恢复到最大，且液压缸右腔的有效作用面积较小，故滑台快速返回。

Ⅵ. 原位停止

当液压滑台退回原始位置时，挡块压下行程开关，使2YA断电，电液换向阀先导阀11处在中间位置，液压滑台停止运动，变量泵输出油液流量为零，液压泵14通过电液换向阀先导阀11的中位机能卸荷，输出功率接近为零。

该系统中各电磁铁及行程阀的动作顺序见表7-8，表中"＋"表示电磁铁通电或行程阀压下，"－"表示电磁铁断电或行程阀复位。

表7-8　电磁铁、行程阀及压力继电器的动作顺序表

电磁铁、行程阀动作	电磁铁			行程阀8
	1YA	2YA	3YA	
快进	＋	－	－	－
一工进	＋	－	－	＋
二工进	＋	－	＋	＋
停留	＋	－	＋	＋
快退	－	＋	－	±
原位停止	－	－	－	－

3）包含的基本回路

（1）采用限压式变量泵和调速阀的容积节流调速回路。

（2）采用单差动连接的快速运动回路。

（3）采用电液换向阀的换向回路。

（3）采用行程阀的快－慢速换接回路。

（5）串联调速阀的二次进给回路。

（6）采用换向阀M型中位机能的卸荷回路。

（7）采用调速阀的进油节流调速回路。

4）系统特点

（1）采用容积节流调速回路，无溢流功率损失，系统效率较高，且能保证稳定的低速运动、较好的速度刚性和较大的调速范围。

（2）在回油路上设置背压阀，提高了滑台运动的平稳性。

（3）把调速阀设置在进油路上，具有启动冲击小、便于压力继电器发信控制、容易获得较低的运动速度。

（4）采用行程阀实现快－慢速换接，其动作的可靠性、转换精度和平稳性都较高。一工进和二工进之间的切换，由于通过调速阀4、10的流量很小，采用电磁阀式换接已能保证所需的转换精度。

（5）采用电液换向阀的换向回路，换向性能好，启动平稳、冲击小。

（6）采用限压式变量泵和差动连接的快速运动回路，解决了快、慢速度相差悬殊的问题，又使能力得到经济合理的利用。

（7）限压式变量泵本身就能按预先调定的压力限制其最大工作压力，故在采用限压式变量泵的系统中，一般不需要另外设置安全阀。

2. 汽车起重机液压系统

汽车起重机是将起重机安装在汽车底盘上的一种起重运输设备。它主要由起升、回转、变幅、伸缩和支腿等工作机构组成，这些工作机构动作的完成由液压系统来实现。对于汽车起重机的液压系统，一般要求输出力大，动作要平稳，耐冲击，操作要灵活、方便、可靠、安全。

1）汽车起重机液压系统

Q2－8型汽车起重机外形简图如图7-10所示。这种起重机采用液压传动，最大起重量为80 kN（幅度3 m时），最大起重高度为11.5 m，起重装置连续回转。该机具有较高的行走速度，可与装运工具的车编队形式，机动性好。当装上附加吊臂后（图中未表示），可用于建筑工地吊装预制件，吊装的最大高度为6 m。液压起重机承载能力大，可在有冲击、振动以及温度变化大和环境较差的条件下工作。其执行元件要求完成的动作比较简单，位置精度较低。因此液压起重机一般采用中、高压手动控制系统，系统对安全性要求较高。

Q2－8型汽车起重机液压系统原理图如图

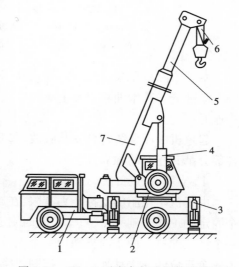

图7-10　Q2－8型汽车起重机外形简图

1—载重汽车　2—回转机构　3—支腿

4—吊臂变幅缸　5—伸缩吊臂

6—起升机构　7—基本臂

7-11 所示。该系统的液压泵由汽车发动机通过装在汽车底盘变速箱上的取力箱传动。液压泵工作压力为 21 MPa,排量为 40 mL,转速为 1 500 r/min。液压泵通过中心回转接头从油箱吸油,输出的压力油经手动阀组 A 和 B 输送到各个执行元件。溢流阀 12 是安全阀,用以防止系统过载,调整压力为 19 MPa,其实际工作压力可由压力表读取。这是一个单泵、开式、串联(串联式多路阀)液压系统。

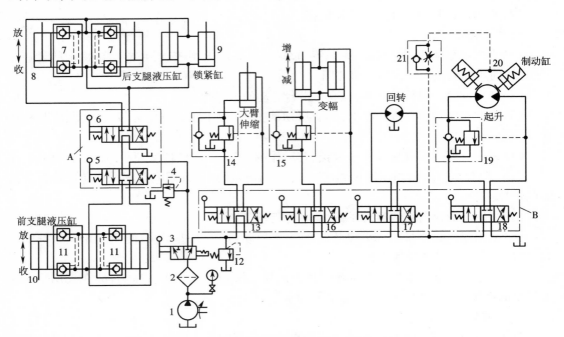

图 7-11　Q2–8 型汽车起重机液压系统原理图

1—液压泵　2—滤油器　3—二位三通手动换向阀　4,12—溢流阀
5,6,13,16,17,18—三位四通手动换向阀　7,11—液压锁　8—后支腿缸
9—锁紧缸　10—前支腿缸　14,15,19—平衡阀　20—制动缸　21—单向节流阀

系统中除液压泵、过滤器、安全阀、阀组 A 及支腿部分外,其他液压元件都装在可回转的上车部分。其中油箱也在上车部分,兼作配重。上车和下车部分的油路通过中心回转接头连通。

起重机液压系统包含支腿收放、起升机构、伸缩机构、吊臂变幅、回转机构等 5 个部分。各部分都有相对的独立性。

Ⅰ. 支腿收放回路

由于汽车轮胎的支撑能力有限,在起重作业时必须放下支腿,使汽车轮胎架空,形成一个固定的工作基础平台,汽车行驶时则必须收起支腿。前后各有两条支腿,每一条支腿配有一个液压油缸。两条前支腿用一个三位四通手动换向阀 6 控制其收放,而两条后支腿则用另一个三位四通手动换向阀 5 控制。换向阀都采用 M 型中位机能,油路上是串联的。每一个油缸上都配有一个双向液压锁,以保证支腿被可靠地锁住,防止在起重作业过程中发生"软腿"现象(液压缸上腔油路泄漏引起)或行车过程中支腿自行下落(液压缸下腔油路泄漏引起)。

Ⅱ. 起升回路

起升机构要求所吊重物可升降或在空中停留,速度要平稳、变速要方便、冲击要小、启动转矩或制动力要大,本回路中采用 ZMD 40 型柱塞液压马达带动重物升降,变速和换向是通过改变手动换向阀 18 的开口大小来实现的,用平衡阀 19 来限制重物超速下降。单作用制动缸 20 和单向节流阀 21,一是保证液压油先进入马达,使马达产生一定的转矩,再解除制动,以防止重物带动马达旋转而向下滑;二是保证吊物升降停止时,制动缸中的油马上与油箱相通,使马达迅速制动。

起升重物时,三位四通手动换向阀 18 切换至左位工作,液压泵 1 打出的油经滤油器 2、换向阀 3 右位、换向阀 13 中位、换向阀 16 中位、换向阀 17 中位、换向阀 18 左位、平衡阀 19 中的单向阀进入马达左腔;同时压力油经单向节流阀到制动缸 20,从而解除制动,使马达旋转。

重物下降时,手动换向阀 18 切换至右位工作,液压马达反转,回油经平衡阀 19 的液控顺序阀和换向阀 18 右位回油箱。

当停止作业时,换向阀 18 处于中位,泵卸荷。制动缸 20 上的制动瓦在弹簧作用下使液压马达制动。

Ⅲ. 大臂伸缩回路

本机大臂伸缩采用单级长液压缸驱动。在工作中,改变换向阀 13 的开口大小和方向,即可调节大臂运动速度和使大臂伸缩。在行走时,应将大臂缩回。大臂缩回时,因液压力与负载力方向一致,为防止吊臂在重力作用下自行收缩,在收缩缸的下腔回油腔安置了平衡阀 14,提高了收缩运动的可靠性。

Ⅳ. 变幅回路

大臂变幅机构是用于改变作业高度,要求其能带载变幅,动作要平稳。本机采用两个液压缸并联,提高了变幅机构的承载能力。其要求以及油路与大臂伸缩油路相同。

Ⅴ. 回转油路

回转机构要求大臂能在任意方位起吊。本机采用 ZMD 40 柱塞液压马达,回转速度 $1 \sim 3$ r/min。由于惯性小,一般不设缓冲装置,操作换向阀 17 可使马达正、反转或停止。

2)汽车起重机液压系统的特点

(1)重物在下降以及大臂收缩和变幅时,负载与液压力方向相同,执行元件会失控,为此在其回油路上必须设置平衡阀。

(2)因作业工况的随机性较大,且动作频繁,所以大多采用手动弹簧复位的多路换向阀控制各动作。换向阀常用 M 型中位机能。当换向阀处于中位时,各执行元件的进油路均被切断,液压泵出口通油箱使泵卸荷,减少了功率损失。

思考与练习

7-1　如何进行液压系统的安装与调试?

7-2　如何进行液压系统的故障诊断,排除方法有哪些?

7-3　比例溢流阀的结构原理是什么?

7-4　比例调速阀的结构原理是什么?

7-5　比例换向阀的结构原理是什么?

7-6 动力滑台液压系统是由哪些基本回路组成的？系统中各元件在系统中各起什么作用？

7-7 如题7-7图所示为专用铣床液压系统，要求机床工作台一次可安装两个工件，并能同时加工。工件的上料、卸料由手工完成，工件的夹紧及工作台进给运动由液压系统完成。机床的工作循环为"手工上料→工件自动夹紧→工作台快进→铣削进给→工作台快退→夹具松开→手工卸料"。分析系统回答下列问题。

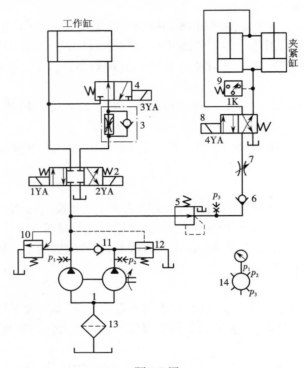

题7-7图

（1）填写电磁铁动作顺序表；

（2）系统由哪些基本回路组成？

（3）哪些工况由双泵供油，哪些工况由单泵供油？

（4）说明元件6、7在系统中的作用。

7-8 为什么液压系统要进行两次清洗？

7-9 为什么液压系统安装后要进行清洗？新更换的液压油为什么必须经过过滤后才能注入油箱？

相关专业英语词汇

（1）实际工况——actual conditions

（2）实际输出力——actual force

（3）启动压力——breakout pressure

（4）闭环控制——feedback control

（5）连续工况——continuous working conditions

（6）比例溢流阀——proportional relief valve

（7）操作台——control console

（8）比例节流阀——proportional throttle valve

（9）循环速度——cycling speed

（10）极限工况——limited conditions

（11）电液比例阀——electro-hydraulic proportional valve

（12）组合机床——combination machine

（13）系统压力——system pressure

（14）供给流量——supply flow

（15）工作循环——working cycle

（16）工作行程——working stroke

（17）故障诊断——fault diagnosis

（18）安装与调试——installation and adjustment

（19）汽车起重机——automobile crane

（20）液压系统设计——hydraulic system design

项目 8　气动回路的设计、安装与调试

【教学要求】

(1)掌握常用气源装置与气动辅助元件的类型、结构特点与工作原理。

(2)掌握常用气缸与气动马达的类型、结构特点及工作特点。

(3)掌握各种气动控制阀的结构特点、工作原理及应用。

(4)了解典型气动基本回路的类型、组成和功能。

(5)能够根据任务要求设计气动控制回路并用 Fluidsim 软件进行仿真。

(6)能够在气动实训台上正确连接和调试气动控制回路。

【重点难点】

(1)气源装置及压缩空气净化装置的工作原理及图形符号。

(2)正确选用、合理使用气源装置与气动辅助元件。

(3)气缸的工作特性与正确选择、使用。

(4)压力控制阀、流量控制阀、方向控制阀的工作原理及应用。

【问题引领】

在一些生产性的机械中(如自动化面包机的生产过程),如果采用液压传动系统,则由于液压传动系统存在油液泄漏等情况,会造成对面包的污染,故液压传动不适用于面包及其他食品制造等对环境要求较高的生产场合。

那么什么是空气自动化? 空气自动化就是运用空气压缩机将空气转换成具有压力能的高压空气,利用管路将高压空气进行输送,经过空气处理设备调理空气品质后,再利用控制阀改变压缩空气的流动方向以完成对驱动元件的控制,达到省人力或可靠度提升的自动化生产过程。

工业中有很多空气自动化的实例,图 8-1 为利用气缸的动作完成产品的分类传输的例子。

8.1　做中学

任务 1　分配装置气动回路的设计、安装与调试

任务引入

◇单作用气缸是如何工作的?

◇二位三通手动换向阀有哪几种类型?

◇分气块的作用是什么?

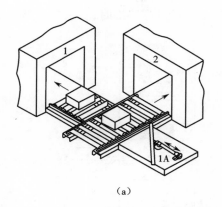
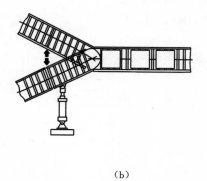

（a）　　　　　　　　　　　　　　　　（b）

图 8-1　利用气缸的动作完成产品的分类传输

（a）单作用气缸实现工件位置转换　（b）双作用气缸实现工件位置转换

1,2—工作线　1A—单作用气缸

任务实施

　　工件分配装置将铝盒推入至工作站中，要求按下按钮后单作用气缸（1A）的活塞杆伸出，松开按钮后，活塞杆缩回，如图 8-2 所示。

　　具体任务要求如下。

　　（1）确定所需气动元件，设计并绘制分配装置的气动回路图。

　　（2）应用 Fluidsim 软件对所设计的气动回路进行仿真。

　　（3）在气动实训台上对回路进行安装和调试。

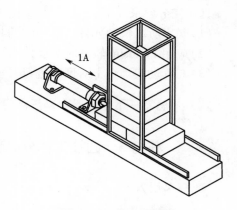

图 8-2　工件分离装置

任务 2　记号装置气动回路的设计、安装与调试

任务引入

　　◇梭阀的工作原理是怎样的？用在什么场合？

　　◇双压阀的工作原理是怎样的？用在什么场合？或门和与门元件对执行装置的动作有什么影响？

　　◇行程阀有哪几种类型？有什么特点？如何使用？

任务实施

　　记号装置如图 8-3 所示，测量人员的测量杆长度为 3 m。可以在两个按钮中进行选择以通过气缸来控制测量杆的运动，按下两个二位三通手动换向阀中的任何一个，都可以控制气缸来推动测量杆的前进,气缸上有排气阀。气缸必须前进到终端时,要求按下第三个二位三通手动换向阀,气缸才可以带动测量杆缩回。

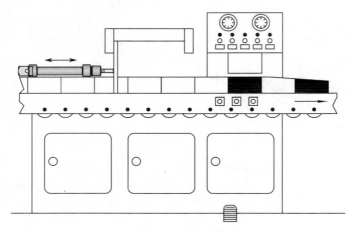

图 8-3　记号装置

具体任务要求如下。

(1)确定所需气动元件,设计并绘制记号装置的气动回路图。

(2)应用 Fluidsim 软件对所设计的气动回路进行仿真。

(3)在气动实训台上对回路进行安装和调试。

思考一下　梭阀和双压阀的工作原理的区别。

任务 3　圆柱工件分离装置气动回路的设计、安装与调试

任务引入

◇实现延时的途径有哪几种,延时阀的工作原理是怎样的?

◇二位五通双气控换向阀的工作原理是怎样的?

◇如何实现控制系统的连续循环动作?

任务实施

双作用气缸(1A)将圆柱形工件推向测量装置如图 8-4 所示。工件通过气缸的连续运动而被分离。通过控制阀上的旋钮使气缸的进程时间 $t_1 = 0.6$ s,回程时间 $t_3 = 0.4$ s,气缸在前进的末端位置停留时间 $t_2 = 1.0$ s,周期循环时间 $t_4 = 2.0$ s。

具体任务要求如下。

(1)确定所需气动元件,设计并绘制圆柱工件分离装置的气动回路图。

(2)应用 Fluidsim 软件对所设计的气动回路进行仿真。

(3)在气动实训台上对回路进行安装和调试。

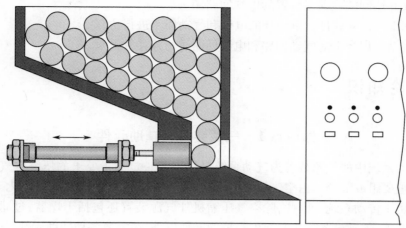

图 8-4   圆柱工件分离装置

思考一下

(1)该回路中,气缸往复循环时间是由哪几个元件控制的? 分别控制的哪个时间?

(2)工作压力的大小是如何决定循环时间的?

任务 4   夹紧装置气动回路的设计、安装与调试

任务引入

◇二位五通电磁换向阀两端电磁铁的通断电如果采用电气回路进行控制如何实现?

◇对两个电磁铁的通断电情况有什么要求?

任务实施

使用夹紧装置将工件夹紧如图 8-5 所示。按下按钮后,可移动的夹抓前进,将工件夹紧。按下另一个按钮后,夹抓返回到初始位置。

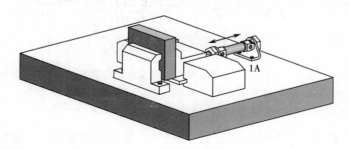

图 8-5   夹紧装置

具体任务要求如下。

(1)确定所需气动元件,设计并绘制夹紧装置的气动回路图。

（2）设计并绘制圆柱夹紧装置的电气回路图。

（3）应用 Fluidsim 软件对所设计的电气和气动回路进行仿真。

（4）在气动实训台上对气动回路和电气回路进行连接和调试。

8.2　理论知识

知识点 1　气源装置及辅助元件

气压传动系统中的气源装置为气动系统提供满足一定质量要求的压缩空气,它是气压传动系统的重要组成部分。由空气压缩机产生的压缩空气必须经过降温、净化等一系列处理以后才能用于传动系统。因此,除空气压缩机外气源装置还包括干燥器、过滤器、冷却器及气罐等。此外,气动设备除执行元件和控制元件以外,还需要各种辅助元件,如油雾器、消声器等。

1. 气源装置

1）气源装置的设备组成及布置

气源装置由以下 4 部分组成:

（1）气压发生装置——空气压缩机;

（2）净化、储存压缩空气的装置和设备——后冷却器、油水分离器、干燥器、储气罐等;

（3）管道系统——管道、管接头以及气 - 电、电 - 气、气 - 液转换器等;。

（4）气动三联件。

实际中根据气动系统对压缩空气品质的要求来设置气源装置。一般气源装置的组成和布置如图 8-6 所示。

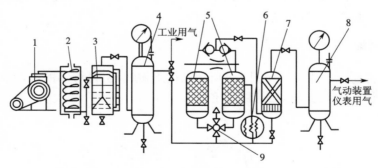

图 8-6　气源装置的组成及布置示意图

1—空气压缩机　2—后冷却器　3—油水分离器

4,8—储气罐　5—干燥器　6—加热器　7—过滤器　9—四通阀

空气压缩机 1 产生一定压力和流量的压缩空气,其吸气口装有空气过滤器,以减少进入压缩机中空气的污染程度;冷却器 2（又称后冷却器）将压缩空气温度从 140～170 ℃降至 40～50 ℃,并使高温汽化的油分、水分凝结出来;油水分离器 3 使降温冷凝出的油滴、水滴杂质等从压缩空气中分离,并从排污口除去;储气罐 4 和 8 储存压缩空气以平衡空气压缩机流量和设备用气量,并稳定压缩空气压力,同时还可以除去压缩空气中的部分水分和油分;干

燥器5进一步吸收、排除压缩空气中的水分、油分等,使之变成干燥空气;过滤器7(又称一次过滤器)进一步过滤除去压缩空气中的灰尘颗粒杂质。储气罐4中的压缩空气可用于一般要求的气动系统,储气罐8输出的压缩空气可用于要求较高的气动系统(如气动仪表、射流元件等组成的系统)。

2)空气压缩机

空气压缩机简称空压机,是气源装置的主体,是将原动机的机械能转换成气体压力能的装置。空气经过空压机后变成在压力和流量方面符合气动设备要求的压缩空气。活塞式空气压缩机的外观如图8-7(a)所示。

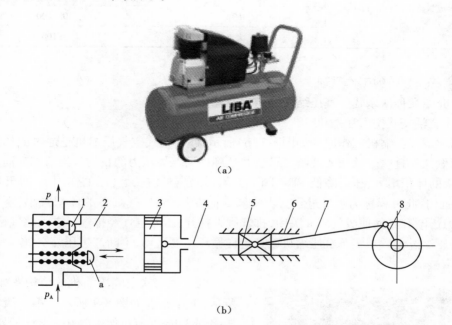

图8-7 活塞式空气压缩机外观图及工作原理图
(a)外观图 (b)工作原理图
1—排气阀 2—气缸 3—活塞 4—活塞杆 5,6—十字头与滑道
7—连杆 8—曲柄 a—吸气阀

Ⅰ.空气压缩机的分类

空气压缩机种类很多,按工作原理主要分为容积式和速度式两大类。若按空压机公称排气压力范围来分,则有低压式(0.1 ~ 1 MPa)、中压式(1 ~ 10 MPa)、高压式(10 ~ 100 MPa)和超高压式(>100 MPa)等。

容积式空压机是通过机件的运动,使密封容积发生周期性大小的变化,从而完成对空气的吸入和压缩过程。这种空压机又有几种不同形式,如活塞式、螺杆式、滑片式等。其中最常用的是活塞式低压空压机。速度式空压机的原理是通过气体分子的运动速度,使气体分子的动能转化为压力能来提高压缩空气的压力。

Ⅱ.空气压缩机的选用原则

选择空气压缩机主要根据气动系统所需要的工作压力和流量两个主要参数,见表8-1。

表 8-1   空气压缩机的选用

选择方法	基本类型	说明
按输出压力选择/MPa	低压空气压缩机	0.2 ~ 1.0
	中压空气压缩机	1.0 ~ 10
	高压空气压缩机	10 ~ 100
	超高压空气压缩机	>100
按输出流量选择/(m³/min)	微型	<1
	小型	1 ~ 10
	中型	10 ~ 100
	大型	>100

Ⅲ. 空气压缩机的工作原理

下面介绍几种活塞式空气压缩机的结构原理。

Ⅰ) 单缸活塞式空气压缩机

活塞式空气压缩机工作原理如图 8-7(b)所示,此活塞式空气压缩机是通过曲柄连杆机构使活塞做往复直线运动而实现吸、压气,并达到提高气体压力的目的。当活塞 3 向右运动时,气缸 2 的体积增大,压力降低,排气阀 1 关闭,外界空气在大气压的作用下,打开吸气阀 a 进入气缸内,此过程称为吸气过程。当活塞 3 向左运动时,气缸 2 的体积减小,空气受到压缩,压力逐渐升高而使吸气阀 a 关闭,排气阀 1 打开,压缩空气经排气口进入储气罐,这一过程称为压缩过程。单级单缸压缩机就是这样循环往复运动,不断产生压缩空气。

Ⅱ) 多缸活塞式空气压缩机

两级活塞式空气压缩机的结构图如图 8-8 所示,工作原理如图 8-9 所示。第一级将空气压缩到 3 bar 左右,然后被中间冷却器冷却再输送到第二级气缸中压缩到 7 bar。两级活塞式空气压缩机相对于单级压缩机提高了效率。

Ⅳ. 使用空气压缩机注意事项

(1)开始使用时,应先将出气口的阀门关闭,待气源充足后再打开使用。

(2)气源充足后电动机自动关闭,待气压降到 0.45 MPa 时,电动机又自动开始补充气源。

图 8-8   两级活塞式空气压缩机的结构图

(3)因供给的气源容量不是太大,在使用时应注意需大容量气源的回路实验,不要长时间连续进行。

(4)因压缩机运转时间过长时会产生热量,因而使用时应将其放置在透风处。

Ⅴ. 空气压缩机的选用步骤

(1)首先按空压机的特性要求,选择空压机类型。

(2)依据气压传动系统所需的工作压力和流量两个主要参数确定空压机的输出压力 p

和吸入流量 q_c，最终选取空压机的型号。

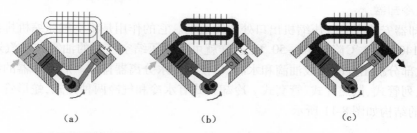

图 8-9 多缸活塞式空气压缩机的工作原理
(a)吸气 (b)一级压缩 (c)二级压缩

2. 气动辅助元件

气动辅助元件分为气源净化装置和其他辅助元件两大类。

1)气源净化装置

气动系统对压缩空气质量的要求:压缩空气要具有一定压力和足够的流量,具有一定的净化程度。不同的气动元件对杂质颗粒的大小有具体的要求。

混入压缩空气中的油分、水分、灰尘等杂质会产生以下不良影响,如图 8-10 所示。

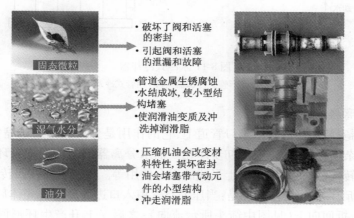

图 8-10 压缩空气中的杂质对气动系统的影响

(1)混入压缩空气的油蒸气可能聚集在储气罐、管道等处形成易燃物,有引起爆炸的危险;另一方面润滑油被汽化后会形成一种有机酸,对金属设备有腐蚀生锈的作用,影响设备寿命。

(2)混在压缩空气中的杂质沉积在元件的通道内,减小了通道面积,增加了管道阻力。严重时会产生阻塞,使气体压力信号不能正常传递,使系统工作不稳定甚至失灵。

(3)压缩空气中含有的饱和水分,在一定条件下会凝结成水并聚集在个别管段内。在北方的冬天,凝结的水分会使管道及附件结冰而损坏,影响气动装置正常工作。

(4)压缩空气中的灰尘等杂质对运动部件会产生研磨作用,使这些元件因漏气增加而效率降低,影响它们的使用寿命。

因此必须要设置除油、除水、除尘,并使压缩空气干燥,提高压缩空气质量、进行气源净化处理的辅助设备。

压缩空气净化设备一般包括后冷却器、油水分离器、储气罐、干燥器、过滤器等。

Ⅰ. 后冷却器

后冷却器安装在空气压缩机出口处的管道上。它的作用是将空气压缩机排出的压缩空气温度由 140 ~ 170 ℃降至 40 ~ 50 ℃,这样就可以使压缩空气中的油雾和水汽迅速达到饱和,使其大部分析出并凝结成油滴和水滴,以便经油水分离器排出。后冷却器的结构形式有蛇形管式、列管式、散热片式、管套式。冷却方式有水冷和气冷两种方式,蛇形管式和列管式后冷却器的结构如图 8-11 所示。

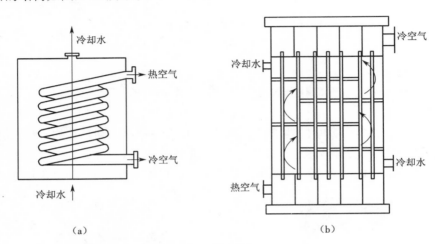

图 8-11 水冷式冷却器
（a）蛇形管式冷却器　（b）列管式冷却器

Ⅱ. 油水分离器

油水分离器安装在后冷却器出口管道上,它的作用是分离并排出压缩空气中凝聚的水分、油分和灰尘杂质等,使压缩空气初步净化。油水分离器的结构形式有环形回转式、撞击折回式、离心旋转式、水浴式以及以上形式的组合使用等。撞击折回并回转式油水分离器的结构如图 8-12 所示,它的工作原理是:当压缩空气由入口进入分离器壳体后,气体先受到隔板阻挡而被撞击折回向下（见图中箭头所示流向）;之后又上升产生环形回转,这样凝聚在压缩空气中的油滴、水滴等杂质受惯性力作用而分离析出,沉降于壳体底部,由放水阀定期排出。为提高油水分离效果,应控制气流在回转后上升的速度不超过 0.3 ~ 0.5 m/s。

Ⅲ. 储气罐

储气罐有卧式和立式之分,它是钢板焊接制成的压力容器,水平或垂直地直接安装在后冷却器后面来储存压缩空气,因此可以减少空气流的脉动。

Ⅰ）储气罐的作用

（1）消除压力脉动。

（2）依靠绝热膨胀及自然冷却降温,进一步分离掉压缩空气中的水分和油分。

（3）贮存一定量压缩空气,可解决短时间内用气量大于空压机输出量的矛盾。

（4）在空压机出现故障或停电时,维持短时间的供气,以便采取措施保证气动设备的安全。

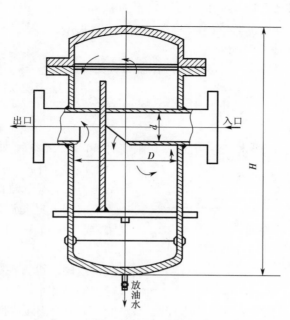

图 8-12　撞击折回并回转式油水分离器

Ⅱ)储气罐的结构

储气罐一般多采用焊接结构,以立式居多,其结构形式如图 8-13 所示。储气罐的高度一般为其内径的 2~3 倍。进气口在下,出气口在上,并尽可能加大两管口之间的距离,以利于充分分离空气中的杂质。罐上设安全阀 2,其调整压力为工作压力的 110%;装设压力表 1 指示罐内压力;设置人孔或手孔 3,以便清理、检查内部;底部设排放油、水的接管和阀门 4。最好将储气罐放在阴凉处。

储气罐的尺寸大小根据压缩机的输出量、系统的尺寸大小以及对未来需求量的变化的预测来确定。计算储气罐尺寸的原则是:储气罐容量 = 压缩机每分钟压缩空气的输出量。

例如,压缩机输出 18 m³/min 的流量(自由空气),平均压力为 0.7 MPa,因此压缩空气每分钟输出量为 18 000/(0.7 + 0.1) = 22 500 L,即容积为 2 250 L 的储气罐是合适的。

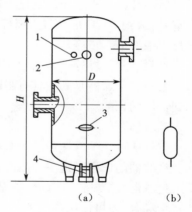

图 8-13　立式储气罐
(a)结构原理图　(b)图形符号
1—压力表　2—安全阀
3—人孔或手孔　4—阀门

Ⅲ)储气罐的选用原则

(1)储气罐的尺寸是根据空气压缩机输出功率的大小、系统的大小及用气量相对稳定还是经常变化来确定的。

(2)对一般工业而言,储气罐尺寸确定原则是:储气罐容积约等于压缩机每分钟输出量。

举例：压缩机在表压 7 kg 的条件下，产气量为 18 m³/min（自由空气），则压缩机每分钟的输出量 = 18 000/(7 + 1) = 2 250 L。

Ⅳ）使用储气罐的注意事项

（1）储气罐属于压力容器，应遵守压力容器的有关规定。

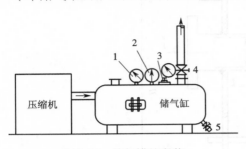

图 8-14　储气罐的安装
1—压力表　2—温度计　3—安全阀
4—截止阀　5—排水阀

（2）储气罐上必须安装如下元件，如图 8-14 所示。

①安全阀。当储气罐内的压力超过允许限度时，可将压缩空气排除。通常应调整其极限压力比正常工作压力高 10%。

②压力表。显示罐内空气压力。

③单向阀。只允许压缩空气从压缩机进入气罐，当压缩机关闭时，阻止压缩空气反方向流动。

④排水阀。设置在罐底，用于排掉凝结在储气罐内的油和水。

⑤压力开关。用储气罐内的压力来控制电动机，当罐内气压达到调定的最高压力时，电动机断电，停止转动；当罐内气压达到调定的最低压力时，电动机通电，重新启动。

Ⅳ. 吸附式干燥器

后冷却器将空气冷却到比冷却媒介高 10~15 ℃，气动系统控制和操作元件的温度通常为室温（大约 20 ℃）。但是，离开后冷却器的空气温度比管道输送的环境温度要高，在输送的过程中将进一步冷却压缩空气，还有水蒸气凝结成水。

吸附法是干燥处理方法中应用最普遍的一种方法。吸附式干燥器的模型如图 8-15 所示。吸附式干燥器是利用具有吸附性能的吸附剂（如硅胶、铝胶或分子筛等）来吸附水分而达到干燥的目的。

Ⅴ. 过滤器

空气的过滤是气压传动系统中的重要环节。不同的场合对压缩空气纯净度的要求也不同。过滤器的作用是进一步滤除压缩空气中的杂质。常用的过滤器有一次性过滤器（也称简易过滤器，滤灰效率为 50%~70%）和二次过滤器（滤灰效率为 70%~99%）。在要求高的特殊场合，还可使用高效率的过滤器（滤灰效率大于 99%）。

（1）一次过滤器。一次过滤器如图 8-16 所示，气流由切线方向进入筒内，在离心力的作用下分离出液滴，然后气体由下而上通过多片钢板、毛毡、硅胶、焦炭、滤网等过滤吸附材料，干燥清洁的空气从筒顶输出。

（2）分水滤气器。分水滤气器滤灰能力较强，属于二次过滤器。它和减压阀、油雾器一起被称为气动三联件，是气动系统不可缺少的辅助元件。普通分水滤气器的结构如图 8-17 所示。其工作原理如下：压缩空气从输入口进入后，被引入旋风叶子 1，旋风叶子上有很多小缺口，使空气沿切线反向产生强烈的旋转，这样夹杂在气体中的较大水滴、油滴、灰尘（主要是水滴）便获得较大的离心力，并高速与存水杯 3 内壁碰撞，而从气体中分离出来沉淀于存水杯 3 中，然后气体通过中间的滤芯 2，部分灰尘、雾状水被滤芯 2 拦截而滤去，洁净的空气便从输出口输出。挡水板 4 是为了防止气体旋涡将杯中积存的污水卷起而破坏过滤效果。为保证分水滤气器正常工作,必须及时将存水杯中的污水通过手动排水阀 5 放掉。在某些人工排水不方便的场合,可采用自动排水式分水滤气器。

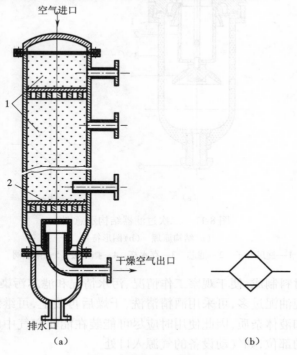

图 8-15　吸附式干燥器

(a)结构原理图　(b)图形符号

1—吸附剂　2—铜丝过滤网

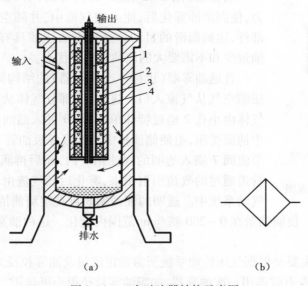

图 8-16　一次过滤器结构示意图

(a)结构原理图　(b)图形符号

1—密孔网　2—280 目细钢丝网　3—焦炭　4—硅胶等

205

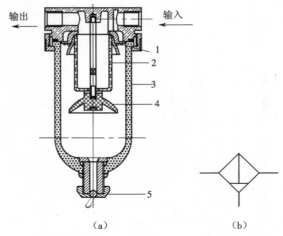

图 8-17　二次过滤器结构示意图

(a)结构原理　(b)图形符号

1—旋风叶子　2—滤芯　3—存水杯　4—挡水板　5—排水阀

　　存水杯由透明材料制成,便于观察工作情况、污水情况和滤芯污染情况。滤芯目前采用钢粒烧结而成。发现油泥过多,可采用酒精清洗,干燥后再装上,可继续使用。但是这种过滤器只能滤除固体和液体杂质,因此使用时应尽可能装在能使空气中的水分变成液态的部位或防止液体进入的部位,如气动设备的气源入口处。

　　2)其他辅助元件

　　Ⅰ.油雾器

图 8-18　油雾器外观图

　　油雾器(图 8-18)是一种特殊的注油装置。它以空气为动力,使润滑油雾化后,注入空气流中,并随空气进入需要润滑的部件,达到润滑的目的。这种方法注油具有润滑均匀、稳定、耗油量少和不需要大的储油设备等优点。

　　普通油雾器(也称一次油雾器)的结构简图如图 8-19 所示,压缩空气从气流入口 1 进入,大部分气体从主气道流出,小部分气体由小孔 2 通过特殊单向阀 10 进入储油杯 5 的上腔,使油杯中油面受压,迫使储油杯中的油液经吸油管 11、单向阀 6 和可调节流阀 7 滴入透明的视油帽 8 内,而后再滴入喷嘴小孔 3,被主管道通过的气流引射出来,雾化后随气流由出口 4 输出,送入到气动系统中。透明的视油帽 8 可观察滴油情况,上部的节流阀 7可用来调节滴油量。使滴油量在 0~200 滴/min 范围内变化。这种油雾器可在不停气的情况下加油。

　　油雾器的选择主要是根据气压传动系统所需额定流量及油雾粒径大小来进行的。所需油雾粒径在 50 μm 左右时选用一次油雾器,如需油雾粒径很小可选用二次油雾器。

　　油雾器一般应配置在滤气器和减压阀之后,尽可能靠近换向阀;需注意不要将油雾器的进、出口接反,储油杯也不可倒置;应避免把油雾器安装在换向阀和气缸之间,以免造成浪费。

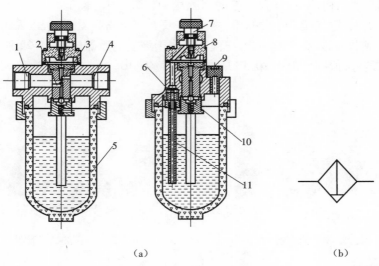

图 8-19　普通油雾器结构示意图
(a)结构原理图　(b)图形符号

1—气流入口　2,3—小孔　4—出口　5—储油杯　6—单向阀
7—节流阀　8—视油帽　9—旋塞　10—特殊单向阀　11—吸油管

气动系统中一般将分水滤气器、减压阀和油雾器组合在一起,称为气动三联件,其安装顺序如图 8-20 所示。三联件应安装在用气设备的近处,压缩空气经过三联件的最后处理,将进入各气动元件及气动系统。因此,三联件是气动元件及气动系统使用压缩空气质量的最后保证。其组成及规格需由气动系统具体的用气要求确定,可以少于三件,只用一件或两件,也可多于三件。

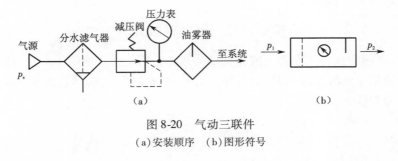

图 8-20　气动三联件
(a)安装顺序　(b)图形符号

Ⅱ. 消声器

在气压传动系统中,气缸、气阀等元件工作时,排气速度较高,气体体积急剧膨胀,会产生刺耳的噪声。噪声的强弱随排气的速度、排量和空气通道的形状而变化。排气的速度和功率越大,噪声也越大,一般为 100 ~ 120 dB,为了降低噪声可以在排气口装备消声器。

消声器就是通过阻尼或增加排气面积来降低排气速度和功率,从而降低噪声。

气动元件使用的消声器一般有三种类型:吸收型消声器、膨胀干涉型消声器和膨胀干涉吸收型消声器。常用的是吸收型消声器,如图 8-21 所示。这种消声器主要依靠吸音材料消声。

　　吸收型消声器结构简单,具有良好的消除中、高频噪声的性能。消声效果大于 20 dB。在气压传动系统中,排气噪声主要是中、高频噪声,尤其是高频噪声,所以采用这种消声器是合适的。如果是中、低频噪声的场合,应使用膨胀干涉型消声器(如图 8-22 所示),膨胀型消声器消声效果最好,低频可消声 20 dB,高频可消声 40 dB。

图 8-21　吸收型消声器　　　　　　　　　　图 8-22　膨胀型消声器

3. 管道连接件

　　管道连接件包括管子和各种管接头。有了管子和各种管接头,才能把气动控制元件、气动执行元件以及辅助元件等连接成一个完整的气动控制系统,因此实际应用中,管道连接件是必不可少的。

　　管子可分为硬管和软管两种。如总气管和支气管等一些固定不动的、不需要经常装拆的地方,使用硬管。连接运动部件和临时使用、希望装拆方便的管路应使用软管。硬管有铁管、铜管、黄铜管、纯铜管和硬塑料管等,软管有塑料管、尼龙管、橡胶管、金属编织塑料管以及挠性金属导管等,常用的是纯铜管和尼龙管。

　　气动系统中使用的管接头的结构及工作原理与液压管接头基本相似,分为卡套式、扩口螺纹式、卡筛式和插入快换式。

知识点 2　气动执行元件

　　气动系统常用的执行元件为气缸和气动马达。它们是将其他的压力能转化为机械能的元件,气缸一般用于实现直线往复运动,输出力或直线位移;气动马达主要用于实现连续回转运动,输出力矩和角位移。

1. 气缸

　　气动系统中,气缸由于具有相对较低的成本、容易安装、结构简单、耐用、缸径尺寸及行程可选等优点,是使用最多的一种执行元件。

　　1) 气缸的分类

　　根据不同的用途和使用条件,气缸的结构、形状、连接方式和功能也有多种形式。常用的分类方法主要有以下几种。

　　Ⅰ. 按运动方式

　　按运动方式,气缸可分为直线运动气缸(如图 8-23 所示)和摆动气缸(如图 8-24 所示)。

　　Ⅱ. 按作用形式

　　根据压缩空气对活塞端面作用力的方向不同,气缸可分为单作用气缸和双作用气缸。

单作用气缸只有一个方向的运动是气压传动,活塞的复位靠弹簧力或重力实现。双作用气缸活塞的往复运动是靠压缩空气来完成的。

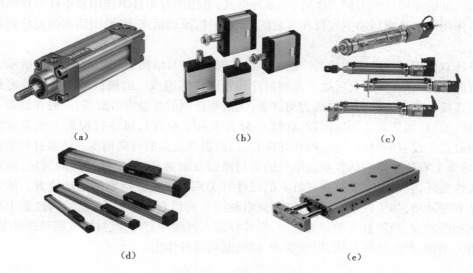

(a)　　　　　　　　(b)　　　　　　　　(c)

(d)　　　　　　　　(e)

图 8-23　直线运动气缸

(a)普通气缸　(b)扁平气缸　(c)带阀气缸　(d)无杆气缸　(e)带导向的气缸

(a)　　　　　　　　(b)

图 8-24　摆动气缸

(a)齿轮齿条式摆动气缸　(b)叶片式摆动气缸

Ⅲ.按气缸的结构

按气缸的结构,气缸可分为活塞式气缸、柱塞式气缸、膜片式气缸、叶片摆动式气缸及气液阻尼式气缸等。

Ⅳ.按气缸的功能

按气缸的功能,气缸可分为普通气缸和特殊气缸。普通气缸用于一般无特殊要求的场合。特殊气缸常用于有某种特殊要求的场合,如缓冲气缸、步进气缸、冲击式气缸、增压气缸、数字气缸、回转气缸、气液阻尼气缸、摆动气缸等。

Ⅴ.按气缸的安装方式

按气缸的安装方式,气缸可分为固定气缸、轴销式气缸、回转式气缸、嵌入式气缸等。固定式气缸的缸体安装在机架上不动,其连接方式又有耳座式、凸缘式和法兰式。轴销式气缸的缸体绕一固定轴可作一定角度的摆动。回转式气缸的缸体可随机床主轴做高速旋转运动,常见的有数控机床上的气动卡盘。

2)几种常用气缸的工作原理及用途

Ⅰ.普通气缸

因气缸的使用目的不同,其结构有多种形式,常用的有单杆单作用和单杆双作用两种气缸。单作用气缸是指压缩空气仅在气缸的一端进气,推动活塞运动,而活塞的复位则是借助于外力。

单杆双作用气缸是应用最为广泛的一种普通气缸,其结构原理图如图8-25所示。它主要由缸筒、活塞、活塞杆、前后端盖及密封件和紧固件等组成。缸筒前后用端盖及密封垫圈等固定连接。有活塞杆侧的缸盖为前缸盖,无活塞杆侧的缸盖为后缸盖,一般在缸盖上开设有进排气通口,如活塞运动速度较高时(一般为1 m/s左右),可在行程的末端装有缓冲装置。前缸盖上设有密封圈、防尘圈和导向套,以此提高气缸的导向精度。活塞杆和活塞紧固连接,活塞上有防止左右两腔互通窜气的密封圈以及耐磨环;带磁性开关的气缸,活塞上装有永久性磁环,它可触发安装在气缸上的磁性开关来检测气缸活塞的运动位置。活塞两侧一般装有缓冲垫,如为气缓冲,则活塞两侧沿轴线方向设有缓冲柱塞,前后两缸盖上有缓冲节流阀和缓冲套,当气缸运动到端头时,缓冲柱进入到缓冲套内,气缸排气需经缓冲节流阀,排气阻力增加,产生排气背压,形成缓冲气垫,起到缓冲作用。

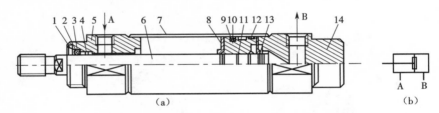

图8-25 普通单杆双作用气缸

(a)结构图 (b)图形符号

1,13—弹簧挡圈 2—防尘圈 3—滚珠 4—导向套 5—杆侧端盖 6—活塞杆 7—缸筒
8—缓冲垫 9—活塞 10—活塞密封圈 11—密封圈 12—耐磨环 14—无杆侧端盖

Ⅱ.薄膜式气缸

薄膜式气缸是以薄膜取代活塞带动活塞杆运动的一种气缸,它利用压缩空气通过膜片推动活塞杆做往复运动,具有结构简单、紧凑、制造容易、成本低、维修方便、寿命长、泄漏少、效率高等优点,适用于气动夹具、自动调节阀及短行程场合,按其结构可分单作用式和双作用式两种。

单作用薄膜式气缸如图8-26(a)所示,它只有一个气口。当气口输入压缩空气时,推动膜片2、膜盘3、活塞杆4向下运动,活塞杆的上行需依靠弹簧力的作用。双作用薄膜式气缸如图8-26(b)所示,它有两个气口,活塞杆的上下运动依靠压缩空气来推动。薄膜式气缸与活塞式气缸相比,因膜片的变形量有限,故气缸的行程较短,一般不超过40~50 mm。

Ⅲ.气液阻尼气缸

因气体具有很大的压缩性,一般普通气缸在工作负载变化较大时,会产生"爬行"或"自走"现象,气缸的平稳性较差,且不易使活塞获得准确的停止位置。为使活塞运动平稳可利用液压油的性质采用气液阻尼缸。气液阻尼缸是由气缸和液压缸组合而成,它是以压缩空气为能源,以油液作为控制和调节气缸运动速度的介质,利用液体的可压缩性小和控制液体排量来获得气缸的平稳运动和调节活塞的运动速度。气液阻尼缸按其组合方式分为串联式和并联式两种。

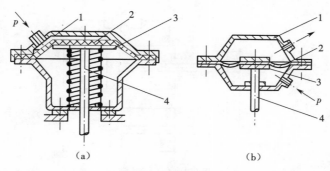

图 8-26 薄膜式气缸
（a）单作用式 （b）双作用式
1—缸体 2—膜片 3—膜盘 4—活塞杆

串联式气液阻尼缸的工作原理如图 8-27 所示,它将气缸和液压缸串接成一个主体,两个活塞固定在一个活塞杆上,在液压缸进、出口之间装有单向节流阀。当气缸右腔进气,活塞克服外载并带动液压缸活塞向左运动。此时液压缸左腔排油,由于单向阀关闭,油液只能经节流阀 1 缓慢流回右腔,对整个活塞的运动起到阻尼作用。调节节流阀即可达到调节活塞运动速度的目的。当压缩空气进入气缸左腔时,液压缸右腔排油,此时单向阀 3 开启,活塞能快速返回。

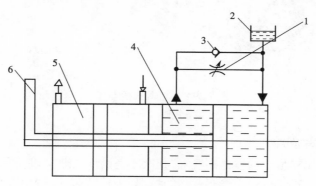

图 8-27 串联式气液阻尼缸
1—节流阀 2—油杯 3—单向阀 4—液压缸 5—气缸 6—外载荷

串联式气液阻尼缸的缸体较长,加工与装配的工艺要求高,且气缸和液压缸之间容易产生油与气互窜现象。为此,可将气缸与液压缸并联组合。并联式气液阻尼缸如图 8-28 所示,其工作原理与串联式气液阻尼缸相同,这种气液阻尼缸的缸体较短,结构紧凑,消除了油气互窜现象。但这种组合方式,因两个缸不在同一轴线上,安装时对其平行度要求较高。

Ⅳ. 摆动式气缸

摆动式气缸是将压缩空气的压力能转变成气缸输出轴的有限回转的机械能,多用于安装在位置受到限制,或转动角度小于 360° 的回转工作部件上,例如夹具的回转、阀门的开启及转位装置等机构。

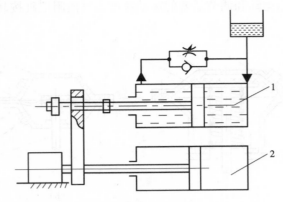

图 8-28　并联式气液阻尼缸

1—液压缸　2—气缸

单叶片式摆动气缸如图 8-29 所示,是利用压缩空气作用在装在缸体内的叶片上来带动回转轴实现往复摆动的。当压缩空气作用在叶片的一侧,叶片另一侧排气,叶片就会带动转轴向一个方向转动;改变气流方向就能实现叶片转动的反向。叶片式摆动气缸具有结构紧凑、工作效率高的特点,常用于工件的分类、翻转、夹紧。

摆动角度调节挡块

图 8-29　单叶片式摆动气缸

1—转轴　2—叶片

3)气缸的选择与使用

使用气缸应首先立足于选择标准气缸,其次才是设计气缸。如果要求高速运动,应选用大内径的进气管道。对于行程中途有变动的情况,为使气缸速度平稳,可选用气液阻尼缸。当要求行程终端无冲击时,则应选用缓冲气缸。

Ⅰ.气缸的选择步骤

(1)缸内径的确定。根据气缸输出力的大小来确定气缸内径。

(2)安装方式。根据负荷的运动方向来选择。工件做周期性的转动或连续转动时,应选用旋转气缸,此外在一般场合应尽量选用固定式气缸。如有特殊要求,则选用相适应的特种气缸或组合气缸。

(3)根据气缸行程确定活塞杆直径。气缸的行程一般比所需行程长 5～10 mm。活塞杆为受压杆件,其强度是很重要的问题,应采用高强度钢、对其进行热处理和加大活塞杆直径等方法提高其强度(请参阅相关手册)。

(4)确定密封件的材料。标准气缸密封件的材料一般为丁腈橡胶。

（5）确定有无缓冲装置。根据工作要求确定有无缓冲装置。

（6）防尘罩的确定。气缸在沙土、尘埃、风雨等恶劣条件下使用时,有必要对活塞杆进行特别保护。防尘罩要根据周围环境温度选定(请参阅相关手册)。

Ⅱ.气缸的使用要求

（1）正常工作条件。工作气源压力为 0.3～0.6 MPa,环境温度为 -35～80 ℃。

（2）行程。一般不用满行程,特别是在活塞杆伸出时,应避免活塞杆碰撞缸盖,否则容易破坏零件。

（3）安装。安装时要注意运动方向,活塞杆不允许承受偏载或轴向负载。

（4）润滑。压缩空气必须经过净化处理,在气缸进气口前应安装油雾器,以利气缸工作时相对运动部件的润滑。不允许用油润滑时,可用无油润滑气缸。在灰尘大的场合,运动件应设防尘罩。

2. 气动马达

气动马达也叫气马达,属于气动执行元件,它是把压缩空气的压力能转换为回转机械能的能量转换装置。它的作用相当于电动机或液压马达,即输出力矩并驱动工作机构做连续旋转运动。

气动马达的工作适应性较强,可用于无级调速、启动频繁、经常换向、高温潮湿、易燃易爆、负载启动、不便人工操作及有过载可能的场合。目前,气动马达主要应用于矿山机械、专业性的机械制造业、油田、化工、造纸、炼钢、船舶、航空、工程机械等行业,许多气动工具如风钻、气动扳手、气动砂轮等均装有气动马达。随着气压传动的发展,气动马达的应用将更趋广泛。

1）气动马达的分类及工作原理

气动马达可分为叶片式、活塞式和齿轮式等多种类型,应用最广的是叶片式和活塞式气动马达。现以叶片式气动马达为例简单介绍其工作原理。

双向旋转叶片式气动马达如图8-30所示。当压缩空气从进气口进入气室后立即喷向叶片1,作用在叶片的外伸部分,产生转矩带动转子2做逆时针转动,输出机械能。若进气、出气口互换,则转子反转,输出相反方向的机械能。转子转动的离心力和叶片底部的气压力、弹簧力(图中未画出)使得叶片紧贴在定子3的内壁上,以保证密封,提高容积效率。叶片式气动马达主要用于风动工具、高速旋转机械及矿山机械等。

气动马达的突出特点是具有防爆、高速等优点,也有输出功率小、耗气量大、噪声大和易产生振动等缺点。

2）气动马达的选择及使用要求

Ⅰ.气动马达的选择

不同类型的气动马达具有不同的特点和适用范围,故主要从负载的状态要求来选择适当的马达。需注意的是产品样本中给出的额定转速一般是最大转速的一半,而额定功率则是在额定转速时的功率(一般为该种马达的最大功率)。

Ⅱ.气动马达的使用要求

气动马达工作的适应性很强,因此应用广泛。在使用中需特别注意气动马达的润滑状况,润滑是气动马达正常工作不可缺少的一个环节。气动马达在得到准确、良好润滑的情况下,可在两次检修之间至少运转 2 500～3 000 h,一般应在气动马达的换向阀前装油雾器,以

213

进行不间断的润滑。

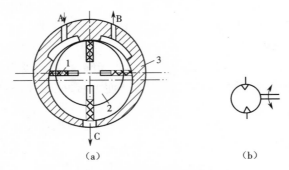

图 8-30　双向旋转叶片式气动马达
(a)结构原理图　(b)图形符号
1—叶片　2—转子　3—定子

知识点 3　气动控制元件

　　在气动系统中的控制元件是控制和调节压缩空气的压力、流量、方向和发送信号的重要元件,利用它们可以组成各种气动控制回路,使气动执行元件按设计的程序正常地进行工作。控制元件按功能和用途可分为压力控制阀、方向控制阀和流量控制阀三大类。

　　1. 压力控制阀

　　压力控制阀是用来控制气动系统中压缩空气的压力的,满足各种压力需求或用于节能。压力控制阀有减压阀、安全阀(溢流阀)和顺序阀三种。压力控制阀的共同特点是:利用作用于阀芯上的压缩空气的压力和弹簧力相平衡的原理来进行工作。

　　气动系统与液压系统不同的一个特点是:液压系统的液压油是由安装在每台设备上的液压直接提供的;而在气动系统中,一个空压站输出的压缩空气通常可供多台气动装置使用。空压站输出的空气压力高于每台气动装置所需的压力,且压力波动较大。因此,每台气动装置的供气压力都需要减压阀来减压,并保持供气压力稳定。

　　对于低压控制系统(如气动测量),除用减压阀降低压力外,还需要用精密减压阀(或定值器)以获得更稳定的供气压力。这类压力控制阀当输入压力在一定范围内改变时,能保持输出压力不变。

　　当管路中压力超过允许压力时,为了保证系统的工作安全,往往用安全阀实现自动排气,以使系统的压力下降。

　　当气动装置中不便安装行程阀,而要根据气压的大小来控制两个以上的气动执行机构的顺序动作时,就要用到顺序阀。

　　1)减压阀

　　由于安全阀、顺序阀的工作原理与液压控制阀中溢流阀(安全阀)和顺序阀基本相同,因而本节主要讨论气动减压阀(调节阀)的工作原理。

　　减压阀的调压方式有直动式和先导式两种,直动式是借助改变弹簧力来直接调整压力,而先导式则用预先调整好的气压来代替直动式调压弹簧来进行调压。一般先导式减压阀的流量特性比直动式的好。

　　直动式减压阀如图 8-31 所示。当顺时针方向调整旋钮 1 时,经过调压弹簧 2、3,推动膜片 5 下移,膜片 5 又推动阀芯 8 下移,进气阀 10 被打开,使输出口 P_2 处压力增大。同时,输出气压经反馈通道在膜片 5 上产生向上的推力。这个作用力总是企图把进气阀关小,使出口压力降低,这样的作用称为负反馈。当作用在膜片上的反馈力与弹簧的作用力相平衡时,减压阀便有稳定的压力输出。当输入口 P_1 处压力增高时,输出口 P_2 处压力也随之增高,使膜片下的压力也增高,将膜片向上推,阀芯 8 在复位弹簧 9 的作用下上移,从而使阀口的开度减小,节流作用增强,使输出压力降低到调定值为止;反之,若输入压力下降,则输出压力也随之下降,膜片下移,阀口开度增大,节流作用降低,使输出压力回升到调定压力,以维持压力稳定。调节调整旋钮 1 以控制阀口开度的大小,即可控制输出压力的大小。直动式减压阀的图形符号如图 8-31(b)所示。

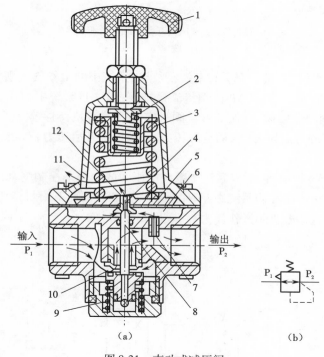

图 8-31　直动式减压阀

(a)结构原理图　(b)图形符号

1—调整旋钮　2,3—调压弹簧　4—溢流阀座　5—膜片　6—膜片气室
7—阻尼孔　8—阀芯　9—复位弹簧　10—进气阀　11—排气孔　12—溢流孔

　　安装减压阀时,要按气流的方向和减压阀上所标示的箭头方向,依照分水滤气器、减压阀、油雾器的安装顺序进行安装。调压时应由低到高调至规定的压力值。减压阀不工作时应及时把旋钮松开,以免膜片变形。

　　2)安全阀

　　当回路中气压上升到所规定的调定压力以上时,气流需要经排气口排出,以保持输入压力不超过设定值,此时应当采用安全阀。

　　安全阀如图 8-32 所示,当系统中进口 P 处气体作用在阀芯 3 上的力小于弹簧 2 的力时,阀处于关闭状态。当系统压力升高,作用在阀芯 3 上的作用力大于弹簧力时,阀芯上移,阀开启并溢流,使气压不再升高。当系统压力降至低于调定值时,阀口又重新关闭。安全阀的开启压力可通过调整弹簧 2 的预压缩量来调节。

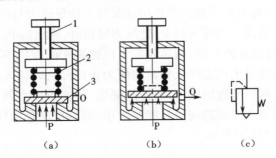

图 8-32　安全阀的工作原理图
(a)阀关闭时　(b)阀开启时　(c)图形符号
1—旋钮　2—弹簧　3—阀芯

由上述工作原理可知,对于安全阀来说,要求当系统中的工作气压刚一超过阀的调定压力(开启压力)时,阀便迅速打开,并以额定流量排放;而一旦系统中的压力稍低于调定压力时,便能立即关闭阀门。因此,在保证安全阀具有良好的流量特性前提下,应尽量使阀的关闭压力 p_s 接近于阀的开启压力 p_k,而全开压力 p_q 接近于开启压力,有 $p_s < p_k < p_q$。

3)顺序阀

顺序阀如图 8-33 所示,它是依靠气压系统中压力的变化来控制气动回路中各执行元件按顺序动作的压力阀。在气动系统中,顺序阀通常安装在需要某一特定压力的场合,以便完成某一操作。只有达到需要的操作压力后,顺序阀才有气输出。

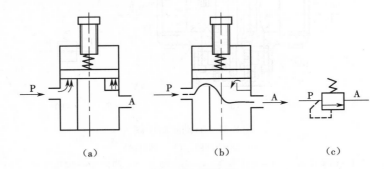

图 8-33　顺序阀
(a)关闭状态　(b)开启状态　(c)图形符号

气动顺序阀的工作原理与液压顺序阀基本相同,顺序阀常与单向阀组合成单向顺序阀。单向顺序阀如图 8-34 所示。当压缩空气由 P 口输入时,单向阀 4 在压差力及弹簧力的作用下处于关闭状态,作用在活塞 3 上输入侧的空气压力如超过弹簧 2 的预紧力时,活塞被顶起,顺序阀打开,压缩空气由 A 口输出;当压缩空气反向流动时,输入侧变成排气口,输出侧变成进气口,其进气压力将顶起单向阀,由 O 口排气。调节手柄 1 就可改变单向顺序阀的开启压力,以便在不同的开启压力下,控制执行元件的顺序动作。

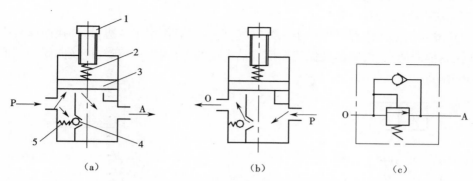

图 8-34 单向顺序阀工作原理图
(a)正向流动 (b)反向流动 (c)图形符号
1—调节手柄 2—弹簧 3—活塞 4—单向阀 5—小弹簧

2. 方向控制阀

与液压方向控制阀相似,气动方向控制阀是控制压缩空气的流动方向和气路的通断,以控制执行元件启动、停止及运动方向的气动控制元件。

根据方向控制阀的功能、控制方式、结构方式、阀内气流的流向及密封形式等,可将方向控制阀分类,具体见表 8-2。

表 8-2 方向控制阀的分类

分类方式	形式
按阀内气体的流动方向	单向阀、换向阀
按阀芯的结构形式	截止阀、滑阀
按阀的密封形式	硬质密封、软质密封
按阀的工作位数及通路数	二位三通、二位五通、三位五通等
按阀的控制操纵方式	气压控制、电磁控制、机械控制、手动控制

下面仅介绍几种典型的方向控制阀。

1)气控换向阀

气控换向阀是利用压缩空气的压力推动阀芯移动,使换向阀换向,从而实现气路换向或通断。气压控制换向阀适用于易燃、易爆、潮湿、灰尘多的场合,操作时安全可靠。气压控制换向阀按其控制方式不同可分为加压控制、卸压控制和差压控制 3 种。

加压控制是指所加的控制信号是逐渐上升的,当气压增加到阀芯的动作压力时,主阀便换向;卸压控制是指所加的气控信号压力是减小的,当减小到某一压力值时,主阀换向;差压控制是使主阀芯在两端压力差的作用下换向。

气控换向阀按主阀结构不同,又可分为截止式和滑阀式两种主要形式,滑阀式气控阀的结构和工作原理与液动换向阀基本相同。在此仅介绍截止式换向阀的工作原理。

Ⅰ.单气控加压式换向阀

利用空气的压力与弹簧力相平衡的原理来进行控制。二位三通单气控换向阀的图形符号如图 8-35 所示。这种结构简单、紧凑、密封可靠、换向行程短,但换向力大。

Ⅱ. 双气控加压式换向阀

换向阀滑阀阀芯两边都可作用于压缩空气,但一次只作用于一边,这种换向阀具有记忆功能,即控制信号消失后,阀仍能保持在信号消失前的工作状态。双气控换向阀的图形符号如图 8-36 所示。

图 8-35　二位三通单气控换向阀

图 8-36　双气控滑阀式换向阀

2) 电磁控制换向阀

电磁控制换向阀是利用电磁力的作用推动阀芯换向,从而改变气流方向的气动换向阀。气压传动中的电磁控制换向阀和液压传动中的电磁换向阀一样,也有电磁控制部分和主阀两部分组成。按控制方式不同,电磁控制换向阀可分为直导式和先导式两大类。

利用电磁力直接推动阀杆(阀芯)换向,根据操纵线圈的数目有单线圈和双线圈,可分为单电控和双电控两种。直动式单电控电磁阀如图 8-37 所示。电磁线圈未通电时,P、A 断开,A、T 相通;电磁力通过阀杆推动阀芯向下移动,使 P、A 接通,T 与 P 断开。这种阀其阀芯的移动靠电磁铁,复位靠弹簧,换向冲击较大,故一般制成小型阀。若将阀中的复位弹簧改成电磁铁,就成为双电磁铁直动式电磁阀。

直动式双电控电磁阀如图 8-38 所示。它有两个电磁铁,当电磁铁 1 通电,电磁铁 2 断电时(如图 8-28(a)所示),阀芯被推向右端,其通路状态是 P 与 A、B 与 T_2 相通,A 口进气,B 口排气;当电磁铁 1 断电时,阀芯仍处于原有状态,即具有记忆性;当电磁铁 2 通电、电磁铁 1 断电时(如图 8-38(b)所示),阀芯被推向左端,其通路状态是 P 与 B、A 与 T_1 相通,B 口进气,A 口排气;若电磁铁断电,气流通路仍保持原状态。

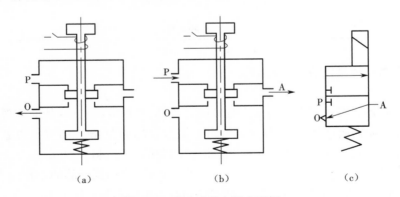

图 8-37　直动式单电控电磁阀
(a)阀处于常态　(b)阀处于上位　(c)图形符号

直动式电磁换向阀的特点是结构紧凑、换向频率高,但使用交流电磁铁时,若阀杆卡死就易烧坏线圈,并且阀杆的行程受电磁铁吸合行程的控制。

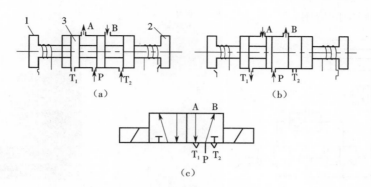

图 8-38　直动式双电控电磁阀

(a)阀处于左位　(b)阀处于右位　(c)图形符号

1,2—电磁铁　3—阀芯

3）单向型方向控制换向阀

Ⅰ.单向阀

单向阀是使气流只能朝一个方向流动,而不能反向流动的阀。单向阀常与节流阀组合,用来控制执行元件的速度,如图 8-39 所示。

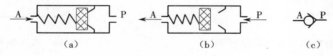

图 8-39　单向阀

(a)A – P 关闭状态　(b)P – A 开启状态　(c)图形符号

Ⅱ.梭阀

在气压传动系统中,当两个通路 P_1 和 P_2 均与另一通路 A 相通,而不允许 P_1 与 P_2 相通时,就要用或门型梭阀,如图 8-40 所示。

梭阀的作用主要在于选择信号,相当于或门逻辑功能。当 P_1 进气时,将阀芯推向右边,通路 P_2 被关闭,于是气流从 P_1 进入通路 A,如图 8-40(a)所示;反之,气流则从 P_2 进入 A,如图 8-40(b)所示。当 P_1、P_2 同时进气时,哪端压力高,A 就与哪端相通,另一端就自动关闭。图 8-40(c)为该阀的图形符号。梭阀在手动 – 自动换向回路中的应用如图 8-41 所示。

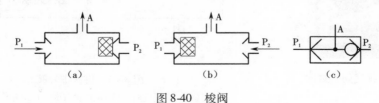

图 8-40　梭阀

(a)P_1 – A　(b)P_2 – A　(c)图形符号

Ⅲ.双压阀

双压阀的实物图如图 8-42 所示,双压阀的工作原理如图 8-43 所示,该阀只有当两个输入口 P_1、P_2 同时进气时,A 口才能输出,因此双压阀具有"与"逻辑功能。如图 8-44 所示为双压阀在气动回路中的应用。

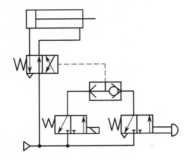

图 8-41　梭阀在手动－自动换向回路中的应用

图 8-42　双压阀实物图

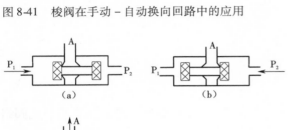

图 8-43　双压阀原理图
（a）P$_1$ 口进气时　（b）P$_2$ 口进气时
（c）P$_1$,P$_2$ 口同时进气时　（d）图形符号

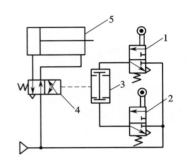

图 8-44　双压阀在气动回路中的应用
1,2—行程阀　3—双压阀
4—气控控向阀　5—液压缸

Ⅳ. 快速排气阀

快速排气阀的实物图如图 8-45 所示,快速排气阀的工作原理如图 8-46 所示。压缩空气从 P 口流向 A 口,如果进气压力（A 口压力）降低,则 P 口压缩空气通过消声器排入大气。其图形符号如图 8-45(c)所示。快速排气阀在气动回路中的应用如图 8-47 所示。

图 8-45　快速排气阀实物图

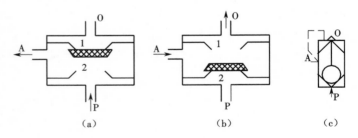

图 8-46　快速排气阀
（a）P 口进气时　（b）A 口进气时　（c）图形符号
1,2—阀口

3. 流量控制阀

在气压传动系统中,当要求控制气动执行元件的运动速度时,需要靠调节压缩空气的流量来实现,这种用来控制气体流量的阀称为流量控制阀。它包括节流阀、单向节流阀、排气节流阀等,它们的工作原理与液压流量控制阀相似。

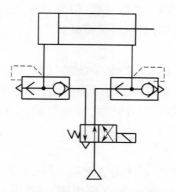

图 8-47　快速排气阀在气动回路中的应用

应当指出,由于空气具有可压缩性,故用气动流量控制阀控制气动执行元件的运动速度,其精度远不如液压流量控制阀。

知识点 4　气动基本回路

1. 压力控制回路

压力控制回路是使气压回路中的压力保持在一定范围内,或使回路得到高、低不同压力的基本回路。

在一个气动控制系统中,进行压力控制主要有两个目的。第一是为了提高系统的安全性,在此主要指控制一次压力。如果系统中压力过高,除了会增加压缩空气输送过程中的压力损失和泄漏外,还会使配管或元件破裂而发生危险。因此,压力应始终控制在系统的额定值以下,一旦超过了所规定的允许值时,能够迅速溢流降压。第二是给元件提供稳定的工作压力,使其能充分发挥元件的功能和性能,这主要指二次压力控制。

1) 一次压力控制回路

一次压力控制回路主要用来控制储气罐内的压力,使它不超过储气罐所设定的压力。一般情况下,空气压缩机的出口压力小于 0.8 MPa。一次压力控制回路如图 8-48 所示。它可以采用外控溢流阀或电接点压力计来控制。当采用溢流阀来控制时,若储气罐内压力超过规定值时,溢流阀开启,压缩机输出的压缩空气由溢流阀 1 排入大气,使储气罐内压力在规定的范围内。当采用电接点压力表 2 控制时,用它直接控制压缩机的停止和转动,这样也能保证储气罐内压力在规定的范围内。

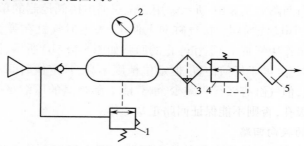

图 8-48　一次压力控制回路

1—溢流阀　2—压力表　3—空气过滤器　4—减压阀　5—油雾器

采用溢流阀控制时,结构简单、工作可靠,但气量损失较大;采用电接点压力计控制时,对电动机即控制要求较高,故常用于小型压缩机。

2)二次压力控制回路

二次压力控制回路主要是对气动控制系统的气源压力进行控制。气缸、气马达系统气源常用的压力控制回路如图 8-49 所示,输出压力的大小由溢流式减压阀调整。在此回路中,分水滤气器、减压阀、油雾器常组合使用,构成气动三联件。如果系统不需润滑,则可不用油雾器。

3)高低压转换回路

在实际应用中,有些气动控制系统需要有高、低压力的选择。如果采用调节减压阀的办法来解决,在使用过程中会比较麻烦,通常采用图 8-50 所示的回路来解决这个问题。图中利用两个减压阀和一个换向阀构成的高低压力 p_1 和 p_2 的自动换向回路,可同时输出高压和低压。

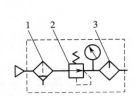

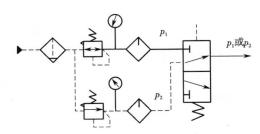

图 8-49　二次压力控制回路

1—分水滤气器　2—减压阀　3—油雾器

图 8-50　高低压力转换回路

在上述几种压力控制回路中,所提及的压力都是指常用的工作压力值(一般为 0.4 ~ 0.5 MPa),如果系统压力要求很低,如气动测量系统的工作压力在 0.05 MPa 以下,此时使用普通减压阀因其调节的线性度较差就不合适了,应选用精密减压阀或气动定值器。

2. 方向控制回路

方向控制回路是通过换向阀的换向,来实现改变执行元件的运动方向的。因为控制换向阀的方式较多,所以方向控制回路的方式也较多,下面介绍几种较为典型的方向控制回路。

1)单作用气缸的换向回路

单作用气缸换向回路如图 8-51 所示。用二位三通电磁阀控制的单作用气缸上、下回路如图 8-51(a)所示,当电磁铁得电时,气缸向上伸出,失电时气缸在弹簧作用下返回。三位四通电磁阀控制的单作用气缸上、下和停止的回路如图 8-51(b)所示,该阀在两电磁铁均失电时能自动对中,使气缸停于任何位置,但定位精度不高,且定位时间不长。这种回路具有简单、耗气少等特点,但气缸有效行程减少,承载能力随弹簧的压缩量而变化。在应用中气缸的有杆腔要设呼吸孔,否则不能保证回路正常工作。

2)双作用气缸的换向回路

一种采用二位五通双气控换向阀的换向回路如图 8-52 所示。当有 K_1 信号时,换向阀换向处于左位,气缸无杆腔进气,有杆腔排气,活塞杆伸出;当 K_1 信号撤除时,加入 K_2 信号时,换向阀处于右位,气缸进、排气方向互换,活塞杆回缩。由于双气控换向阀具有记忆功能,故气控信号 K_1、K_2 使用长、短信号均可,但不允许 K_1、K_2 两个信号同时存在。

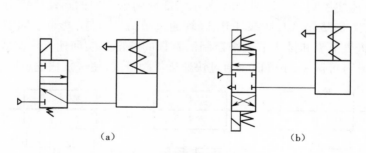

图 8-51　单作用气缸换向回路

(a)采用二位三通电磁阀的换向回路　(b)采用三位四通换向阀的换向回路

3)差动控制回路

差动控制是指气缸的无杆腔进气活塞伸出时,有杆腔的排气又回到进气端的无杆腔,回路如图 8-53 所示。该回路用一只二位三通手拉阀控制差动式气缸。当操作手拉阀使该阀处于右位时,气缸的无杆腔进气,有杆腔的排气经手拉阀也回到无杆腔成差动控制回路。该回路与非差动连接回路相比较,在输入同等流量的条件下,其活塞的运动速度可提高,但活塞杆上的输出力要减少。当操作手拉阀处于左位时,气缸有杆腔进气,无杆腔余气经手拉阀排气口排空,活塞杆缩回。

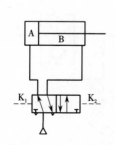

图 8-52　双作用气缸换向回路

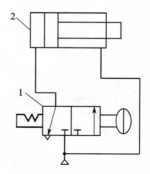

图 8-53　差动控制回路

1—手拉阀　2—差动缸

4)多位运动控制回路

采用一只二位换向阀的换向回路,一般只能在气缸的两个终端位置才能停止。如果要使气缸有多个停留位置,就必须要增加其他元件,如图 8-54 所示。若采用三位换向阀则实现多位控制就比较方便了。

3. 速度控制回路

速度控制回路的作用在于调节或改变执行元件的工作速度。由于气压传动的速度控制所传递的功率一般较小,故通常采用节流调速。

速度控制回路的实现,都是改变回路中流量阀的流通面积以达到对执行元件调速的目的,其具体方法主要由以下几种。

1)单作用气缸速度控制回路

单作用气缸速度控制回路如图 8-55 所示。活塞两个方向的运动速度分别由两个单向节流阀调节。在图 8-55(a)中,活塞杆升、降均通过节流阀调速,两个反向安装的单向节流阀,可分别实现进气节流和排气节流来控制活塞杆的伸出和缩回速度。图 8-55(b)所示的回路中,气缸上升时可调速,下降时则通过快速排气阀排气,使气缸快速返回。

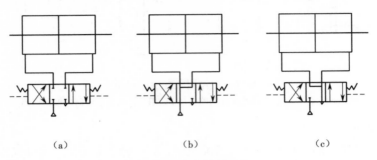

(a)   (b)   (c)

图 8-54   多位控制回路

(a)采用 O 型中位机能   (b)采用 P 型中位机能   (c)采用 Y 型中位机能

该回路的运动平稳性和速度刚度都较差,易受外负载变化的影响,故该回路适用于对速度稳定性要求不高的场合。

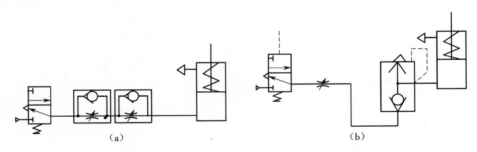

图 8-55   单作用气缸速度控制回路

(a)快进慢退速度控制回路   (b)慢进快退速度控制回路

2)双作用气缸速度控制回路

Ⅰ.单向调速回路

双作用气缸有进气节流和排气节流两种调速方式。采用单向节流阀的供气节流调速回路如图 8-56(a)所示,在图示位置,当气控换向阀不换向时,进入气缸 A 腔的气流经过节流阀,B 腔排出的气体直接经换向阀快排。当节流阀开度较小时,由于进入 A 腔的流量较小,压力上升缓慢,当气压能克服负载时,活塞前进,此时 A 腔容积增大,结果使压缩空气膨胀,压力下降,使作用在活塞上的力小于负载,因而活塞就停止前进。等压力再次上升时,活塞才再次前进。这种由于负载及供气的原因使活塞忽走忽停的现象,叫气缸的"爬行"。

节流供气多用于垂直安装的气缸供气回路中,在水平安装的气缸供气回路中一般采用如图 8-56(b)所示的节流排气回路。由图示位置可知,当气控换向阀不换向时,从气源来的压缩空气,经气控换向阀直接进入气缸的 A 腔,而 B 腔中排出的气体必须经节流阀到气控换向阀而排入大气,因而 B 腔中的气体就具有一定的压力,此时活塞在 A 腔与 B 腔的压力差作用下前进,而减少了"爬行"发生的可能性。调节节流阀的开度,就可控制不同的排气速度,从而也就控制了活塞的运动速度。排气节流调速回路具有如下特点:气缸速度随负载变化小,运动较平稳;能承受与活塞运动方向相同的负载(反向负载)。

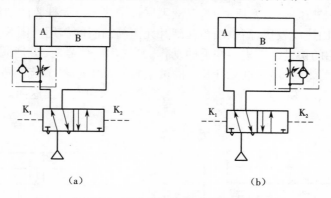

　　　　　　　(a)　　　　　　　　　　　　　　　　(b)

图 8-56　双作用气缸单向调速回路
(a)节流供气回路　(b)节流排气回路

　　以上的讨论,适用于负载变化不大的情况。当负载突然增大时,由于气体的可压缩性,就迫使气缸内的气体压缩,使活塞运动速度减慢;反之,当负载突然减小时,气缸内被压缩的空气必须膨胀,使活塞运动加快,这称为气缸的"自走"现象。因此在要求气缸具有准确而平稳的速度时(尤其在负载变化较大的场合),就要用气液相结合的调速方式。

　　Ⅱ.双向调速回路

　　在气缸的进、排气口装设节流阀,就组成了双向调速回路,在图 8-57 所示的双向节流调速回路中,图 8-57(a)所示为采用单向节流阀的双向节流调速回路,图 8-57(b)所示为采用排气节流阀的双向节流调速回路。

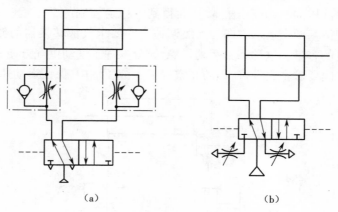

　　　　　　　(a)　　　　　　　　　　　　　　　　(b)

图 8-57　双向调速回路
(a)采用单向节流阀　(b)采用排气节流阀

　　3)气液联动速度控制回路

　　采用气液联动是得到平稳运动速度的常用方式。其有两种:一种是应用气液阻尼缸的回路,另一种是应用气液转换器的速度控制回路。这两种调速回路都不需要设置液压动力源,却可以获得如液压传动那样平稳的运动速度。

Ⅰ.气液阻尼缸调速回路

气液阻尼缸速度控制回路如图8-58所示,它为慢进快退回路,改变单向节流阀的开度,即可控制活塞的前进速度;活塞返回时,气液阻尼缸中液压缸无杆腔的油液通过单向阀快速流入有杆腔,故返回速度较快,高位油箱起到补充泄漏油液的作用。图8-58(b)为能实现机床工作循环中常用的快进→工进→快退的动作。当有 K_2 信号时,五通阀换向,活塞向左前进;当活塞将 a 口关闭时,液压缸无杆腔中的油液被迫从 b 口经节流阀进入有杆腔,活塞工作进给;当 K_2 消失,有 K_1 输入信号时,五通阀换向,活塞向右快速返回。

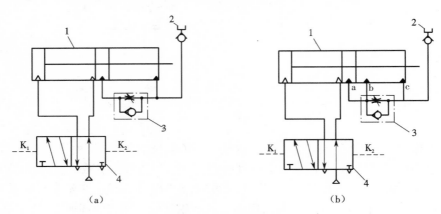

图8-58 气液阻尼缸调速回路

(a)慢进快退回路 (b)变速回路

1—气液阻尼缸 2—油杯 3—单向节流阀 4—换向阀

Ⅱ.气液转换器调速回路

气液转换速度控制回路如图8-59所示,它是利用气液转换器1、2将气体的压力转变成液体的压力,利用液压油驱动液压缸3,从而得到平稳易控制的活塞运动速度;调节节流阀的开度,可以实现活塞两个运动方向的无级调速。它要求气液转换器的储油量大于液压缸的容积,并有一定的容量。这种回路运动平稳,充分发挥了气动供气方便和液压速度易控制的特点;但气液之间要求密封性好,以防止空气混入液压油中,保证运动速度的稳定。

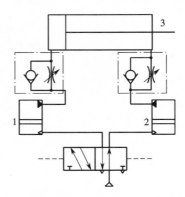

图8-59 气液转换器调速回路

1,2—气液转换器 3—液压缸

思考与练习

8-1   一个典型的气动系统由哪几个部分组成？

8-2   气动系统对压缩空气有哪些质量要求？气源装置一般由哪几部分组成？

8-3   空气压缩机有哪些类型？如何选用空压机？

8-4   什么是气动三大件？气动三大件的连接次序如何？

8-5   空气压缩机在使用中要注意哪些事项？

8-6   气缸选择的主要步骤有哪些？

8-7   气动系统中常用的压力控制回路有哪些？

8-8   延时回路相当于电气元件中的什么元件？

8-9   比较双作用缸的节流供气和节流排气两种调速方式的优缺点和应用场合。

8-10   为何安全回路中不可缺少过滤装置和油雾器？

8-11   设计一个双手安全操作回路。

8-12   画出下列气动元件的图形符号：

（1）梭阀（或）；（2）双压力阀（与）；（3）快速排气阀。

相关专业英语词汇

（1）液压气压传动——fluid power drives

（2）气压传动——pneumatic power drive

（3）压缩机——air compressor

（4）气压马达——pneumatic motor

（5）气压缸——pneumatic cylinder

（6）活塞——piston

（7）活塞杆——piston rod

（8）单（向）作用缸、单动缸——single-acting cylinder

（9）双（向）作用缸、双动缸——double-acting cylinder

（10）压力（控制）阀——pressure control valve

（11）安全阀——safety valve

（12）减压阀——pressure reducing valve

（13）单向阀——check valve

（14）节流阀——throttle

（15）节流——throttling

（16）气压分配阀、配气阀——pneumatic distribution valve

（17）三通管——tee

（18）四通管——cross

项目9　自动化生产线气动系统的安装调试与故障分析

【教学要求】

（1）掌握典型气压传动系统的工作原理及回路分析。

（2）了解气动系统的故障诊断与排除。

（3）了解气动系统的安装、调试、使用与维护。

（4）能够根据自动化生产线设备控制功能选择气动元件，并能正确使用工具进行气动元件的安装与调试。

（5）能够阅读和设计基本的气动回路，并能进行管路的连接和调试。

【重点难点】

（1）数控加工中心气动换刀系统。

（2）自动生产线气压传动系统。

（3）汽车门开关气动系统。

【问题引领】

机床夹具的气动夹紧机构如图9-1所示，其动作循环为：垂直缸活塞杆首先下降将工件压紧，两侧的气缸活塞杆再同时前进，对工件进行两侧夹紧，然后进行钻削加工，加工完后各夹紧缸退回，将工件松开。

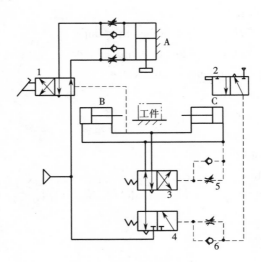

图 9-1　气动夹紧机构

1—二位四通手动换向阀　2—二位三通机动换向阀

3—二位四通单气控换向阀　4—二位三通单气控换向阀

9.1 做中学

任务1 自动化生产线供料单元气动系统的安装与调试

任务引入

　　自动化生产线是在流水线的基础上发展而来的,它要求在生产线上能自动地完成预定的各道工序和工艺过程。随着现代制造技术的发展,生产自动化已成为一种趋势,渗透到各个制造行业中,如汽车生产线、啤酒灌装生产线、冲压生产线、空调自动组装生产线等。

　　在各种类型的自动化生产线中,工业机械手得到了广泛的应用,常被用于搬运物料,其运动机构能实现手部的伸缩、升降、旋转灯各项动作。机械手的驱动方式有多种,常用的有机械传动、液压传动、电气传动、气动,其中气动应用是非常广泛的。

任务实施

　　供料单元气动控制回路的工作原理如图9-2所示。图中1A和2A分别为推料气缸和顶料气缸,1B1和1B2为安装在推料气缸上的两个极限工作位置的磁感应接近开关,2B1和2B2为安装在顶料气缸的两个极限工作位置的磁感应接近开关,1Y1和2Y2分别为控制推料气缸和顶料气缸的电磁阀的电磁控制端。这两个气缸的初始位置均设定在缩回状态。

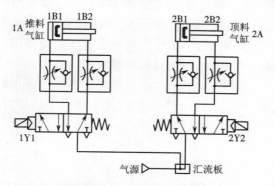

图9-2 供料单元气动控制回路的工作原理图

1. 气缸的安装

按图9-3所示将推料气缸和顶料气缸安装到位。

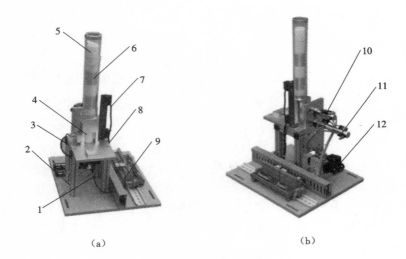

图 9-3　供料单元全貌

(a)正视图　(b)侧视图

1—光电传感器3　2—支架　3—金属传感器　4—料仓底座
5—工件装料管　6—工件　7—光电传感器2　8—光电传感器1
9—接线端口　10—顶料气缸　11—推料气缸　12 电磁阀组

2.气动管路的连接

从汇流板开始,按图 9-2 供料单元气动控制回路的工作原理图,用管路连接电磁阀、气缸,连接前注意观察二位五通电磁阀的常态位置,并注意顶料气缸和推料气缸在常态下均为缩回状态,以防将进气管路和回气管路接反。要求气管走向应按序排布,均匀美观,不能交叉打折。气管要在快速接头中插紧,不能有漏气现象。

将气动回路连接好之后,用电磁阀上的手动换向加锁钮验证顶料气缸和推料气缸的初始位置和动作位置是否正确。调整气缸节流阀以控制活塞杆的往复运动速度,伸出速度以不推倒工件为准。

3.传感器的调整

1)磁性开关位置的调整

气动回路连接好之后,比较关键的一步就是调节磁性开关在气缸上的前后位置,使气缸的活塞杆在伸出和缩回状态下,相对应的磁性开关的指示灯是亮的。断开气源,将顶料气缸活塞杆完全伸出,然后缩回到位,分别调节磁性开关的指示灯亮。

2)漫射式光电接近开关的调整

漫射式光电接近开关处于供料单元物料台的下方,能够检测到工件是否被退出到位,调整方法为调节光电接近开关灵敏度调整按钮,直到有工件时其指示灯亮为止。

3)漫射式光电开关的调整

调节 E3Z－L61 型光电开关的距离调节按钮,调节其灵敏度,直到指示灯符合要求为止。

思考一下

（1）自动化生产线供料单元顶料气缸和推料气缸的动作顺序是怎样的？

（2）实现顶料气缸和推料气缸顺序动作的途径有哪些？

任务 2　自动化生产线供料单元气动系统的 PLC 控制与调试

任务引入

YL－335B 供料单元顶料气缸和推料气缸的伸出和缩回分别通过两个二位五通电磁换向阀的换向来实现，而二位五通电磁换向阀的换向是通过 PLC 控制电磁阀的电磁铁通电和断电来实现的。

那么自动化生产线供料单元顶料气缸和推料气缸的动作顺序是怎样的？如何通过 PLC 控制其电磁阀通断电来实现这个顺序动作呢？

对于 PLC 来说，它的输入信号来自哪里？输出信号又是输出给谁呢？

任务实施

1. 工作任务要求

按钮/指示灯模块上的工作方式选择开关 SA 应置于"单站方式"位置。具体的控制要求如下。

（1）设备上电和气源接通后，若工作单元的两个气缸均处于缩回位置，且料仓内有足够的待加工工件，则"正常工作"指示灯 HL1 常亮，表示设备准备好，否则该指示灯以 1 Hz 频率闪烁。

（2）若设备准备好，按下启动按钮，工作单元启动，"设备运行"指示灯 HL2 常亮。启动后，若出料台上没有工件，则应把工件推到出料台上。出料台上的工件被人工取出后，若没有停止信号，则进行下一次推出工件操作。

（3）若在运行中按下停止按钮，则在完成本工作周期任务后，各工作单元停止工作，HL2 指示灯熄灭。

（4）若在运行中料仓内工件不足，则工作单元继续工作，但"正常工作"指示灯 HL1 以 1 Hz 的频率闪烁，"设备运行"指示灯 HL2 保持常亮。若料仓内没有工件，则 HL1 指示灯和 HL2 指示灯均以 2 Hz 频率闪烁。工作站在完成本周期任务后停止。除非向料仓补充足够的工件，工作站不能再启动。

2. PLC 的 I/O 接线

根据工作单元装置的 I/O 信号分配和工作任务的要求，供料单元 PLC 选用 FX2N－32MR 主单元，共 16 点输入和 16 点继电器输出。供料单元 PLC 的 I/O 信号见表 9-1，接线图如图 9-4 所示。

表 9-1　供料单元 PLC 的 I/O 信号

输入信号				输出信号			
序号	PLC 输入点	信号名称	信号来源	序号	PLC 输出点	信号名称	信号来源
1	X0	顶料气缸伸出到位	装置侧	1	Y0	顶料电磁阀	装置测
2	X1	顶料气缸缩回到位		2	Y1	推料电磁阀	
3	X2	推料气缸伸出到位		3	Y2		
4	X3	推料气缸缩回到位		4	Y3		
5	X4	出料台物料检测		5	Y4		
6	X5	供料不足检测		6	Y5		
7	X6	缺料检测		7	Y6		
8	X7	金属工件检测		8			
9	X10			9	Y7	正常工作指示	按钮/指示灯模块
10	X11			10	Y10	运行指示	
11	X12	停止按钮	按钮/指示灯模块				
12	X13	启动按钮					
13	X14	急停按钮(未用)					
14	X15	工作方式选择					

3. PLC 程序的编写与调试

PLC 上电后应首先进入初始状态检查阶段,确认系统已经准备就绪后,才允许投入运行,这样可及时发现存在问题,避免出现事故。

(1)分析供料单元的工作原理,写出顶料气缸和推料气缸的动作顺序。

(2)分别写出供料单元 PLC 的输入输出信号有哪些。

(3)编写 PLC 程序。

(4)将编写好的 PLC 写入设备进行调试。

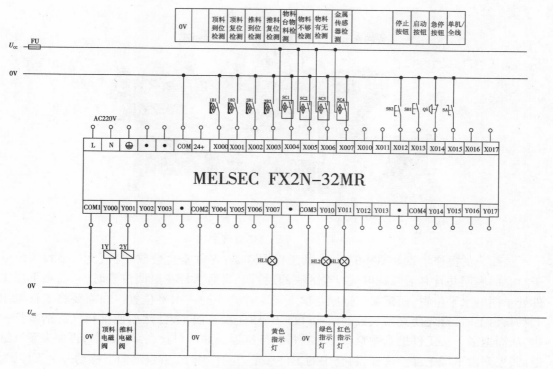

图 9-4　供料单元 PLC 的 I/O 接线图

9.2　理论知识

知识点1　自动化生产线供料单元气动系统

1. 认知 YL–335B 自动生产线实训考核设备

1）YL–335B 的基本组成

亚龙 YL–335B 型自动生产线实训考核装备由供料单元、加工单元、装配单元、输送单元和分拣单元 5 个单元组成,如图 9-5 所示。其中,每一工作单元可以自成一个独立系统,同时也都是一个机电一体化的系统。各个单元的执行机构基本上是以气动执行机构为主,但输送单元的机械手装置整体运动则采取伺服电动机驱动、紧密定位的位置控制,该驱动系统具有长行程、多定位点的特点,是一个典型的一维位置控制系统。分拣单元的传送带驱动则采用了通用变频器驱动三相异步电动机的交流传动装置。位置控制和变频技术是现代工业企业应用最为广泛的电气控制技术。

2）YL–335B 供料单元的基本功能

供料单元是 YL–335B 中的起始单元,在整个系统中,起着向系统中的其他单元提供原料的作用。具体的功能是:按照需要将放置在料仓中待加工工件(原料)自动地推出到物料台上,以便输送单元的机械手将其抓取,输送到其他单元上。供料单元实物的全貌如图 9-3 所示。

233

图 9-5   YL－335 外观图

　　该部分的操作示意如图 9-6 所示,其工作原理是:工件垂直叠放在料仓中,推料气缸处于料仓的底层并且其活塞杆可从料仓的底部通过。当活塞杆在退回位置时,它与最下层工件处于同一水平位置,而顶料气缸则与次下层工件处于同一水平位置。在需要将工件推出到物料台上时,首先使夹紧气缸的活塞杆推出,压住次下层工件;然后使推料气缸活塞杆推出,从而把最下层工件推到物料台上。在推料气缸返回并从料仓底部抽出后,再使夹紧气缸返回,松开次下层工件。这样,料仓中的工件在重力的作用下,就自动向下移动一个工件,为下一次推出工件做好准备。

　　推料气缸把工件推出到出料台上。出料台面开有小孔,出料台下面设有一个圆柱形漫射式光电接近开关,工作时向上发出光线,从而透过小孔检测是否有工件存在,以便向系统提供本单元出料台有无工件的信号。在输送单元的控制程序中,就可以利用该信号状态来判断是否需要驱动机械手装置来抓取此工件。

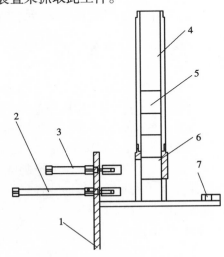

图 9-6   供料操作示意图

1—气缸支板   2—推料气缸   3—顶料气缸   4—管形料合

5—待加工工件   6—料仓底座   7—出料台

2. 自动化生产线气动元件认知

1）气源装置

工业上的气动系统，常常使用组合起来的气动三联件作为气源处理装置。YL－335B 的气源处理组件使用空气过滤器和减压阀集装在一起的气动二联件结构，如图 9-7 所示。

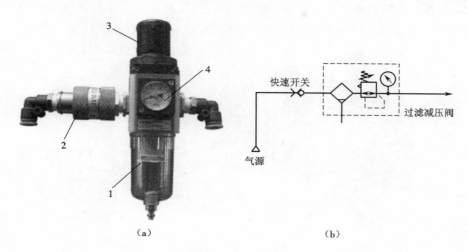

（a）　　　　　　　　　　　　　（b）

图 9-7　气动二联件

（a）气源处理组件实物图　（b）气动原理图

1—过滤及干燥系统　2—快速开关　3—压力调节旋钮　4—压力表

图 9-7（b）中，气源处理组件的输入气源来自空气压缩机，所提供的压力要求为 0.6～1.0 MPa。组件的气路入口处安装一个快速气路开关，用于启/闭气源。当把气路开关向左拔出时，气路接通气源，反之把气路开关向右推入时气路关闭。组件的输出压力为 0～0.8 MPa 可调。

2）气缸

YL－335B 供料单元的执行气缸是带单向节流阀的双作用气缸，如图 9-8 所示。通过旋转节流阀的旋钮可实现气缸运动速度的调节。

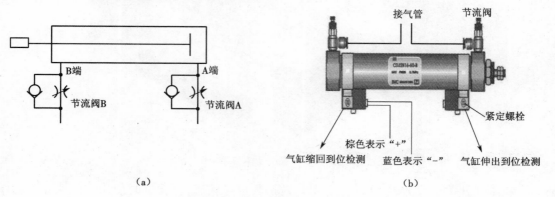

（a）　　　　　　　　　　　　　（b）

图 9-8　带单向节流阀的双作用气缸

（a）工作原理图　（b）外观图

235

3) 电磁阀组

YL－335B 供料单元的电磁阀需要有两个工作口和两个排气口以及一个供气口,故使用的电磁阀均为二位五通电磁阀,其结构和图形符号如图9-9所示。两个电磁阀是集中安装在汇流板上的。汇流板中两个排气口末端均连接了消声器,消声器的作用是减少压缩空气在向大气排放时的噪声。这种将多个阀与消声器、汇流板等集中在一起构成的一组控制阀的集成称为阀组,而每个阀的功能是彼此独立的。

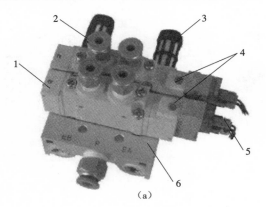 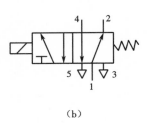

（a）　　　　　　　　　　　　　（b）

图9-9　电磁阀组

（a）外观图　（b）图形符号

1—电磁阀　2—气管接口　3—消声器　4—手动换向加销钮

5—电源插针　6—汇流板

3. 传感器认知

1) 磁性开关

YL－335B 所使用的气缸都是带磁性开关(如图9-10所示)的气缸。这些气缸的缸筒采用导磁性弱、隔磁性强的材料,如硬铝、不锈钢等。在非磁性体的活塞上安装一个永久磁铁的磁环如图9-11所示,这样就提供了一个反映气缸活塞位置的磁场。而安装在气缸外侧的磁性开关则是用来检测气缸活塞位置,即检测活塞的运动行程的。

图9-10　磁性开关实物图

在磁性开关上设置的 LED 显示用于显示其信号状态,供调试时使用。磁性开关动作时,输出信号"1",LED 亮;磁性开关不动作时,输出信号"0",LED 不亮。

磁性开关的安装位置可以调整,调整方法是松开它的紧定螺栓,让磁性开关顺着气缸滑动,到达指定位置后,再旋紧紧定螺栓。

　　磁性开关有蓝色和棕色2根引出线,使用时蓝色引出线应连接到 PLC 输入公共端,棕色引出线应连接到 PLC 输入端。

　　2)漫射式光电接近开关

　　Ⅰ.光电式接近开关

　　光电传感器是利用光的各种性质,检测物体的有无和表面状态变化等的传感器。其中输出形式为开关量的传感器为光电式接近开关。

　　光电式接近开关主要由光发射器和光接收器构成。如果光发射器发射的光线因检测物体不同而被遮掩或反射,到达光接收器的量将会发生变化。光接收器的敏感元件将检测出这种变化,并转换为电气信号,进行输出。大多使用可视光(主要为红色,也用绿色、蓝色来判断颜色)和红外光。按照接收器接收光的方式的不同,光电式接近开关可分为对射式、漫射式(漫反射式)和反射式三种,如图9-12所示。

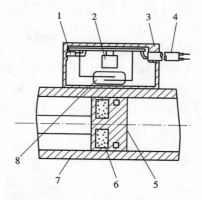

图 9-11　磁性开关
1—动作指示灯　2—保护电路　3—开关外壳
4—导线　5—活塞　6—磁环(永久磁铁)
7—缸筒　8—舌簧开关

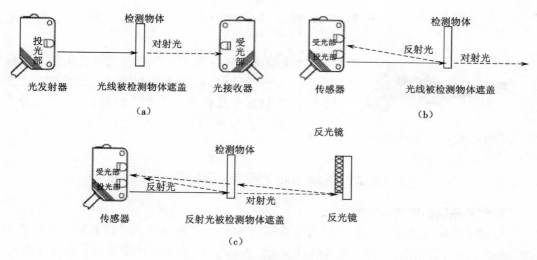

图 9-12　光电式接近开关
(a)对射式　(b)漫射式(漫反射式)　(c)反射式

　　Ⅱ.漫射式光电开关

　　漫射式光电开关是利用光照射到被测物体上后反射回来的光线而工作的,由于物体反射的光线为漫射光,故称为漫射式光电接近开关。它的光发射器与光接收器处于同一侧位置,且为一体化结构。在工作时,光发射器始终发射检测光,若接近开关前方一定距离内没有物体,则没有光被反射到接收器,接近开关处于常态而不动作;反之,若接近开关的前方一定距离内出现物体,只要反射回来的光强度足够,则接收器接收到足够的漫射光就会使接近开关动作而改变输出的状态。

237

供料单元中,用来检测工件不足或工件有无的漫射式光电接近开关选用神视或OMRON 公司的 CX－441 或 E3Z－L61 型放大器内置型光电开关(细小光束型,NPN 型晶体管集电极开路输出)。

E3Z－L61 型光电开关的外形和调节按钮、显示灯如图 9-13 所示。图 9-13(b)中动作选择开关的功能是选择受光动作(Light)或遮光动作(Drag)模式。即当此开关按顺时针方向充分旋转时(L 侧),则进入检测－ON 模式;当此开关按逆时针方向充分旋转时(D 侧),则进入检测－OFF 模式。

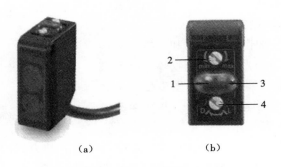

（a）　　　　　　　　（b）

图 9-13　E3Z－L61 型光电开关

（a）外形图　　（b）调节旋钮和显示灯

定显示灯(绿)　2—距离设定旋钮(可旋转 5 周)　3—动作表示灯(橙)

4—动作转换开关

图 9-14　漫射式光电接近开关

用来检测物料台上有无物料的光电开关是一个圆柱形漫射式光电接近开关,如图 9-14 所示。工作时向上发出光线,从而透过小孔检测是否有工件存在,该光电开关选用 SICK 公司产品 MHT15－N2317 型。

知识点 2　气动系统的安装、调试与故障诊断

1.气动系统的安装与调试

气动系统的安装是气动系统能否正常运行的一个重要环节。气动系统安装工艺不合理,甚至出现安装错误,将会造成气动系统无法进行工作,会给生产带来巨大的经济损失,还会造成重大事故。因此,必须重视安装这一环节。

在安装前首先审查气动系统的设计能否达到预期的设计目标,能否实现机器的预定动作并达到各项性能指标,安装工艺是否可行,同时要全面地了解总体设计方案的思路和各组成部分,深入地了解各组成部分所起的作用。

1)安装前的技术准备工作

在安装气动系统前,应按照有关技术资料做好各项准备工作,这是安装工作顺利进行的基本保证。

Ⅰ.技术资料的准备与熟悉

技术资料包括气动系统原理图、电气原理图、管道布置图、气动元件、辅件、管件清单和

有关元件样本等。这些必要的图样和资料都应准备齐全,以便工程技术人员对具体内容和技术要求逐项地熟悉与研究。

Ⅱ.物资准备

按照气动系统图和气动元件清单,核对气动元件的数量,确认所有气动元件的质量状况。切不可使用已有破损和有明显缺陷的元件。检测气动系统工作压力大小的仪器是压力表,表明压力表校验日期,对校验时间过长的压力表要重新进行校验,确保准确可靠。

Ⅲ.质量检查

气动元件的技术性能是否符合要求、管件质量是否合格,将关系到气动系统工作的可靠性和运行的稳定性。要使气动系统运行时少出故障,气动系统的安装人员一定要把好质量关。

2)管道的安装

(1)安装前要彻底清理管道内的粉尘及杂物。

(2)管子支架要牢固,工作时不得产生振动。

(3)接管时要充分注意密封性,防止漏气,尤其注意接头处和焊接处。

(4)管路尽量平行布置,减少交叉,力求最短、转弯最少,并能方便拆装。

(5)安装软管要有一定的弯曲半径,不允许有拧扭现象,且应远离热源或安装隔热板。

3)元件的安装

(1)应注意阀的推荐安装位置和标明的安装方向。

(2)逻辑元件应按控制回路的需要,将其成组的装在地板上,并在地板上开出气路,用软管接出。

(3)移动缸的中心线与负载作用力的中心线要同心,否则将引起侧向力,使密封件加速破损,活塞杆弯曲。

(4)各种自动控制仪表、自动控制器、压力继电器等在安装前应进行校验。

4)调试目的和准备

无论是新制造的气动设备,还是经过大修后的气动设备,在安装完毕后,都要经过认真地调试,才能投入生产运行。

Ⅰ.调试的目的

(1)检查、修整设计、制造和安装中的不足与缺陷。如某些局部设计考虑不周到、温升过高、噪声过大、有冲击振动等;制造安装中气动元件选用不当或有质量问题等。

(2)调试气动元件、气动回路在气动系统或气动自动生产线中的各种参数和职能以及其相互间匹配、连锁和顺序动作等性能。

(3)调试各种气动信号、电信号以及仪表的灵敏度、准确度和可靠性。

(4)评价气动系统运行水平、质量状况、产生能力、启动操作特点等。

Ⅱ.调试准备工作

(1)由气动技术专家牵头,会同气动技术人员与气动技术工人组成调试队伍。

(2)认真了解气动系统工作原理、设计意图和设计要求;了解气动系统中各个元件的技术性能,特别是要了解各个元件的生产厂家,以便确认每个元件的可靠性和在调试中可能出现的问题。

(3)各种检测仪器和有关设备要准备齐全,各种备用的元器件以及必要的检测手段和方案都要准备好。

(4)要研究气动设备的工作对象。对机床类气动设备要研究加工对象的性能、精度要求,对冶金、矿山等气动设备要研究工矿条件和负载特性等。

(5)要制订出详细调试方案、工作步骤、操作规程以及有关技术责任等。

2.气动系统的使用与维护

1)气动系统使用的注意事项

(1)开机前要放掉系统中的冷凝水。

(2)定期给油雾器注油。

(3)开机前要检查各调节手柄是否在正确位置,检查行程阀、行程开关、挡块的位置是否正确、牢固,对导轨、活塞杆等外露部分的配合表面进行擦拭。

(4)随时注意压缩空气的清洁度,对空气过滤器的滤芯要定期清洗。

(5)设备长期不用时,应将各手柄放松,防止弹簧永久变形而影响元件的调节性能。

2)气动系统的日常维护

气动系统日常维护的主要内容是冷凝水的处理和系统润滑的管理。对冷凝水的处理方法在前面已讲述,现介绍对润滑系统的管理。

气动系统中从控制元件到执行元件,凡有相对运动的表面都需润滑。如润滑不当,会使摩擦阻力增大导致元件动作不良,密封面磨损会引起系统泄漏等危害。

润滑油的性质直接影响润滑效果。通常,高温环境下用高黏度润滑油,低温环境下用低黏度润滑油。供油量是随润滑部位的形状、运动状态及负载大小而变化,供油量总是大于实际需要量,一般以每 10 m^3 自由空气供给 1 mL 的油量为基准。

3)气缸常见故障的判断及基本维修技巧

Ⅰ.常见气缸泄漏问题

(1)气缸泄漏原因分析:密封圈有损伤。

气缸泄漏原因如图 9-15 所示。

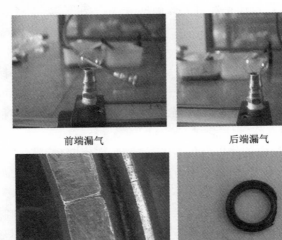

前端漏气　　　　　　　　　后端漏气

图 9-15　气缸泄漏原因

（2）气缸运行不畅原因分析：气缸轴心弯曲变形。

气缸轴心弯曲变形如图9-16所示。

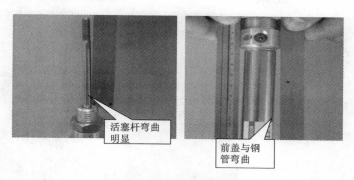

图9-16 气缸轴心弯曲变形

Ⅱ. 常见气缸故障诊断

气缸故障诊断如图9-17所示。

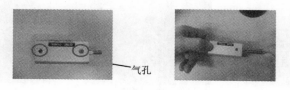

图9-17 气缸故障诊断

　　好的气缸：用手紧紧堵住气孔，然后用手拉活塞轴，拉的时候有很大的反向力，放的时候活塞会自动弹回原位；拉出推杆再堵住气孔，用手压推杆时也有很大的反向力，放的时候活塞会自动弹回原位。

　　坏的气缸：拉的时候无阻力或力很小，放的时候活塞无动作或动作无力缓慢，拉出的时候有反向力但连续拉的时候慢慢减小；压的时候没有压力或压力很小，有压力但越压力越小。

　　Ⅲ. 气缸维修步骤

　　气缸维修步骤如图9-18所示。

1.找到与气缸配套的密封圈

2.拆下外盖

3.拆下卡簧

4.取出推杆

5.拆下密封圈

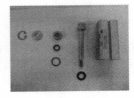
6.清洁所有的部件，检查磨损程度

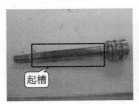
7.如果有起槽的部件，用砂纸磨光滑，防止漏气和保证不会增加密封圈的磨损

8.将新的密封圈按正确的方向安装好，并在表面涂上润滑油

9.按拆的步骤反过来装好气缸

10.检查气缸的密封性

图 9-18　气缸维修步骤

思考与练习

9-1　压缩空气的污染主要来源是什么？

9-2　气动系统的大修间隔期为多少时间？其主要内容是什么？

9-3　气动系统的故障诊断方法有哪些？

242

9-4　气缸常见的故障有哪些？

9-5　试列举气压传动系统中常见的故障及排除方法。

相关专业英语词汇

（1）自动化生产线——automatic production line

（2）气压传动——pneumatic power drive

（3）压缩机——air compressor

（4）气压马达——pneumatic motor

（5）气缸——pneumatic cylinder

（6）活塞——piston

（7）活塞杆——piston rod

（8）单（向）作用缸、单动缸——single-acting cylinder

（9）双（向）作用缸、双动缸——double-acting cylinder

（10）供料单元——the feeding unit

（11）磁性开关——magnetic switch

（12）光电开关——photoconductive switch

（13）传感器——sensor

（14）安装与调试——installation and adjustment

（15）故障诊断——fault diagnosis

参 考 文 献

[1]　左健民.液压与气压传动[M].北京:机械工业出版社,1994.

[2]　姜佩东.液压与气动技术[M].北京:高等教育出版社,2000.

[3]　朱梅,朱光力.液压与气动技术[M].西安:西安电子科技大学出版社,2004.

[4]　姚新,刘民钢.液压与气动[M].北京:中国人民大学出版社,2000.

[5]　张宏友,任瑞云,陈文涛,等.液压与气动技术[M].大连:大连理工大学出版社,2009.

[6]　中国机械工业教育协会组.液压与气压传动[M].北京:机械工业出版社,2004.

[7]　袁国义.机床液压传动系统图识图技巧[M].北京:机械工业出版社,2005.

[8]　张安全,王德洪.液压气动技术与实训[M].北京:人民邮电出版社,2007.

[9]　薛彦登,徐东,钟宝华,等.液压与气压传动[M].济南:山东大学出版社,2010.

[10]　刘延俊.液压与气压传动[M].北京:清华大学出版社,2010.

[11]　陈尧明,许福玲.液压与气压传动学习指导与习题集[M].北京:机械工业出版社,2005.